(1) 北京民族文化宫广场外景　　建于1959年，是新中国成立后最早建成使用的大型综合性休闲娱乐设施的典型范例，其建筑造型反映了当时探索中国民族形式的设计思潮。

(2) 正在计划中的民族文化宫扩建设计方案模型

(5) 中日青年交流中心的桥廊　桥廊连接东西两楼，造型粗壮有力，象征中日两国青年之间建立牢固的"友谊之桥"。

(6) 中日青年交流中心东西建筑群对称设置的入口雨篷

(3) 中日青年交流中心全景鸟瞰图

(4) 中日青年交流中心的宾馆塔楼局部

(8) 北京崇文区文化馆　馆前道路正在拓宽改造。

(9) 北京东城区文化馆外景

(7) 北京东城区文化馆入口外景　入口处建筑顶部造型会使人联想到演奏时掀开的三角钢琴。

(12) 北京市园青年宫入口广场 沿街留出半圆形广场，呈环抱状欢迎姿态。

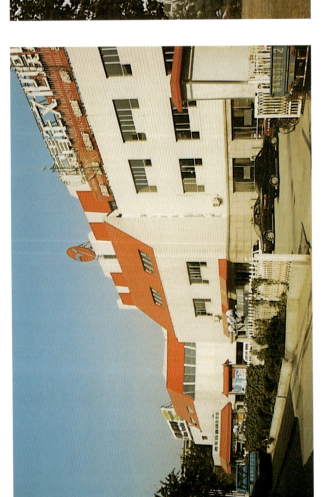

(13) 北京园青年宫内院立面 正中球形玻璃顶下是中央交谊大厅，其底层休息厅空间向宫园公园敞开，景色宜人。

(10) 北京园青年宫模型俯视

(11) 北京园青年宫沿街透视

(16) 北京宫园青年宫交谊大厅　玻璃球顶下的交谊大厅，其后部是休息厅，透过落地的大玻璃，公园景色尽收眼底。

(17) 天津市青少年活动中心　地处市郊，建筑造型近似野营帐篷，色彩鲜艳，充满青春韵气。

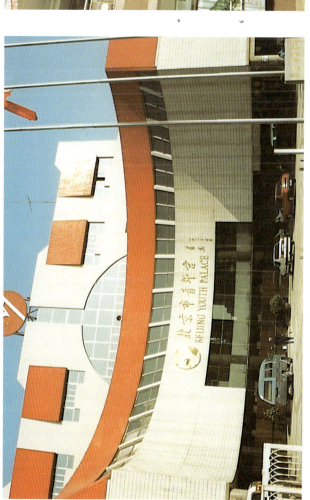

(14) 北京宫园青年宫　呈环抱欢迎姿态的主入口。

(15) 北京宫园青年宫休息大厅　从休息大厅可看到宫园公园的景色。

(18) 北京市工人俱乐部主入口　金黄色檐口色彩处理强化了入口门廊的标志作用。

(19) 北京市工人俱乐部立面造型　利用二楼休息厅改建为歌舞厅，并扩建了外廊及室外大楼梯，使立面造型焕然一新。

(20) 拉萨市西藏自治区群众艺术馆全景　造型具有藏族民居特色。

(21) 大连经济技术开发区游乐宫外景

上左:(22) 清华大学学生文化活动中心全景

上右:(25) 西安市青少年宫科技活动楼(面对大片城市公共绿地)

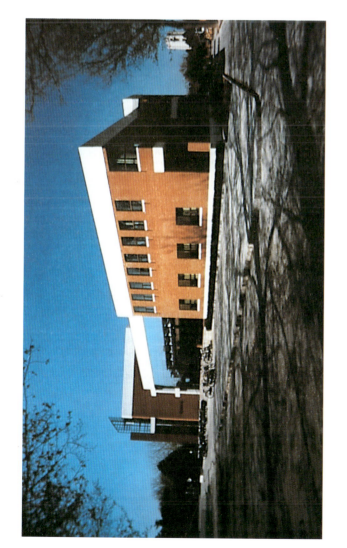
下左:(23) 清华大学学生活动中心角部楼梯间造型处理

下中:(24) 清华大学学生活动中心入口大厅和中庭空间

下右:(26) 西安市青少年宫科技活动楼(主入口临街外景)

(29) 天津渤海儿童世界智慧宫　似童话世界中的建筑形象。

(30) 天津渤海儿童世界中的儿童公寓　大胆的外墙色彩处理使建筑形体组合关系更鲜明，比例更好。

(27) 天津河西少年宫　富有童趣的建筑造型和色彩处理。

(28) 天津河北区少年宫　丰富的建筑形体和广场景观。

(33) 沈阳市少年宫沿街外景　其东邻青年宫，西临南湖。

(34) 沈阳市儿童宫　造型仿似湖上莲花飘浮水面，与青年宫、少年宫及台球城隔水相望，同为南湖重要景观建筑。

(31) 沈阳市青年宫沿街入口外景　新奇的立面造型。

(32) 沈阳市台球城　其与少年宫隔水相望，形成南湖优美的水面景观。

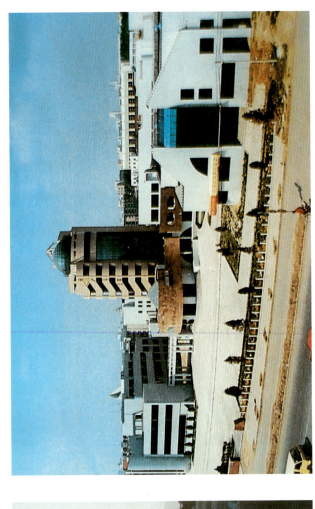

(37) 青岛市海上皇宫娱乐中心鸟瞰景观　建筑造型由大、中、小三个1/4球体相对和相背组合而成。

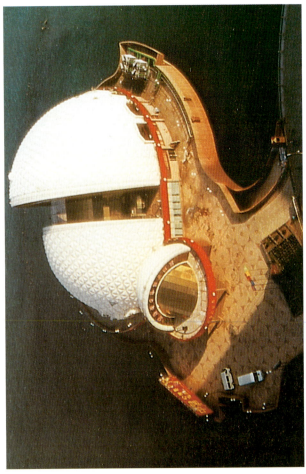

(38) 辽河油田青少年宫全景　设有天象厅的塔形活动楼成为该建筑群的标志。

(35) 青岛市海上皇宫娱乐中心远景　与城市新建高层楼宇构成优美的滨海城市轮廓线。

(36) 青岛市海上皇宫娱乐中心外景

(39) 南京太阳宫广场　面临宽广的玄武湖而建。

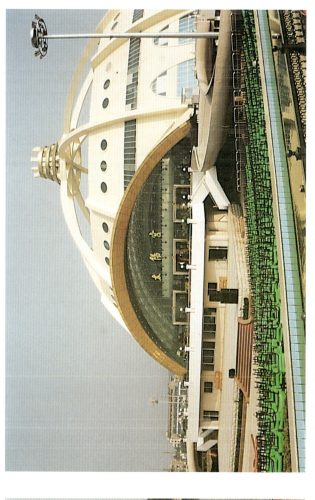

(41) 南京太阳宫广场　第2层主入口，两侧坡道围合室外广场。

(40) 南京太阳宫广场入口大厅内景　从大厅可远眺玄武湖风光。

(42) 南京太阳宫广场入口大厅内景　大厅2层为音乐茶座服务。

(45) 南京太阳宫广场水上乐园内景

(43) 南京太阳宫广场入口大厅2层音乐茶座内景

(44) 南京太阳宫广场水上乐园景观

(46) 南京太阳宫广场水上乐园景观

(49) 南京文化艺术中心东侧街景

(50) 南京文化艺术中心主入口大楼梯　直达第2层市民休闲广场。

(47) 南京文化艺术中心北侧街景

(48) 南京文化艺术中心南侧街景　圆柱形角楼上的两台观景电梯。

(51) 南京文化艺术中心设计模型(俯瞰)

(52) 南京文化艺术中心 由圆柱形表现的垂直交通空间与截椭圆锥形表现的休息空间构成的主体造型具有强烈的现代感。

(53) 常州市红梅新村文化站 形体分散的建筑造型吸取了中国传统园林建筑的特点，形成了该居住小区的标志。

(54) 常州市红梅新村文化站 利用低洼地形成水面景点，具有江南水乡的优美景色。

(57) 东南大学校友会堂　其总平面规划与建筑造型设计注重与教学楼群体的协调互朴，取得了良好的环境效果(本书作者作者设计)。

(58) 南京和平影视娱乐城　其放映厅仅500座，内设有2层包厢。

(55) 南京和平影视娱乐城　是集影视、歌舞、游艺和商业于一体的综合性娱乐设施。

(56) 南京市青少年宫　结合城市广场的改造，对原建筑进行了扩建改造。改造后建筑造型焕然一新，宫前广场空间以高耸的圆形柱廊突出表现。

(61) 无锡中视影视基地三国城 以小说主要故事情节组织景区和相应的游园活动形式，具有电影蒙太奇式的场景感。

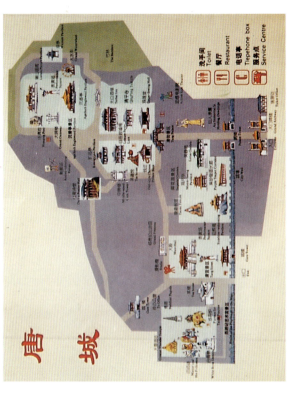

(62) 无锡中视影视基地唐城 它是以盛唐宫廷生活场景和建筑风貌组织的游园景观。

(59) 江苏无锡中视影视基地位置 该基地已成为长江三角洲地区最具吸引力的旅游观光景点，也是近年游乐设施建设的典型实例，取得了良好的社会经济效益。

(60) 无锡中视影视基地水浒城 以小说故事为主线，组织了园内景点和游园活动内容。

(63) 杭州市青少年活动中心 基地南邻西湖,利用原有古典式建筑作活动用房,在入口大门处增建了一个富有标志性的拱架和题名塔,使该中心建筑形象具有了时代感。

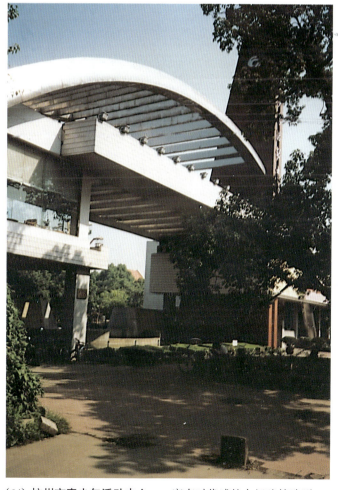

(64) 杭州市青少年活动中心 富有时代感的大门建筑造型。

(65) 附设的儿童乐园入口处 一个富有童趣的门票售票亭造型。

(68) 杭州京华科影娱乐城入口大门及右侧售票大厅

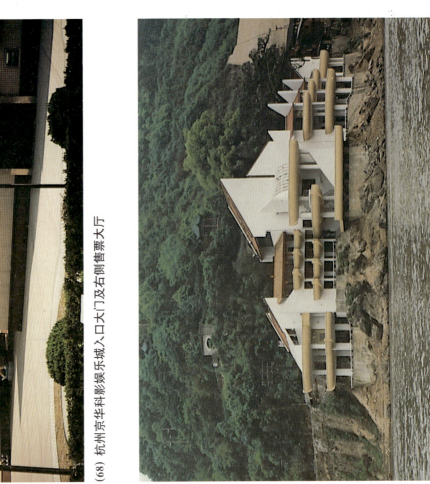

(69) 福建南平老人活动中心　尖斜的屋顶轮廓线和船形阳台表现了建筑造型的独特个性。其傍山临水而建，环境极其优美。

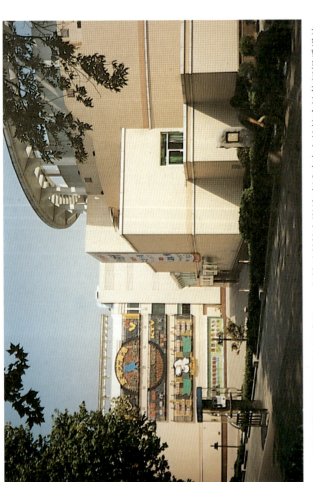

(66) 杭州京华科影娱乐城入口广场　它是以科教电影放映活动为主的综合性休闲娱乐设施。

(67) 杭州京华科影娱乐城内院

(70) 杭州市游泳健身娱乐中心全景　　从环城北路南望,索膜结构的屋顶为建筑造型带来了新意。

(71) 杭州市文化中心　　位于旧市中心地段,设计方案受到较大的制约。

(72) 厦门丽心岛梦幻乐园中标方案　　这是与城市公园相结合的水上游乐园设施。

(75) 广州儿童活动中心　从2层平台看入口广场及街景。

(76) 广州儿童活动中心　曲折有趣的建筑空间可激发孩子们的求知欲。

(73) 广州儿童活动中心　入口广场以三角形的拱壳结构覆盖。

(74) 广州儿童活动中心　丰富多变的空间和建筑造型创造了科幻性的环境氛围。

(79) 深圳鲸山别墅区活动中心全景　具有异国情调的建筑造型。

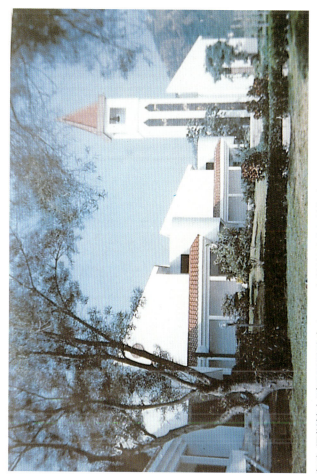

(80) 深圳鲸山别墅区活动中心　它是社区形象的标志。

(77) 广州儿童活动中心高层登月楼外景

(78) 广州儿童活动中心　城堡式的形体造型表现了游乐园船的童趣。

(81) 深圳南山区文体活动中心　其沿街立面造型平和而具特色。

(83) 深圳南山区文体活动中心入口广场

(82) 深圳南山区文体活动中心　入口的屋顶转角处理充分表现了屋盖伞形结构的特点。

(84) 深圳南山区文体活动中心　从活动楼2层回廊看入口广场。

(85) 深圳南山区文体活动中心　从活动楼看内院及学习培训楼。

(86) 深圳蛇口文化广场

(87) 深圳市青少年活动中心　昔日红领巾白衬衫村的形象，如今已换上了迪斯尼式的时装。

(88) 深圳市青少年活动中心　内院扩建了开敞式的观演场所，活跃了环境气氛。

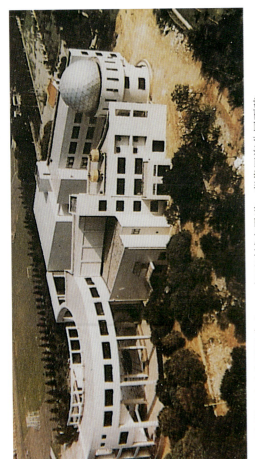

(89) 深圳蛇口青少年活动中心 它面对城市干道，背靠四海公园而建。

(92) 深圳蛇口青少年活动中心 建筑内院通向公园的出入口及台阶。

(90) 深圳蛇口青少年活动中心 其沿街市民广场及入口通道。

(91) 深圳蛇口青少年活动中心 从四海公园看活动楼外景。

(95) 深圳华侨城保龄球馆　位于居住区主入口区的商业地段。

(96) 深圳华侨城保龄球馆主入口　其色彩的运用十分大胆，表现了建筑功能的娱乐性特征。

(93) 深圳华夏艺术中心　具有南国风光的独特造型。

(94) 深圳华夏艺术中心入口广场　外露的屋顶钢网架下形成半开敞的广场"灰"空间，优雅宜人，非常适应当地亚热带气候特点。

25

(99) 深圳南油文化广场　其独特的建筑造型反映了90年代我国建筑师的新思考。

(100) 深圳南油文化广场　丰富的形体语言反映了内部复杂的使用功能。

(97) 深圳南油文化广场东侧街景　钟塔形成整个建筑造型构图的中心。

(98) 深圳南油文化广场　其建筑细部设计运用了新的造型语言。

(103) 哈尔滨梦幻乐园室内泳池大厅景观

(104) 哈尔滨梦幻乐园入口处外景

(101) 深圳南油文化广场　其高出街道平面一层高的广场,保证了广场活动所需的宁静与安全。

(102) 深圳南油文化广场　位于2层广场的剧院入口及其开敞的空间。

(105) 深圳大学学生活动中心　其造型与色彩显示了大胆的创意。

(106) 深圳大学学生活动中心　2层的多功能活动大厅露台。

(107) 深圳大学学生活动中心　主入口楼梯及棚顶造型。

(108) 深圳大学学生活动中心全景

(109) 深圳皇岗青少年宫设计方案鸟瞰图 从皇岗公园俯视全景(1997年本书作者辅导毕业设计作品)。

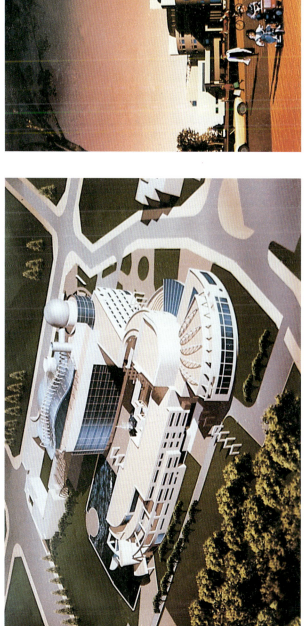

(110) 深圳皇岗青少年宫设计方案 宫前红领巾广场俯视全景。

(111) 深圳皇岗青少年宫设计方案正立面透视

(112) 深圳宝安区文化馆设计方案外景透视 形体穿插交错构图手法的运用,充分展现了三维空间造型的特色。

(115) 深圳未来世界室内游乐场主入口

(116) 深圳未来世界室内游乐场主入口广场

(113) 深圳世界之窗中心演艺广场

(114) 深圳世界之窗总平面图

(119) 香港顶峰俱乐部(哈迪德国际竞赛中标方案透视图)

(120) 香港顶峰俱乐部平面解析图(哈迪德)

(117) 香港文化中心临海广场外景

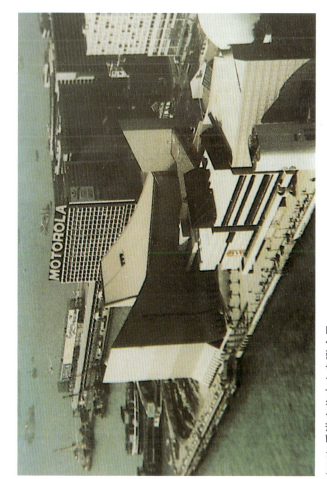
(118) 香港文化中心鸟瞰全景

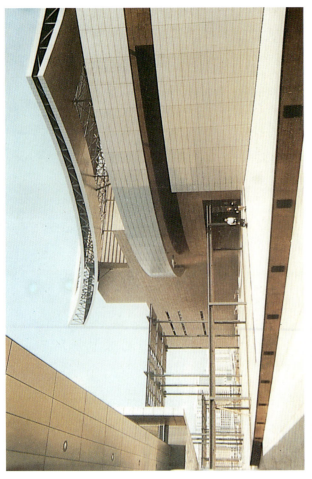
(123)澳门文化中心内院透视

(124)台湾新竹交通大学活动中心　具有创造性的立面处理和屋顶花园。

(121)台湾新竹交通大学活动中心全景

(122)台湾新竹交通大学活动中心　内院利用地形高差建成露天演出场地。

(126) 台湾宜兰县文化活动中心全景鸟瞰

(127) 台湾宜兰县文化活动中心南立面　具有中国传统建筑的形象特征。

(125) 台湾宜兰县文化活动中心　可隔岸观看的小型演出空间。

(130) 台湾高雄市青少年文化活动中心场地全景

(131) 台湾隆昌农村社区多功能活动中心外景

(128) 台湾东方高尔夫俱乐部会馆鸟瞰

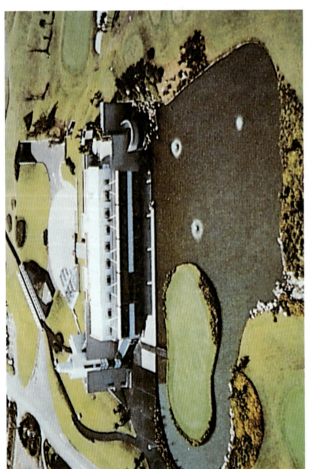

(129) 台湾东方高尔夫俱乐部会馆鸟瞰

(134B) 美国芝加哥海军码头室外游乐场入口

(134A) 美国芝加哥市海军码头改建后全景

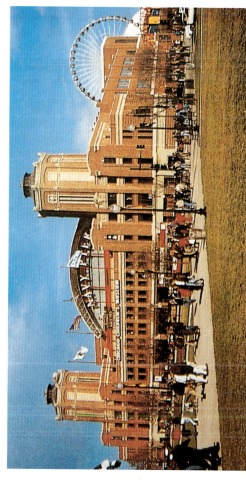

(133) 美国芝加哥市海军码头 1995年改建成市民休闲娱乐消费活动的综合设施，附设了室外游乐场。

(132) 美国圣迭戈市霍顿广场 斜向步行街两侧布置了多种休闲娱乐设施。

(137) 美国俄亥俄州立大学韦克斯纳视觉艺术中心　其断裂的建筑形象暗示着城市文脉在此拼接整合的意义。

(138) 美国俄亥俄州立大学韦克斯纳视觉艺术中心　其白色构架隐喻的城市轴线与校园建筑轴线在此交汇。

(135) 加拿大某社区青年活动中心　其屋顶造型和鲜明的色彩给建筑增添了活力。

(136) 加拿大某社区青年活动中心　具有个性特征的侧立面造型。

(140) 美国加利福尼亚州邵琛奥克市民艺术广场与山坡地形相协调的形体构图

(141) 美国加利福尼亚州邵琛奥克市民艺术广场 其面向广场的大片实墙面上开设形状奇特的窗户，夜晚构成了一幅抽象的光照艺术作品。

(139) 美国加利福尼亚州邵琛奥克市民艺术广场

(143) 美国佛罗里达州沃尔特迪斯尼世界游乐场喜剧式的墙面和屋顶装饰

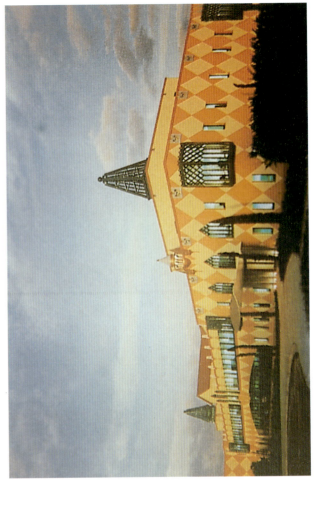

(144) 美国佛罗里达州沃尔特迪斯尼世界游乐场

(142) 美国佛罗里达州奥兰多迪斯尼世界"魔术王国"灰姑娘城堡建筑造型表现了童话般梦幻境象。

(146) 美国佛罗里达州沃尔特迪斯尼海滨俱乐部外景

(147) 美国佛罗里达州沃尔特迪斯尼海滨俱乐部室外游乐园

(145) 美国佛罗里达州沃尔特迪斯尼世界 海滨俱乐部入口。

(148) 美国布朗克斯镇玛丽·米切尔家庭与青年活动中心 朴实而亲切的造型与镇内建筑环境十分协调。

(149) 意大利阿维热诺文化中心 历史残迹般的建筑造型关联着罗马城的历史文脉。

(150) 澳大利亚卡塔丘塔文化中心 具有与自然景观完全相融的建筑形象。

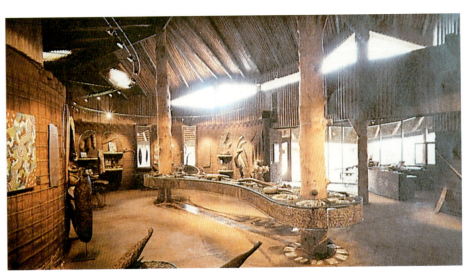

(151) 卡塔丘塔文化中心室内陈设表现了当地土著文化的特色

(154) 美国新哈莫尼文艺俱乐部外景 蓝天与草地映照下形态丰富的白墙面充满了表现力。强烈的虚实对比利层次丰富的空间造型,极具艺术魅力。

(153) 法国巴黎日本文化中心

(152) 法国巴黎日本文化中心街景

(155) 法国巴黎蓬皮杜文化艺术中心　外露的自动扶梯成为其最具表现力的建筑语言。

(156) 巴黎蓬皮杜文化艺术中心外景一角

(157) 法国尚贝利·安德烈·马尔罗文化中心　实体造型间的软性连接。

(158) 法国艾思贝斯游乐场主入口　其古典式门廊与尖帽形屋顶的喜剧性组合。

(159) 巴黎蓬皮杜文化艺术中心异乎寻常的建筑形象吸引了世界各地的大批旅游者

(160) 巴黎蓬皮杜文化艺术中心内设图书馆

(161) 法国尚贝利·安德烈·马尔罗文化中心

其大片实墙面的横条形饰面消除了墙体的沉重感,并成为建筑造型的特色。

(163) 法国巴黎拉维莱特公园音乐城全景

(164) 巴黎拉维莱特公园音乐城入口大厅内景

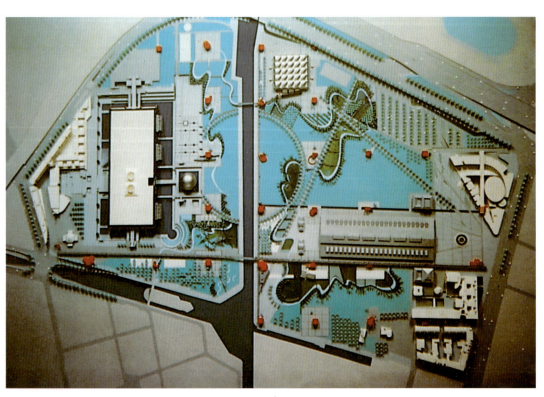

(162) 法国巴黎拉维莱特公园总平面规划模型

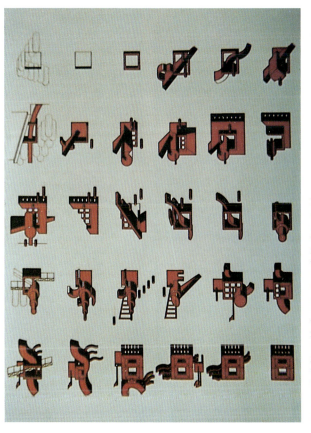

(166) 巴黎拉维莱特公园景观建筑造型系列

(167) 巴黎拉维莱特公园中题名为"疯狂"的景观建筑造型

(165) 巴黎拉维莱特公园中题名为"疯狂"的景观建筑造型

(169) 德国 C&T 艺术活动中心水景（一）

(170) 德国 C&T 艺术活动中心水景（二）

(168) 德国 C&T 艺术活动中心入口桥形通道

(173) 芬兰考斯丁纳民间艺术活动中心入口坡道及台阶

(174) 芬兰考斯丁纳民间艺术活动中心 从坡道上部下望。

(171) 德国汉森市奥贝尔·拉姆斯坦特青年活动中心外景

(172) 德国汉森市奥贝尔·拉姆斯坦特青年活动中心外景

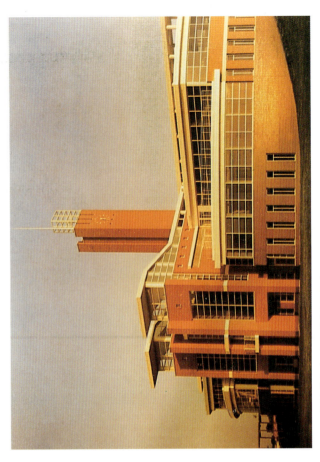

(178) 芬兰依斯堡市文化活动中心

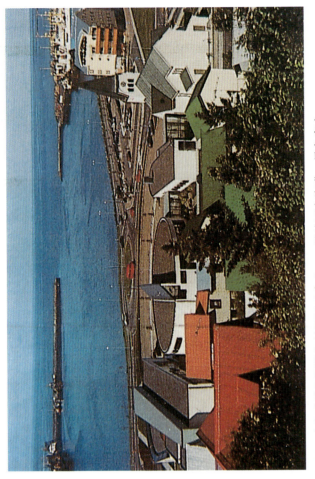

(177) 冰岛哈佛那居那杜尔教区活动中心 基地面向海港，景色宜人。

(175) 冰岛哈佛那居那杜尔教区活动中心 与镇中心相连的桥廊通道。

(176) 冰岛哈佛那居那杜尔教区活动中心全景

(180) 日本富士乡村俱乐部全景俯瞰可显现疑问号形的屋顶造型

(181) 日本富士乡村俱乐部的会客厅客室内景观

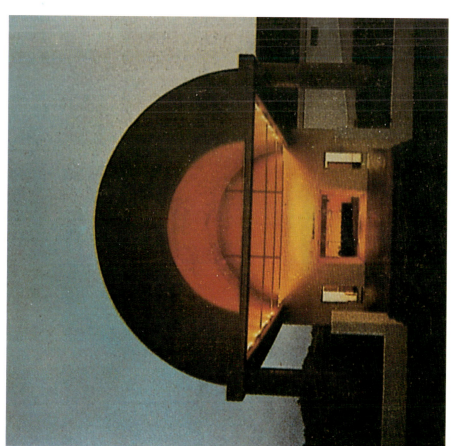

(179) 日本富士乡村俱乐部入口门廊

(184) 日本长畸市儿童假日活动中心 其依山而建的建筑形体仍具简洁的整体感。

(182) 日本武藏丘陵乡村俱乐部全景 其门厅上部的光塔成为造型构图中心。

(183) 日本武藏丘陵乡村俱乐部 活动室天窗的特殊造型。

(186) 日本加茂町文化会馆全景　富有雕塑性美感和神秘感的建筑造型表现了强烈的吸引力。

(187) 日本加茂町文化会馆　其屋顶平台也被充分利用作室外活动场地。

(185) 日本加茂町文化会馆　其建筑造型表达了本土文化与现代抽象艺术融合的设计意象。

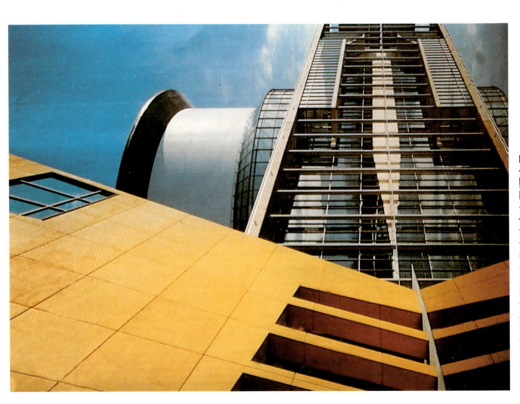

(188) 日本黑部市国际文化交流中心屋顶水景

(189) 日本黑部市国际文化交流中心主入口外景

(190) 日本黑部市国际文化交流中心屋顶花园水景

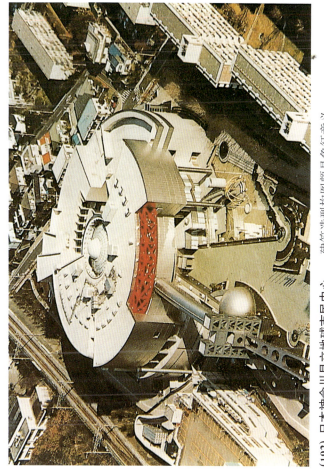
(192) 日本神奈川县立地球市民中心 建筑造型构图颇具象征意义。

(193) 日本神奈川县立地球市民中心主入口外景

(191) 日本神奈川县立地球市民中心中庭景观

(196) 日本藤泽市湘南台文化中心 庭园内景具有梦境般的设计意象。

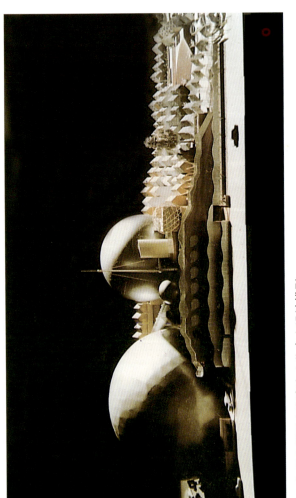

(194) 日本藤泽市湘南台文化中心设计模型

(195) 日本藤泽市湘南台文化中心全景鸟瞰

(198) 日本多摩市立文化中心入口广场壮观的对称构图造型

(199) 日本多摩市立文化中心入口广场平台一侧景观

(197) 日本东京水上乐园漂流槽造型

(200) 日本小杉町文化馆全景　主体造型兼具传统与现代文化的含义。

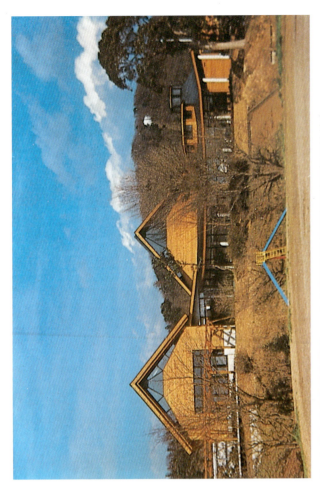

(202) 日本八重原县公民馆　乡土建筑外形与现代建筑细部巧妙结合。

(201) 日本小杉町文化馆主入口细部造型

(203) 日本八重原公民馆庭园水景

(205) 日本多摩市娱乐综合楼主入口造型　来访人流由室外楼梯引入2层。

(206) 日本多摩市娱乐综合楼鸟瞰全景　可见基地西侧有铁路干线通过。

(204) 日本多摩市娱乐综合楼　奇特的入口角楼造型。

(210) 日本大阪市"欢乐门"娱乐城热闹非凡的夜景

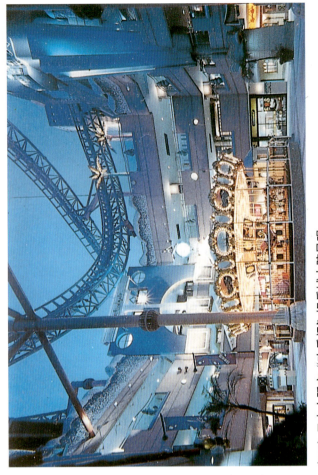
(209) 日本大阪市"欢乐门"娱乐城内院景观

(208) 日本大阪市"欢乐门"娱乐城屋顶游乐场

(207) 日本大阪市"欢乐门"娱乐城 主入口充满节日喜庆氛围的景观。

(213) 日本"波的屋"嬉水乐园泳池大厅内景

(212) 日本"波的屋"嬉水乐园入口广场全景

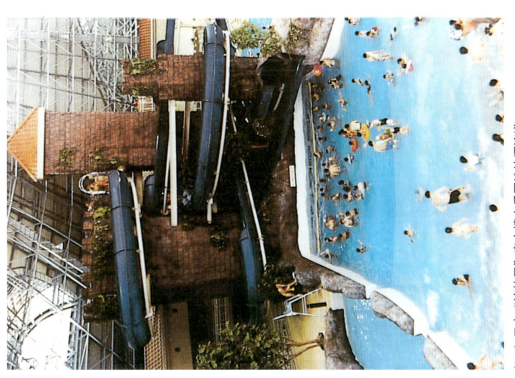

(211) 日本"波的屋"室内嬉水乐园泳池漂流道

(214) 日本福冈市博多水城步行街外景俯视

(215) 日本福冈市博多水城全景鸟瞰

(216) 日本福冈市博多水城临街入口

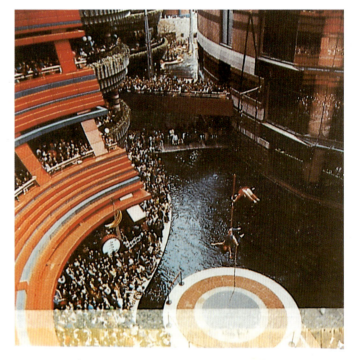

(217) 日本福冈市博多水城步行街表演场景

(219) 日本榛名町综合文化会馆全景

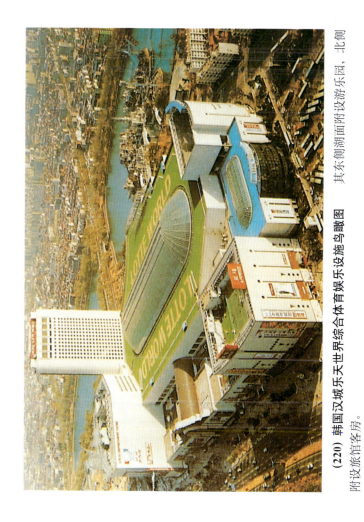

(220) 韩国汉城乐天世界综合体育娱乐设施鸟瞰图　其东侧湖面附设游乐园，北侧附设旅馆客房。

(218) 日本榛名町综合文化会馆主入口外景

(222) 日本桶川市市民会馆主入口外景

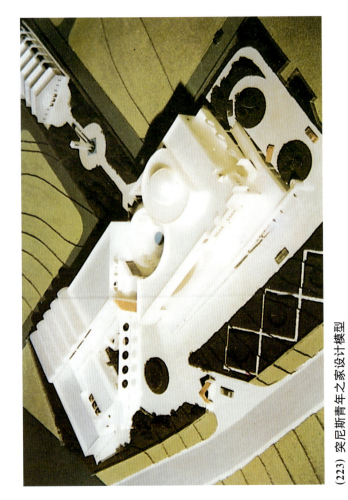
(223) 突尼斯青年之家设计模型

(221) 日本桶川市市民会馆全景鸟瞰

(224) 新加坡埃尔拉加社区文化中心主立面外景

(225) 新加坡埃尔拉加社区文化中心内院外景

(226) 日本大淀町文化会馆外景　　右侧为图书馆，左侧为观演大厅。

建筑设计指导丛书

休闲娱乐建筑设计

东南大学
胡仁禄　编著

中国建筑工业出版社

图书在版编目（CIP）数据

休闲娱乐建筑设计／胡仁禄编著．—北京：中国建筑工业出版社，2001.5
（建筑设计指导丛书）
ISBN 978－7－112－04592－1

Ⅰ．休…　Ⅱ．胡…　Ⅲ．俱乐部－建筑设计
Ⅳ．TU242.4

中国版本图书馆 CIP 数据核字（2001）第 06413 号

　　现代休闲生活方式的丰富多彩和积极的经济意义，促进了娱乐业和休闲娱乐建筑的迅速发展。由于其活动项目和使用功能的千变万化，需要设计者在把握此类建筑基本设计原理的基础上，学会结合工程实践举一反三，灵活运用。本书以城市公共休闲娱乐建筑为主要研究对象，在简要介绍我国休闲娱乐建筑的发展历史、现有类型和发展趋势的基础上，系统论述了休闲娱乐建筑的项目策划、基地规划、功能组织、空间布局和造型设计的基本原理与设计方法，并结合其当前发展的新趋向，对多种新兴的娱乐设施设计也作了重点的介绍和分析。书内附有大量最新工程实例，每例皆作了简要说明和分析，可供读者设计参考。

　　本书图文并茂，内容精练实用，可作为高等学校建筑学、城市规划专业及相关专业建筑设计课教材，也可供建筑设计人员以及其他从事娱乐业或建筑业的专业人员参考使用。

责任编辑　王玉容

建筑设计指导丛书
休闲娱乐建筑设计
东南大学　胡仁禄　编著

*

中国建筑工业出版社出版、发行（北京西郊百万庄）
各地新华书店、建筑书店经销
北京建筑工业印刷厂印刷

*

开本：880×1230毫米　1/16　印张：18½　插页：32　字数：690千字
2001年7月第一版　2012年1月第五次印刷
印数：6,401—7,600册　定价：**82.00元**
ISBN 978-7-112-04592-1
（10042）

版权所有　翻印必究
如有印装质量问题，可寄本社退换
（邮政编码 100037）

出版者的话

"建筑设计课"是一门实践性很强的课程,它是建筑学专业学生在校期间学习的核心课程。"建筑设计"是政策、技术和艺术等水平的综合体现,是学生毕业后必须具备的工作技能。但学生在校学习期间,不可能对所有的建筑进行设计,只能在学习建筑设计的基本理论和方法的基础上,针对一些具有代表性的类型进行训练,并遵循从小到大,从简到繁的认识规律,逐步扩大与加深建筑设计知识和能力的培养和锻炼。

学生非常重视建筑设计课的学习,但目前缺少配合建筑设计课同步进行的学习资料,为了满足广大学生的需求,丰富课堂教学,我们组织编写了一套《建筑设计指导丛书》。它目前有:

《建筑设计入门》　　　　　《小品建筑设计》
《幼儿园建筑设计》　　　　《中小学建筑设计》
《餐饮建筑设计》　　　　　《别墅建筑设计》
《城市住宅设计》　　　　　《现代旅馆建筑设计》
《居住区规划设计》　　　　《休闲娱乐建筑设计》
《博物馆建筑设计》　　　　《现代图书馆建筑设计》
《现代医院设计》　　　　　《交通建筑设计》
《体育建筑设计》　　　　　《现代剧场设计》
《现代商业建筑设计》　　　《场地设计》
《快速设计方法》

这套丛书均由我国高等学校具有丰富教学经验和长期进行工程实践的作者编写,其中有些是教研组、教学小组等集体完成的,或集体教学成果的总结,凝结着集体的智慧和劳动。

这套丛书内容主要包括:基本的理论知识、设计要点、功能分析及设计步骤等;评析讲解经典范例;介绍国内外优秀的工程实例。其力求理论与实践结合,提高实用性和可操作性,反映和汲取国内外近年来的有关学科发展的新观念、新技术,尽量体现时代脉搏。

本丛书可作为在校学生建筑设计课教材、教学参考书及培训教材;对建筑师、工程技术人员及工程管理人员均有参考价值。

这套丛书将陆续与广大读者见面,借此,向曾经关心和帮助过这套丛书出版工作的所有老师和朋友致以衷心的感谢和敬意。特别要感谢建筑学专业指导委员会的热情支持,感谢有关学校院系领导的直接关怀与帮助。尤其要感谢各位撰编老师们所作的奉献和努力。

本套丛书会存在不少缺点和不足,甚至差错。真诚希望有关专家、学者及广大读者给予批评、指正,以便我们在重印或再版中不断修正和完善。

前　言

休闲娱乐是人们享受生活本质意义和乐趣的重要精神需求，也是社会劳动力再生的必要过程和生活内容。休闲娱乐活动的方式则是社会文化的重要组成，它对社会精神文明建设有着积极的促进作用。因此，当今为人们提供休闲娱乐服务的众多活动场所已成为新兴娱乐产业的重要构成，并在市场需求多样化、个性化和时尚化的推动下，其功能类型和建筑形式也日趋丰富多彩。现代科技手段的运用更促进了娱乐项目的不断更新和新型设施的不断创建，从而使其成为当今城市经济文化发展的重要动力和支柱。因而对娱乐资源的开发利用、新颖娱乐项目的创造和相应娱乐设施的规划设计研究，早已普遍引起国内外娱乐产业界和城市建设部门的极大关注。

我国实行改革开放政策20余年来，特别是90年代经历了经济高速增长以来，我国人民经济生活和精神文化生活水平有了极大的提高，享受生活本质意义和乐趣的休闲观念迅速叩开国门，进入人们的日常生活。以往完全由政府包办的公益性文化娱乐设施，已不能完全满足人们多样化和高标准的需求，并正经历着管理体制的转型改革。而同时，各种新兴的城市娱乐消费设施又像雨后春笋般急速涌现。这一切都给建筑设计研究带来了新课题，也要求建筑设计教学迅速与社会的实际需求相结合，陈旧的教学资料也面临着更新充实的任务。为此，1990年东南大学建筑课程设计讲义《文化娱乐建筑》的编写弥补了教材更新的空缺。本书基本框架即是在此讲义和多年工程实践的基础上，逐年修订更新而成。书中讲述的内容较全面反映当代休闲娱乐建筑发展的现状和最新设计观念，可为建筑设计教学和工程设计人员更好地理解当代休闲娱乐建筑的发展特点，适应实际工作的需要，提供系统的理论和实践指导。

为便于读者正确理解所述的理论概念，本书力求行文简明扼要，举例皆以图文对照，因而书中引用了大量工程实例资料。由于所涉工程实例范围广泛，图例采集与编绘工作量实为巨大，难以全数独自包揽，诚然有许多图例资料直接选摘自国内外相关书刊。在此首先谨向以多种形式为本书慷慨提供相关资料的作者、项目设计者和设计研究机构，一并表示诚挚的感谢，引述不当之处也请批评指正。

此外，本书的编写也得到了我系师生的大力协助和支持，在此也谨向参与书中实例资料收集、翻译和编绘工作的博士研究生胡京同学、硕士研究生陈杨杨、贾渤、谭志威、陶韬等同学表示衷心感谢。94级、95级和96级部分同学也为图例的描绘工作付出了艰辛的劳动，在此也同致谢意。

2001.元月

目　　录

第一章　综　　述 ··· 1

第一节　休闲生活与休闲娱乐建筑 ··· 1
一、进修型休闲 ··· 1
二、兴趣型休闲 ··· 1
三、娱乐型休闲 ··· 1
四、体育型休闲 ··· 1
五、游览型休闲 ··· 2

第二节　历史沿革和建筑类型 ·· 2
一、历史沿革 ·· 2
二、建筑类型 ·· 5

第二章　基地选址与环境规划 ·· 8

第一节　项目策划和基地选址 ·· 8
一、设施服务目标的确定 ··· 8
二、设施规模和功能组成的确定 ··· 8
三、设施基地选址 ·· 10
四、城市型设施基地选址基本方案 ·· 10

第二节　基地总平面规划 ·· 12
一、总平面组成内容和功能分区 ·· 12
二、总平面布置的基本要求 ··· 12
三、总平面布置的基本形式 ··· 13

第三节　室外活动场地设计 ··· 18
一、室外文体娱乐活动场地 ··· 18
二、室外休憩活动场地 ·· 20
三、庭园观赏活动场地 ·· 23

第三章　用房要求与功能组织 ·· 26

第一节　功能组成和各类用房使用要求 ··· 26
一、建筑主要功能组成 ·· 26
二、群众活动用房及使用要求 ··· 26
三、学习辅导用房及使用要求 ··· 33
四、专业工作用房及使用要求 ··· 35
五、公用服务用房及使用要求 ··· 37
六、行政管理及辅助用房 ·· 37

第二节　功能组织的基本原则 ·· 37
一、合理的功能分区 ··· 38
二、简捷的活动流线 ··· 38

  三、开放的组织结构 ·· 39
 第三节 功能组织的基本关系 ·· 43

第四章 空间布局与建筑形态 ·· 45
 第一节 空间布局的一般原理 ·· 45
 第二节 空间建构的功能技术原则 ·· 45
  一、建立开放灵活的空间架构 ·· 45
  二、增强空间使用的灵活性 ·· 46
  三、营造宜人的室内外活动环境 ·· 48
  四、符合技术经济的合理性 ·· 48
 第三节 建筑形态的视觉环境要求 ·· 49
  一、建筑形态与城市空间环境的协调 ·· 49
  二、建筑形态与社会审美环境的协调 ·· 49
 第四节 空间布局的基本形式 ·· 50
  一、按观演空间与其他活动空间的关系分类 ·· 50
  二、按建筑形态与城市空间的关系分类 ·· 52

第五章 娱乐消费与新兴设施 ·· 55
 第一节 专营娱乐设施 ·· 55
  一、卡拉OK歌舞厅 ··· 55
  二、健身(健美)俱乐部 ·· 56
  三、保龄球馆 ·· 59
 第二节 体育娱乐设施 ·· 63
  一、水上乐园与室内嬉水乐园 ·· 63
  二、高尔夫俱乐部 ·· 68
  三、网球俱乐部 ·· 73
 第三节 游乐园设施 ·· 75
  一、游乐园设施类型 ·· 76
  二、建园基础条件 ·· 76
  三、主题游乐园设施构成 ·· 81
  四、游乐园规划设计要点 ·· 82
 第四节 商业娱乐综合设施 ·· 85
  一、一般娱乐型综合体 ·· 85
  二、体育娱乐型综合体 ·· 87
  三、城市游乐型综合体 ·· 87
 第五节 其他娱乐消费设施 ·· 91

第六章 建筑造型与设计技法 ·· 94
 第一节 建筑造型的概念和特性 ·· 94
 第二节 休闲娱乐建筑的造型特点 ·· 94
  一、愉悦性 ·· 94
  二、时尚性 ·· 95
  三、地区性 ·· 95
  四、标志性 ·· 96

第三节　造型设计的立意与构思··97
　　一、景物意象的比拟联想··97
　　二、艺术因借的类比联想··97
　　三、形式构成的自由联想··99
第四节　造型设计的表达和造型语言··101
一、造型语言的基本构成··101
　　二、形体要素的造型运用··103
　　三、色彩要素的造型运用··110
　　四、构图技法的造型运用··111
　　五、抽象艺术的造型借鉴··118

第七章　创作实践与佳作赏析···122

第一节　全国建筑系学生1996年建筑设计竞赛，东南大学获奖作品介绍·····································122
第二节　东南大学1997届毕业设计优秀作品介绍··131
第三节　中国建筑学会1995年青年建筑师奖，部分设计竞赛优秀奖方案介绍···································145

实　　　例···150

一、国内工程实例···150
　　1. 北京官园青年宫··150
　　2. 中日青年交流中心··156
　　3. 北京崇文区文化馆··160
　　4. 北京东城区文化馆··162
　　5. 清华大学学生文化活动中心···166
　　6. 天津河西区少年宫··168
　　7. 哈尔滨梦幻乐园···170
　　8. 辽河油田青少年宫··172
　　9. 郑州市老年宫··174
　　10. 广州市儿童活动中心···176
　　11. 广州市老干部活动中心··178
　　12. 昆明市工人文化宫··180
　　13. 南平老人活动中心··182
　　14. 东南大学校友会堂··184
　　15. 南京南湖文化馆···186
　　16. 南京文化艺术中心··188
　　17. 南京太阳宫广场···192
　　18. 杭州市游泳健身娱乐中心···196
　　19. 无锡市少年宫··202
　　20. 常州红梅新村文化站···204
　　21. 太仓市长青高尔夫俱乐部会馆···206
　　22. 南通市少年儿童活动中心···208
　　23. 西藏自治区群众艺术馆··210
　　24. 深圳华夏艺术中心··212
　　25. 深圳南油文化广场··214
　　26. 深圳南山文体活动中心··216

27. 深圳蛇口青少年活动中心 ……………………………………………………………… 218
28. 深圳大学学生活动中心 …………………………………………………………………… 222
29. 香港文化中心 ……………………………………………………………………………… 224
30. 香港艺术中心 ……………………………………………………………………………… 226
31. 青岛市海上皇宫娱乐中心 ………………………………………………………………… 228
32. 台湾新竹市交通大学活动中心 …………………………………………………………… 230
33. 台南成功大学学生活动中心 ……………………………………………………………… 234
34. 台湾东方高尔夫俱乐部会馆 ……………………………………………………………… 236
35. 台中县文化中心 …………………………………………………………………………… 238

二、国外工程实例 ……………………………………………………………………………… 240
　36. (美国)加利福尼亚邵琛奥克市民艺术广场 …………………………………………… 240
　37. (美国)布朗克斯玛丽·米切尔家庭和青年中心 ……………………………………… 242
　38. (英国)伦敦巴尔比坎艺术和会议中心 ………………………………………………… 244
　39. (德国)赫尔内文化中心 ………………………………………………………………… 246
　40. (德国)汉森奥贝尔·拉姆斯坦特青年中心 …………………………………………… 248
　41. (法国)格勒诺布尔文化之家 …………………………………………………………… 250
　42. (法国)勒阿佛尔文化宫 ………………………………………………………………… 252
　43. (意大利)阿维热诺文化中心 …………………………………………………………… 254
　44. (芬兰)考斯丁纳民间艺术活动中心 …………………………………………………… 256
　45. (冰岛)哈佛那居杜尔教区活动中心 …………………………………………………… 258
　46. (澳大利亚)卡塔丘塔文化中心 ………………………………………………………… 260
　47. (日本)东京草月会馆 …………………………………………………………………… 262
　48. (日本)滕泽市湘南台文化中心 ………………………………………………………… 264
　49. (日本)富士县乡村俱乐部 ……………………………………………………………… 268
　50. (日本)横浜市荣区民文化中心 ………………………………………………………… 270
　51. (日本)富山县小杉町文化馆 …………………………………………………………… 272
　52. (日本)岛根县加茂町文化馆 …………………………………………………………… 274
　53. (日本)东京多摩市娱乐综合楼 ………………………………………………………… 276
　54. (新加坡)埃尔拉加社区活动中心 ……………………………………………………… 278
　55. (突尼斯)突尼斯青年之家 ……………………………………………………………… 280
　56. (日本)武藏丘陵乡村俱乐部 …………………………………………………………… 282

主要参考文献 …………………………………………………………………………………… 285

第一章 综　述

第一节　休闲生活与休闲娱乐建筑

人类社会生产力水平的不断提高,社会分工的出现,使人们获取基本生活资料而从事的必要劳动时间逐渐减少。通常人们称职业性劳动为"工作",那么与此相对的概念则是"休闲",这是一对相互对立又相互依存的概念。美国著名社会心理学家欧·奥特尔曼深刻地阐明了"工作"是指"一种行动力量极度紧张的状态,一种不为什么而甘愿吃苦的心理准备,或是为某种实用目的(如生活与生存)而精心安排的社会机体的完全投入。"而"休闲"则是指工作之外的随意松弛状态,它包括娱乐、运动、休息和文化交流等各种自主选择的活动,是人们享受生活的本质和再生劳动力的必需过程。在现代社会中,休闲可以被理解为个人所有时间中没有被雇用和从事生活本质活动的状态。因此,休闲不仅是休闲娱乐活动的时间基础,而且是休闲娱乐成为生活更高需求的心理状态。早在3000多年前,著名的古希腊哲学家亚里士多德就曾说过"我们忙碌是为了能有休闲……,休闲才是一切事物环绕的中心。"

现代科技进步推动社会生产效率的不断提高,促进社会文明的进步和发展,也为人们提供了越来越多的闲暇时间和日益丰富的休闲生活所需的物质条件。人们清晰记得,仅仅在半个世纪之前,我国劳动人民还在为争取劳动权利和8小时工作制而浴血奋斗,而今却已能享受每周40小时的新工时制,这是一次重大的历史性飞跃。它标志着我国国民经济和生产力水平的极大提高,标志着整个社会文明的进步和劳动人民生活质量的进一步提高。

闲暇时间的增加使人们开始考虑休闲生活的意义和质量。科学地利用闲暇时间是一种生命能量的储存和增值,包括对人们自身智能和体能的适时调节。休闲为人们提供了多维的时空,可以从多方向拓展生活的内容和意义,满足各自精神生活的需求。人们通常根据各自的职业、爱好、性格和生活环境选择多种多样适合自己的休闲方式。目前我们常见的休闲方式有如下几种类型:

一、进修型休闲

即可以利用节假日系统地学习新知识和新技能,如学习电脑,复习外语,提高职业技巧或家务技艺,研修科技知识以及研读文学著作等等。这都是对自身知识和技能结构的及时充实和更新,尤其对体力劳动职业者是一种积极而有进取意义的休闲方式,通过这种休闲活动,可为自身发展开拓新的方向和积蓄力量。

二、兴趣型休闲

即在业余或节假日从事某项特别的兴趣爱好活动,如盆景园艺、宠物饲养(包括鸟、鱼、虫、兽等饲养)和特殊收藏(邮票、古币、古玩、名画及动植物标本等收藏)等等。这也是一种有趣有益的文化享受,特别适合性格好静的人士,可以轻松自如地安排好业余和节假日的休闲生活,达到修身养性和提高文化素质的目的。

三、娱乐型休闲

人们参加琴棋书画、歌咏、舞蹈的习艺和展演活动,影视作品、戏曲音乐的欣赏和观演活动以及参加各种游艺活动是最为普及的休闲方式,也是传统业余文化生活的基本形式。通过这类轻松愉快的业余文化交流和参与活动,可使人们获得一种愉快的心境,从而达到消除疲劳和振奋精神的目的。现代科技的进步加速了娱乐项目的不断更新,给休闲娱乐活动不断增添新的情趣,对人们休闲生活有着普遍和持久的吸引力。

四、体育型休闲

无论是健身、健美、武术、球赛和其他各种体育竞技活动,都是一种有益于防身强身的积极休闲活动。这种休闲方式更适合于平时缺少运动时间的脑力劳动职业者,用以达到增强体魄、提高工作效率的目的。这种休闲方式在经济发达的欧美国家中更为普遍,许多室内体育项目成为休闲娱乐活动的主要活动内容。

五、游览型休闲

游山玩水是我国自古以来就崇尚的一种休闲方式。古时文人雅士的云游四海,今日学生的假日郊游远足,市民的公园漫步或旅游观光皆属此类休闲方式。名山大川固然吸引游人,乡野生活和田园风光同样具有诱人的魅力。亲身一游,寓教于乐还能增智益身。因此,随着公共交通条件的改善,人们利用节假日进行观光旅游,接触大自然,已逐渐成为当今生活的一种时尚,并可能成为人们休闲活动的主要方式。伴随观光旅游活动的其他娱乐活动,常称为游乐活动,也已获得了很大的发展。

尽管人们采取的休闲方式各不相同,但所追求的精神需求目标是基本相同的。满足人们求知、求美和求乐的欲望是各种休闲活动共同追求的目标。其中"求乐"正是休闲生活的本质意义,人们可以从满足求知的欲望中取得成功的快乐,可以在从事兴趣爱好活动中获得发现和创造的快乐,可以在游戏、习艺、各种娱乐和体育活动中享受自我实现的快乐,也可以在观赏各种艺术展演和游山玩水中品味生活的真正乐趣。

休闲娱乐建筑正是为满足人们开展各种休闲娱乐活动的需要而设计建造的特定空间场所和公共建筑类型。休闲娱乐建筑已是现代城市功能结构中的有机组成部分,成为促进城市社会经济协调发展的重要文化资源,因而城市型公共休闲娱乐建筑的设计研究更具典型意义。本书也以城市型设施为主要研究对象,用以阐明各类休闲娱乐建筑的基本设计原理。

还应指出,休闲娱乐建筑还是随时随地不断变化着的一种建筑类型。现代社会生活方式的急剧变化,更加速了休闲娱乐建筑功能的更迭发展。同时,不同的国家或地区由于社会经济体制和发展水平的差异,其社会生活方式存在着千差万别,并直接影响着人们的休闲方式和休闲娱乐建筑的功能模式。因而在研究基本设计原理之前,本书有必要让读者对我国特有的国情条件下,休闲娱乐建筑发展的历史、现状和趋势有概要的了解,以便使读者能结合工程实例的分析研究,学会灵活运用基本设计原理去解决设计实践中不断出现的新问题,达到举一反三、推陈出新的效果。

第二节 历史沿革和建筑类型

一、历史沿革

自古以来,人们在必要的谋生活动之外,不断自发地追求着各种精神文化生活,并创造了丰富多彩的娱乐消遣方式,这是人们享受生活的最本质的需求。在我国城镇中很早就出现了戏苑、弈馆和书场之类的大众娱乐场所。它们的兴衰和发展历史也反映着整个国家或地区的社会、经济和文化的发展历史。我国休闲娱乐建筑目前的发展模式,主要是在近代西方经济文化的影响下,经历了漫长而曲折的历史变迁而形成的。

新中国成立前,我国群众文化事业的发展极度落后,仅在沿海商贸中心城市出现了一些有着明显西方文化影响的近代城市娱乐设施。即使以当时堪称近代中国文化中心的上海市为例,其公共休闲娱乐设施仍然相当落后。这主要反映在以下三个方面:一是设施稀少且规模极小。解放前大众休闲娱乐设施仅有沪南和沪西两所民众教育馆(即文化馆的前身),沪南馆设在南市旧文庙内,沪西馆在真如镇,其中仅有 40m² 的图书阅览室。二是设施类型畸形发展。自 1864 年上海出现第一家营业性剧场"一桂茶园"后,相继建起了主要供外国冒险家、官僚买办寻欢作乐和赌博聚财的娱乐设施,如跑马厅、跑狗场、回力球场和游乐场等。20世纪 30 年代,城市商业性娱乐场所有了较快的发展,但都为私商牟利而办,并且其中相当一部分为流氓集团操纵,成为藏污纳垢的场所。三是设施地区分布极不均衡合理。大多数设施集中在洋人居住的租界地和城市繁华地段,广大劳动人民聚居的地区几乎没有任何休闲娱乐设施。

我国近代出现的城市休闲娱乐建筑,从其功能到形式都反映着在中国特定的社会历史背景下,中西文化碰撞和融合的结果。其中最具代表性的建筑是著名的上海"大世界",它建于 1915 年初,最初为 3 层砖木结构,1925 年重建成 4 层钢筋混凝土结构(图 1-1)。它的建成使用标志着我国城市近代娱乐业的形成和发展,反映了近代城市休闲娱乐建筑的重大变迁。"大世界"的建筑功能和形式充分体现了中西文化在近代城市休闲娱乐建筑中的各自影响。该建筑平面呈"L"形,转角处正对道路交叉处设主入口,沿街底层布置出租商店铺面。建筑内院场地设有大型露天剧场,可供多种表演活动使用。内院四周设有回廊,既以此连接各层娱乐活动室、茶室和小剧场等活动空间,又可在此凭栏观看院中露天表演,经回廊可与露天剧场相通。院内楼梯、平台曲折多变,颇具在中国传统园林中观赏戏曲表演的氛围。其外部造型也处处表现着传统观念与现代审美时尚的结合,采取了中西建筑文化大胆揉合的手法。因而它在当时国门初开的年代,曾以一种特别的异国风采吸引着无数追求新奇和时尚的市民,成为近代中国城市综合性休闲娱乐建筑的典型代表。

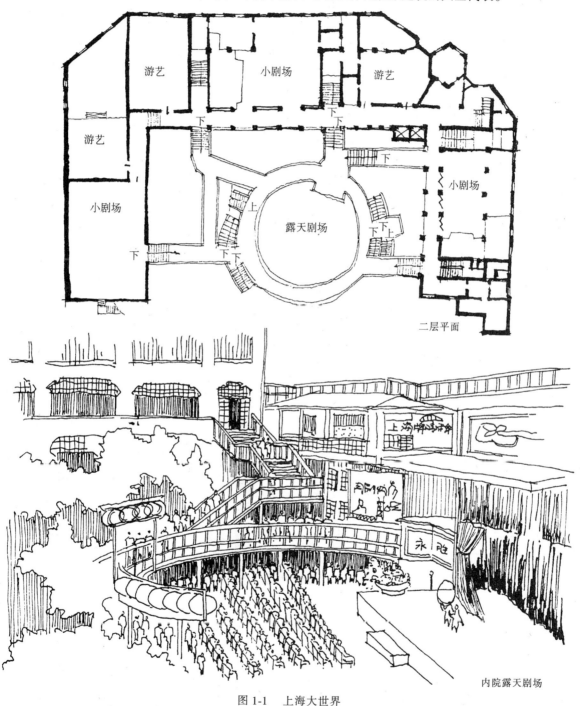

图1-1 上海大世界

新中国成立后,人民政府在整顿改造旧的城市休闲娱乐设施的同时,有计划地展开了为广大劳动群众服务的新设施的建设。20世纪50年代,新的城市休闲娱乐设施体系已基本形成。这一时期中,基本参照当时苏联的经验和发展模式,由国家统一规划和投资建造,建成了一批当时已具相当规模和水平的设施。各类俱乐部、文化宫、青少年宫和文化馆等成为我国新的建筑类型,得到了迅速的发展。至今,这批建筑依然作为群众休闲娱乐的主要活动场所和城市的重要建筑景观发挥着积极作用。1959年建成使用的北京民族文化宫,可称是这个时期新建项目的卓越代表(图1-2)。它规模宏大、功能齐全,内部设有博物馆、图书馆、剧场、娱乐馆、舞厅、餐厅和高级招待所。其平面呈山字形对称配置。建筑中央塔楼高耸挺拔,白色的墙面、翠绿的琉璃瓦屋顶,色彩鲜明。建筑总体造型既具中国民族特色,又明显地融入了当时苏联建筑文化的影响(彩图1、彩图2)。

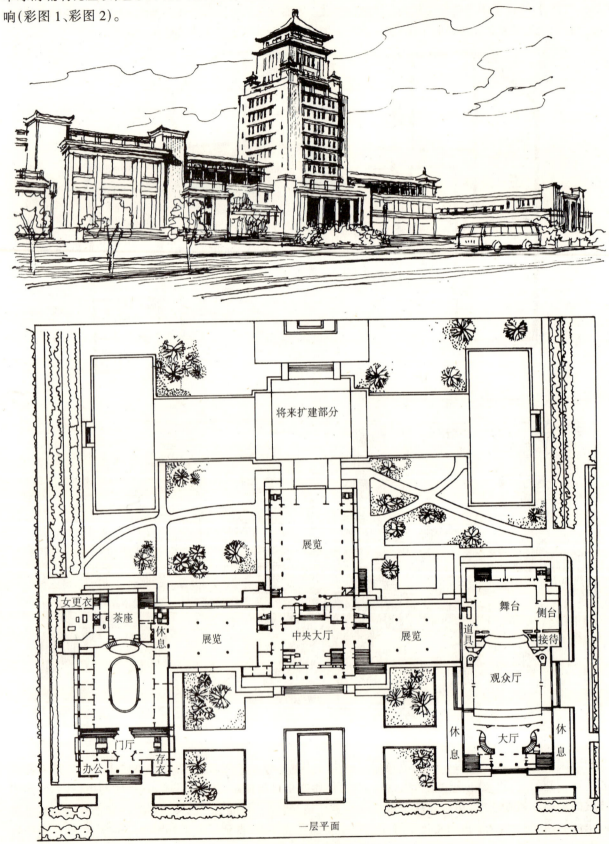

图1-2　北京民族文化宫

60年代以后大约20余年的历史中，由于国内政治经济局势的多次动荡和思想意识形态上"左"的干扰，不仅使新项目建设长期停滞不前，而且使初步建立起来的设施体系也遭到了严重损害。进入80年代，改革开放国策的确立，带来了新的发展转机。1982年公布新宪法，把发展群众文化事业写进了国家的根本大法。国家"七五"计划又提出了具体的发展计划。特别在1986年，中央《关于社会主义精神文明建设指导方针的决议》发布后，群众文化事业和休闲娱乐建筑的建设迎来了新的发展局面。为适应群众性休闲娱乐建筑新的发展需要，1987年中国建筑学会与文化部联合举办了全国文化馆建筑设计方案竞赛，对繁荣我国休闲娱乐建筑的设计创作产生了积极的促进作用。

90年代开始，我国群众文化事业发展又面临着体制改革的新挑战。以往一直作为社会公益事业而由政府包办的局面，需要适应经济体制转轨的新形势，实行相应的变革，把管理体制由事业型转变成以企业型为主，把经营方式由政府统包转变为政府、社会和个人共同兴办的多元化格局。变革带来的不仅是新的挑战，而且也为我国休闲娱乐建筑的繁荣发展带来了新的发展机遇。90年代以来，一批具有当代科技水平、现代文化特征和大众审美情趣的新型建筑设施已相继建成，新兴的娱乐城、影视城和游乐宫等休闲娱乐设施(图1-3)，为人们休闲生活提供了新的文化消费方式，并已迅速成为促进城市社会经济发展的现代娱乐产业。

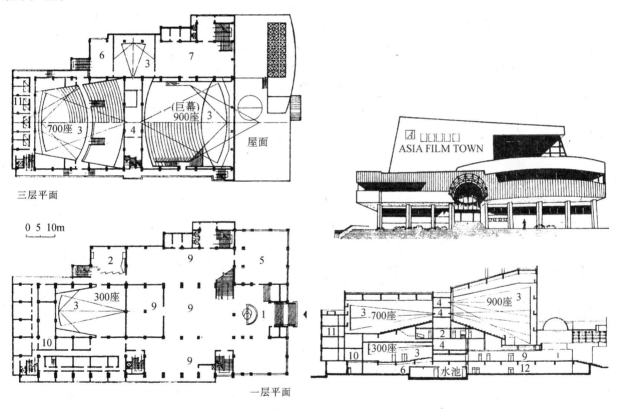

图1-3 常州 亚细亚影城(四厅)

1—门厅；2—休息厅；3—观众厅；4—放映机房；5—多功能文娱；6—通风、空调
7—餐厅、咖啡厅；8—展厅；9—商业；10—办公；11—宾馆客房；12—车库

二、建筑类型

由于上述曲折的历史发展过程，我国休闲娱乐建筑的形制比较繁杂。一方面，原有设施名称的定义较不规范，具有较大的随意性，难以根据名称分类；另一方面，原有设施形制正经历着深层变革，而新兴的建筑设施又在不断涌现，增加了设施分类的复杂性和不确定性。根据目前发展现状，我国休闲娱乐建筑大体上可从其社会职能和经营管理体制的差别上，分为社会公益性设施和娱乐消费性设施两大类。前者即是新中国成立以来，在学习前苏联模式的基础上，逐年形成的原有设施体系；后者则是80年代后期，在改革开放的形势下开始涌现的新兴娱乐活动场所和建筑设施(表1-1)。

总　类	社会公益性设施		娱乐消费性设施				
分类	文化馆类	俱乐部类	专营娱乐设施	体育娱乐设施	大型游乐设施	商业娱乐综合体	其他娱乐设施
设施名称	群众艺术馆 文化馆 文化站 文化室	专属俱乐部 专属文化宫 专用活动中心 专用文化交流中心	歌舞厅 音乐茶座 健身(健美)中心 保龄球馆 夜总会 娱乐中心	水上乐园 室内嬉水园 高尔夫俱乐部 网球俱乐部 游艇俱乐部 其他休闲体育设施	一般游乐园 专用游乐园 主题游乐园	一般娱乐型综合体 体育娱乐型综合体 城市游乐型综合体	度假区(村) 娱乐城
业务主管	省、地、市、区,居住区各级政府文化机构	各地区、部门、单位、群众团体行政专属	城市娱乐业			商品零售业	旅游服务业
服务对象	全民	指定范围人员	娱乐消费群体			综合消费群体	

表 1-1 我国休闲娱乐建筑设施分类

(一)社会公益性设施

它是我国在计划经济条件下,为广大劳动群众提供的业余休闲娱乐活动场所。作为政府公共文化事业机构和社会公共福利的重要组成部分,设施的建设与经营管理皆由政府或行政主管部门统管统包。设施在政府文化部门的指导下,把开展宣传鼓动和思想教化的任务作为首要的社会职能,向人们无偿提供公益性的休闲娱乐服务。它是我国传统意义上的休闲娱乐建筑类型。按其投资渠道和行政主管部门的差别,社会公益性设施还可分为政府文化部门隶属的文化馆类建筑和其他行政部门隶属的俱乐部类建筑。

1. 文化馆类建筑

它是各级政府为了向广大群众进行宣传教育,组织辅导群众开展各种文化活动而设立的群众文化事业机构。文化馆建筑的配置和服务范围与其所在地区的行政管理级别相对应。其中,群众艺术馆是国家设立的省、自治区或直辖市、计划单列市(区)、地(州、盟)市一级的文化事业机构;文化馆是国家设立的县(自治县)、旗(自治旗)、市辖区一级的文化事业机构。文化站是乡(镇)人民政府、街道办事处或区公所(居住小区)一级的基层文化事业机构。

2. 俱乐部类建筑

它是由地区、部门和大型企事业单位的工会或其他群众性组织主办的文化福利服务设施。此类设施的命名较为随意,往往根据设施的规模、功能和行政级别相应采用俱乐部、文化宫或活动中心等不同名称。同时设施名称也表明其服务地区和对象。如同样以俱乐部命名的有工人俱乐部、海员俱乐部、教工俱乐部和军人俱乐部等;同样以文化宫命名的也有某市(区)文化宫、工人文化宫、民族文化宫、青少年宫和儿童宫等设施,都是服务于一定范围活动群体的公共福利设施。

(二)娱乐消费性设施

它是在近年来我国市场经济迅速发展的背景下,由社会多方投资兴办的商业性休闲娱乐场所,是为人们提供娱乐消费服务的大众文化产业。因而其服务功能和设施形制主要取决于市场的发展与变化,具有较强的产业性特点。根据设施经营的活动项目和建筑空间特征,娱乐消费性设施主要有如下几种类型:

1. 专营娱乐设施

这是独立经营一种或几种主要娱乐活动项目的商业性设施,如歌舞厅、夜总会、音乐茶座、保龄球馆和健美中心等等。这类设施常附建于大型综合性商业中心内,作为日常生活消费活动的重要内容,具有较强的行业独立性。

2. 体育娱乐设施

这是以具有较高娱乐性的运动项目为主要经营项目,为人们选择体育健身的休闲生活方式提供综合性服务的商业性设施。其中有以球类运动为娱乐项目的设施,如高尔夫俱乐部、网球俱乐部等;还有以水上运动为娱乐项目的设施,如嬉水乐园、游艇俱乐部等。这类设施由于建设投入较高,在欧美国家较为盛行。我国近年也有少量兴建,主要为中外高层商界人士消费使用。

3. 游乐设施

这是与人们旅游度假活动相结合的娱乐消费设施，常建于远离城市中心的市郊风景区或旅游胜地。它可以是提供多种室内游艺活动的游乐宫(场)，也可以是设有室外大型游戏设备的游乐园或主题公园。

4. 其他设施

利用人们消费活动的互动促进作用，娱乐消费性设施常与提供购物、餐饮和其他消费活动的空间相结合，形成种种新兴的综合性设施，如有与餐饮消费结合的美食娱乐街，与购物消费相结合的购物娱乐中心，与文化消费相结合的影视娱乐城，以及与地方民俗节日活动相结合的娱乐设施等等。

随着社会生活水平的不断提高，文化娱乐消费将在人们生活费用中占有越来越高的比例，新的娱乐方式和相应的娱乐消费设施还将获得进一步的发展。

当今社会公益性设施与娱乐消费性设施并存发展的现状，对满足我国人民休闲生活多层次的需求和促进社会精神文明建设，有着优势互补的积极作用，也是今后相当长的时期内我国休闲娱乐建筑发展的基本格局。尽管设施种类繁多，又不断出新，但无论哪类设施或何种新型设施的设计，都有着基本相同的准则和规律。只要我们掌握这些基本的设计原理和方法，并能酌情灵活运用，就可以解决好任何种类休闲娱乐建筑的基本设计问题。

比较而言，社会公益性设施因其功能面向社会全体公众服务，并承担着政府指定的大众思想教化的社会职能，故其建筑形制具有综合性、稳定性和规范化的特征，它的建筑设计问题研究也较具普遍指导性意义；然而娱乐消费性设施，因其服务功能仅面向有选择的部分消费群体，并承担着自身商业性运营的产业职能，故其建筑形制多具专业性、时尚性和个性化的特征，它的建筑设计问题也多具特殊性意义。因此本书在下述章节中，将以社会公益性设施的设计为论述的基点，借以阐明一般休闲娱乐建筑的基本设计原理和方法。同时对当今新兴的多种娱乐消费性设施的功能特点和设计要点作了充分的分析论述，以帮助读者正确运用基本设计原理和方法去解决可能遇到的各类特殊设施的设计问题，适应休闲娱乐建筑功能不断丰富和形制不断更新变化的特点。

第二章 基地选址与环境规划

第一节 项目策划和基地选址

休闲娱乐建筑与其他公共建筑一样,其工程项目设计的全过程应包括从策划立项、编制设计任务书、提交可行性研究报告、进行方案设计、编制施工图和工程预算、承担施工交底和现场监理,直到参与竣工验收的各个阶段的工作。建筑师能否从过程一开始就介入项目的确定工作是十分重要的,这对工程项目能否顺利进展直接相关。

项目策划和任务书的编制工作通常称为设计前期工作。在公共性投资项目中,设计前期工作通常由国家或地方有关主管部门参照同类建成项目情况评估核定,主要是依据经验性原则决策。在商业性投资项目中,则经常由投资者根据市场需求度、主观意愿和客观制约条件(包括社会、经济和文化诸因素)权衡评估,主要是依据利益均衡性原则决策。只有在工程规模较大、问题较为复杂的情况下,投资者可能会聘请资深建筑师参与项目策划的咨询工作。因此作为一个职业建筑师应对这个重要的设计工作环节有所了解。

通常建设项目的策划立项工作应包括确定设施服务目标、设施规模和功能组成、选定设施基地、进行投资估算、经济效益分析和确定建设进度计划六项基本内容,并应逐项详列在最后提交的可行性研究报告中,以供上级主管部门审批。一旦可行性研究报告被批准,即可作为下一步方案设计工作的依据。以下就其中前三项工作的基本内容略作解释说明。

一、设施服务目标的确定

这项工作宜由建设单位聘请顾问建筑师协作完成。不同类型的设施由于建设单位投资目的的不同,其服务目标也随之不同。服务目标包括服务范围和服务方式两方面。公共福利性设施,其服务面向一定的地域或行政管辖范围内的全体公众,主要提供非盈利的公益性服务。其中文化馆类设施基本由政府投资兴建,它服务于与当地行政级别相对应的地域范围,并有政府文化部门制定的《文化馆工作条例》为依据;俱乐部类设施主要由企事业单位或群众团体(如工会、妇联、共青团等)投资兴建,因而它服务于该单位或该行政系统的全体职工和工作对象,并制定有相应的工作条例为指导。然而,娱乐消费性设施基本由商业部门或民营企业投资,其服务仅面向某个特定的消费群体,主要提供以盈利为目的商业性服务,并随时依据市场的消费需求选定适宜的服务项目。不同类型的设施具有不同的服务目标,从而直接影响着设施选址、规模和功能组成的确定。

二、设施规模和功能组成的确定

明确了拟建设施的服务目标后,即可根据同类设施的调研资料和投资计划,进一步确定设施的建设规模和功能组成。但实际上,影响设施规模和功能组成的因素十分复杂,而且至今仍缺少定量的标准和科学的理论依据。以文化馆(站)建筑为例,由于此类设施的服务对象是该地区的一般居民,因此在确定其规模和功能时,需要在全面考察当地的经济、人口、文化设施建设现状和地方文化传统等情况后,通过综合分析和统筹安排方可确定。

关于当地经济情况的考察,主要包括经济发展水平和发展远景规划的情况,用以了解地方财政投资的承受能力和当地居民文化的消费水平。

关于当地人口情况的考察,应包括居住人口、流动人口、人口的年龄结构、职业结构和文化素质结构。这些基本情况将有助于选定最适合的活动项目和合理安排活动时间,在提高设施利用率的前提下,确定较为经济合理的组成内容和建设规模。

关于当地已有的文化设施情况的了解，对合理确定新建项目的组成内容和建设规模也有密切关系。新设施的建设应使当地同类建筑设施在城镇总体规划布局上更趋均衡配套，在活动内容的安排上及设备的利用率上更趋完善合理。力求达到互为补充，避免重复建设或功能偏缺，提高项目建设的社会效益和经济效益。

另外，有关当地文化传统情况的考察，主要是指在长期历史发展过程中形成的民间传统文化艺术活动和风俗习惯，这是十分宝贵的民间文化娱乐资源，应给以足够的重视和开发利用。特别是在边远地区、少数民族聚居地区、老革命根据地、历史名胜和旅游胜地，更应注意继承和发展民族、民俗和民间的文化艺术遗产，以形成具有浓郁地区特色的休闲娱乐活动项目。

以上诸多情况的综合考虑，目前仅能为文化馆（站）或其他休闲娱乐建筑规模和功能组成的确定提供一般性决策原则，至今尚无相应的法规和规定。1988年我国试行的《文化馆建筑设计规范》也未对建筑设施规模的确定作出具体规定，仅在1987年由中国建筑学会和文化部联合举办的全国文化馆建筑设计竞赛的文件中，对文化馆建筑的规模按服务人口为依据提出了三种标准（表2-1）。

文化馆建筑规模[①] 表2-1

服务人口	30万以下县（区）		30~80万县（区）		80万以上县（区）			
总建筑面积(m²)	2000		3000		4000			
内设房间功能	表演	游艺	友谊	阅览	展览	业务工作	辅导学习	行政管理
面积分配比例(%)	22	10	14	6	10	8	22	10

表中三种规模标准与目前欧美和日本等国的同类建筑规划设计指标比较，十分接近。如美国社区娱乐中心（Community Recreation Centre）和邻里娱乐中心（Neighborhood Recreation Centre）按其服务人口分为Ⅰ、Ⅱ、Ⅲ三类（表2-2）。又如日本的公民馆是兼具公民学校、图书馆、博物馆、公共会堂和职业指导所等多种职能的教养机构和休闲娱乐场所，其性质和任务大致与我国文化馆（站）相当，其服务人口一般为2~3万人，其建筑规模标准略低于美国，但仍远远超过我国当前建设水平（表2-3）。

美国社区娱乐中心规划指标[②] 表2-2

项目 \ 建筑分类	Ⅰ 类	Ⅱ 类	Ⅲ 类
总建筑面积(ft²)	20000以上	10000~20000	≤2ft²/每人
服务人口	≤3000	8000左右	较少
服务范围	市属区、郊区、小城镇	任何城镇或社区	人口较少地区
主要设施组成	多功能厅、健身房、淋浴更衣、俱乐部用房、艺术及工艺美术用房、游艺室、摄影、休息厅、门厅、行政办公、厨房、贮藏等		最多包括：交谊厅（或健身房）、淋浴更衣、俱乐部、门厅走廊、办公、休息及厨房

注：1ft²（平方英尺）=0.0929m²

日本公民馆现况统计[③] 表2-3

统计项目 \ 建馆地区	全国总计	市（区）	镇	乡	其他法人
馆舍数量	4147	1636	2007	498	6
平均总建筑面积(m²)	1386	1398	1389	532	568
平均用地面积(m²)	1919	1955	1898	1880	1522
服务人口（万人）		<2.0	>1.0	<0.3	（不定）

随着我国经济实力的增长和文化馆（站）管理体制的变革，公益性休闲娱乐建筑的建设标准将提高到一个新的水平，建筑规模也将有较大的提高。然而制定比较科学的建设标准仍是较为复杂的问题。目前实用

---
① 摘自1987年全国文化馆建筑设计竞赛任务书。
② 摘自美国《简明建筑类型标准》。
③ 摘自日本《建筑设计资料集成4》。

的方法一般是根据当地实际需要来选定适宜的活动项目和测算相应的用房面积，然后依据当地经济能力作适当调整决定总建筑规模。同时，考虑使用中的不定因素较多，应要求建筑空间需具有改变使用功能和扩建改造的灵活性，以弥补决策考虑的不周。同样，这种方法也用于其他休闲娱乐建筑设施规模和功能组成的确定。

三、设施基地选址

各类综合性休闲娱乐建筑通常是社会公共生活的焦点，也是城镇基本功能结构和基础设施的重要组成部分，其用地规划均应纳入城市总体规划。新建的各类综合性休闲娱乐建筑，均宜有独立的建筑基地，基地规划位置应符合城市文化设施网点布局的要求。当该建筑不得不与其他建筑合用基地形成建筑群或综合体时，为了防止使用过程中的相互干扰，必须满足其使用功能和环境分区的要求，以保证该建筑（或区段）在使用管理上的相对独立性。这是从城市总体功能组织的合理性上应予首先考虑的基本原则，它对设施投入使用后能否取得理想的效益具有决定性作用。

按建筑基地与城市中心区的关系大致可分为城市型和城郊型两种用地。这两种用地在确定选址方案时各有利弊，但只要用地条件与设施的类型和规模相适应，往往可以取得除弊兴利的满意结果。一般来说，规模较大、吸引大量集中人流和活动时间较长的休闲娱乐设施宜选择城郊型用地。无论基地属哪种类型，选用时都必须满足如下基本条件：

（一）交通条件

基地选址应考虑选在使用人流集中、位置适中、交通便利、方便群众日常闲暇时使用的地点。为充分发挥设施的利用率，城市型设施基地应考虑其使用者具有适宜的出行交通路程：

市级设施应以 5~10km 的距离为宜，约为 15 至 30 分钟的公共交通路程；

区级设施应以 2~3km 的距离为宜，约为 15~20 分钟的自行车路程或半小时左右的步行距离。

城市型设施用地常可与商业区或集市贸易中心相邻，有利于提高设施利用率，促进综合性消费。城郊型设施基地位置应靠近长途公共交通停靠站，并应考虑日常休闲活动消费品采购供应路线的短捷方便。小城镇的休闲娱乐中心，宜选择能兼顾城乡群众都能方便使用的地点，常可选址于四乡农民进城往返必经之地。

（二）环境条件

基地选址应考虑方便建设、节约投资和确保设施具有良好使用环境的用地条件。理想的基地环境一般应满足如下要求：

(1) 基地应有足够的发展用地和适宜的地形地貌。用地规模应包括交通车辆出入和停放所需的交通场地，还应考虑远景发展的可能性。用地标准我国尚无相应法规，一般可按该设施计划接纳的参加活动总人数，以每人 2.5~4.0m² 来估算。适宜的地形地貌应能方便组织开展多种室外活动项目，并有利于创造适合多样化使用需要的室外休闲活动环境。因而理想的用地不一定完全选择平地，适当的地形变化只要规划得法，还可给建筑形象和总体环境带来动人的特色。

(2) 基地应有良好的自然环境（绿地、水面或特殊的地形地貌），其地表土质条件应可能进行人工绿化，以利创造能吸引人的优美活动环境。因此，城市型设施基地宜与城市公园绿地或商业步行广场相邻接，城郊型设施基地还应考虑风景视线的利用和创造，以丰富设施活动空间的环境景观。

(3) 基地位置应远离有害物排放点和噪音源，避免可能产生的各种环境污染，以创造安静舒适和有益身心健康的休闲活动环境。产生污染的有害物应包括废气（或有害气体）、废水（或污水）和固体废弃物（废碴或垃圾）等，它们都会对基地的空气质量、水体卫生和土质条件产生不良影响。

（三）工程技术条件

基地应选择具有较好工程地质条件（包括地基、地耐力和水文地质条件）和良好的水电和能源供应条件的地段。因而城市型设施基地应优先选择城市基础设施条件（水、电、煤气等管道系统和道路系统）齐备的地段，城郊型设施基地还应考虑水源充足、水质良好和没有地质灾情，以及引入基地道路铺设的技术经济可行性。

四、城市型设施基地选址基本方案

城市型设施基地的选址不仅应满足有关基地交通、环境和工程技术方面的基本要求，而且还应满足城

市景观规划设计提出的各种要求。根据城市空间组织和景观效果的需要,基地选址常可采用如下三种基本方案:

(一)基地面临城市广场

这种方案有助于人流集散并形成具有特色的城市广场空间和城市景观。特别是面对环境优美和生活气息浓郁的商业性步行广场时,将有助于创造既热闹又优雅的城市空间环境,并可收到商业和文化互动发展的效益。但应指出,基地不宜布置在车流密集的城市交通性广场周围,以免人流集散高峰期影响城市干道交通的畅通,也确保行人活动的安全(图2-1)。

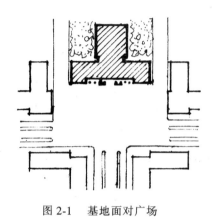

图 2-1 基地面对广场

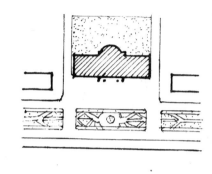

图 2-2 基地面对城市主干道

(二)基地面临城市主要干道

这种方案可以丰富沿街建筑景观,尤其是位于城市步行林荫道一侧时,有助于组成富有生气的街景。在城市总体规划中,还经常将城市最具吸引力的休闲娱乐设施与其他具有市级规模的文化设施组合在同一街道空间中,用以形成具有标志性特点的城市文化街,为市民休闲生活和旅游活动提供意义丰富、环境优雅的休闲活动场所(图2-2)。

(三)基地邻接城市公园绿地或位于郊外风景旅游区

这种基地应选择通风向阳、视野开阔的地段,以便主体建筑能处于背山面水或面向开阔绿地的优美自然环境中,同时成为园林绿地中重要的观赏景点。由于用地较城市中心区充裕,基地具有较大的发展空间,其室外活动场地充足,这对平时缺少户外活动空间的城市居民是节假日富有吸引力的休闲娱乐场所(图2-3)。

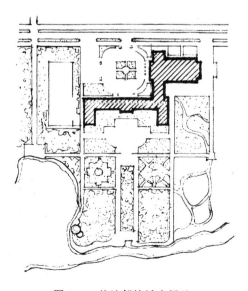

图 2-3 基地邻接城市绿地

在实际工程实施中,影响设施基地选址方案的因素十分复杂,不仅涉及前述用地的基本条件,而且还涉及设施自身的许多使用特点,包括设施规模和功能、服务对象与范围、活动项目与方式、经营方式与管理,以及发展前景规划等因素,必须突出重点,综合考虑才能作出正确的决策。在此也不乏成功的实例,北京中日青年交流中心基地选址在城市总体布局结构上和基地利用上具有典范性意义(工程实例2)。该中心是国际性的文化交流设施,因而选址在北京东北郊亮马河绿地边缘,地处城市高速干道三环路与四环路之间,与京郊四周的众多大专院校和体育文化设施均可有方便的联系,使以青年学生为主的国际文化交流活动有了充裕的发展空间,同时也满足了东郊涉外居住区对休闲娱乐设施的更高需求。基地位置还邻近通往首都机场的高速公路,有利于兼顾国际和国内活动使用的方便。该中心是由旅馆、会议设施和休闲娱乐设施组成的综合体(或称建筑群)。在同一基地中,休闲娱乐设施部分自成一区,满足了不同组成部分在功能和环境分区上的要求,并保证了休闲娱乐设施部分在经营管理上的相对独立性,取得了良好的使用效果。

第二节 基地总平面规划

一、总平面组成内容和功能分区

综合性休闲娱乐建筑的基地总平面一般应包括下述四个用地组成部分,并应在总平面规划设计中予以适当的安排:

(一)建筑前院(或入口广场)

其主要作用是组织人流和车流的通畅集散,并创造优美而富有吸引力的城市开放空间环境,渲染衬托建筑自身形象的文化氛围。

(二)建筑基底和庭园用地

这是建筑自身空间结构所占有的用地区域。其作用是提供室内外主要活动空间,并创造富有特色和魅力的建筑形象。

(三)室外活动场地

用于组织各种室外休憩、娱乐和小型体育活动。这部分用地宜与预留发展用地毗邻,以便统筹安排和灵活使用。

(四)杂务内院用地,这是内部业务和职工生活辅助用地部分。用于安排仓库、车库、修理车间和其他设备辅助用房,如变配电间、锅炉房、冷冻机房等等。大型综合性休闲娱乐设施中,常常还可包括职工宿舍、食堂等生活用房所需的用地。

二、总平面布置的基本要求

(一)应有明确的功能分区

上述四部分用地范围在总平面布置时都应有明显的界定关系。分区界定用地功能的目的其一是,使休闲活动人流集散场地能与内部工作人员和货物车流出入场地明确分开,以确保内外有别、互不干扰和使用安全;其二是,使场外人流交通集散场地能与场内室外休闲活动场地也有明确分划,以方便室外休闲活动的开展,免受外界干扰;其三是,使场内室外休闲活动场地能与杂务后勤工作等辅助用地严格分开,以方便内务管理和确保休闲活动安全。

(二)应有效地组织好场前人流交通和车流交通流线

休闲娱乐建筑的前院(或入口广场)是人流和车流交通的主要集散场地。特别是在大型综合性休闲娱乐设施中,由于其功能组成多而复杂,并且各活动部分为单独开放使用常设有多个独立出入口,使场前人流和车流交通流线更显复杂,统筹组织交通流线和停车场地显得格外重要。为使场前交通安全通畅,一般基地要求场地内至少应设两个出入口。一个是主要出入口,供来馆活动的主要人流使用;另一个是次要出入口,可供观演等部分散场人流集中疏散和内部工作人员及后勤供应车辆出入使用。

主要出入口前宜有足够宽敞的前院(或入口广场)用地,可供布置画廊、宣传橱窗、黑板报等广告宣传设施和足够的自行车、机动车辆停放场地,以及必需的环境绿化用地。当主要出入口紧邻交通干道时,还应遵照城市规划要求后退道路红线,留出适当的缓冲空间。设置其他辅助出入口时,其场地内也应适当布置机动车辆的临时停放车位。

(三)应有利于创造优美的城市空间环境

总平面规划时,建筑基底的平面形态和尺度的设计,应充分考虑其建筑界面与相邻建筑所形成的城市空间形态和景观所产生的视觉效果,以期达到加强建筑前广场空间和建筑自身形象的艺术表现力。因此,总平面规划设计必须重视和把握基地所处的城市空间环境和自然环境对建筑实体形态与尺度的总体影响。

(四)应使建筑室内外活动空间的功能相联系

基地内室外休闲活动场地的布置应尽可能与相关的室内活动空间邻接,以便内外活动联系沟通,使室外空间成为室内活动空间的有机延伸部分,增进使用功效。如健身房宜与室外运动场地有方便的联系;少年儿童活动室宜与室外儿童游戏场能有直接方便的联系;休息厅、小卖部和茶室等休息交谊空间宜能敞开通达室外露台或庭院;演艺部分的后台用房宜与露天剧场紧密结合等等。总之,要使室内外活动空间连成有机的整体,有利于充分发挥设施的综合使用效益。

(五)应节约用地,并应留有足够的发展余地

综合性休闲娱乐设施经常建在城镇或地区商业中心地段,用地矛盾普遍突出。为此,节约用地和考虑必要的远景发展用地的意义格外重要。如果所选基地较为狭小,无法预留发展用地时,应考虑该基地一侧或四周旧房拆迁改建的可能性。

(六)应满足城市总体规划对用地技术经济指标的要求

为创造优美宜人的城市环境和具有浓厚文化氛围的现代休闲活动场所,设施基地规划方案应满足当地城市总体规划对基地建筑覆盖率、容积率和绿化率的控制指标要求。一般城市型设施基地绿化率应不低于25%;建筑覆盖率宜为30%~40%;容积率宜为1~2。

(七)应注意避免场内活动噪音对周邻建筑环境产生的不良影响。

当设施基地紧邻对环境安静度要求较高的医院、住宅和托幼机构等建筑时,在总平面规划和平面布局中应采取适当的防噪隔声措施。如将易产生较大噪音干扰的观众厅、歌舞厅、排练厅等活动用房,尽可能布置在远离上述建筑的位置,或采取有效的防噪隔声控制措施,如调整窗口位置、方向、栽植绿化吸声带或设置隔声屏障等。

三、总平面布置的基本形式

按照休闲娱乐设施内各功能组成部分的建筑实体在基地中的分布和组织形态,设施总平面布置基本采用图2-4所示的三种形式:

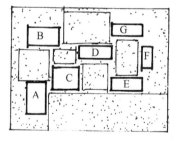  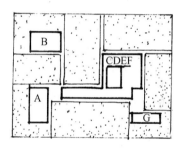

(a)集中式　　　　　　　　　(b)分散式　　　　　　　　　(c)混合式

图2-4　总平面布置基本形式

A—影剧院;B—健身房;C—游乐园;D—图书馆;E—展览馆;F—业余教学;G—行政管理

(一)集中式布置

设施内各功能组成部分的建筑空间紧密相连,结成统一的整体,具有体量集中的建筑形象。常适用于功能组成较为简单的中小型设施,或城市中心地区用地有限的大型休闲娱乐设施。集中式布置有利于节约用地,方便管理。在设有采暖或空调系统的建筑中,还具有降低建筑能耗的优点。但是,在一般无采暖或空调系统的建筑中,集中式布置应注意解决好室内活动空间的自然采光和通风,并应防止使用功能上的相互干扰(图2-5)。

(二)分散式布置

设施内各功能组成部分各自分散或分组布置在基地总平面上。这种布置方式有利于避免各部分使用功能上的相互干扰和提供相对独立经营的方便,也有利于创造理想的室内外活动环境。同时,因其具有分散的建筑体量,较适用于城郊、公园绿地或风景园林环境中的综合性休闲娱乐设施、游乐园和旅游度假设施的总平面布置,尤其适用于对室外活动场地和室内外活动空间的联系有较多要求的设施总平面布置。此

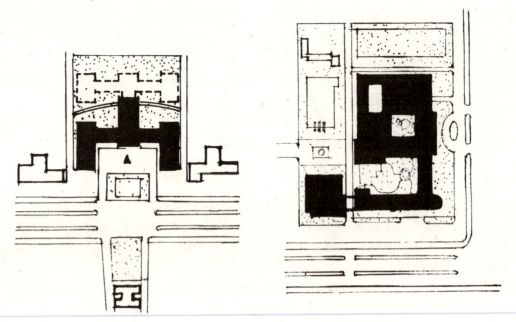

(a)北京民族文化宫　　　　　　　　　(b)北京国际俱乐部

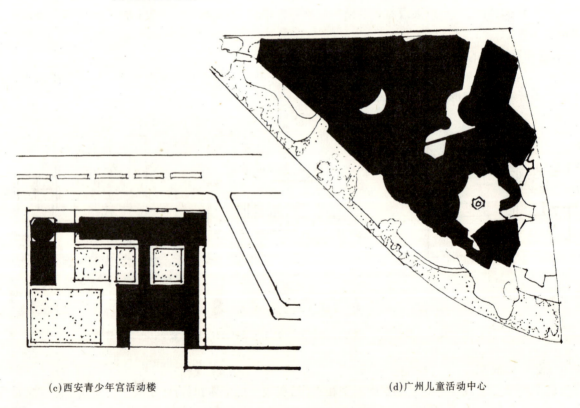

(c)西安青少年宫活动楼　　　　　　　(d)广州儿童活动中心

图 2-5　集中式总平面布置实例

外,分散式布置总平面还便于按发展计划实施分期建设,或利用现有旧建筑改建或扩建(图 2-6)。

(三)混合式布置

　　这种布置形式兼具上述两种布置形式的特点,便于因地、因时制宜和灵活运用。它对不同基地环境下、不同建设规模或需实施分期建设的各类休闲娱乐建筑项目皆具有较强的适应性,它是在实际工程项目中较为普遍采用的布置形式。在这种总平面布置形式中,其建筑形态较为自由多变,可为建筑功能的合理组织和室内外空间的有效利用提供极大的灵活性。在南方地区也可结合气候和基地环境特点,创造出富于变化的建筑庭园空间(图 2-7)。

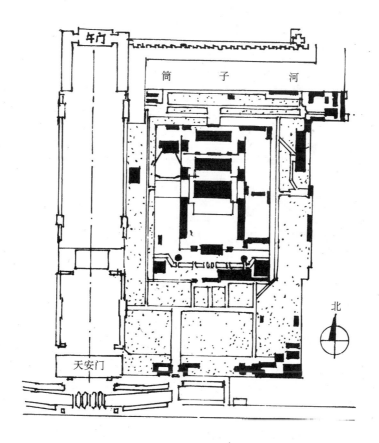

(a)北京劳动人民文化宫

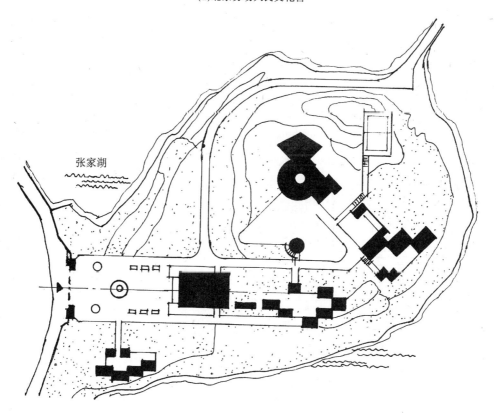

(b)黄石市青少年宫

图 2-6　分散式总平面布置实例(一)

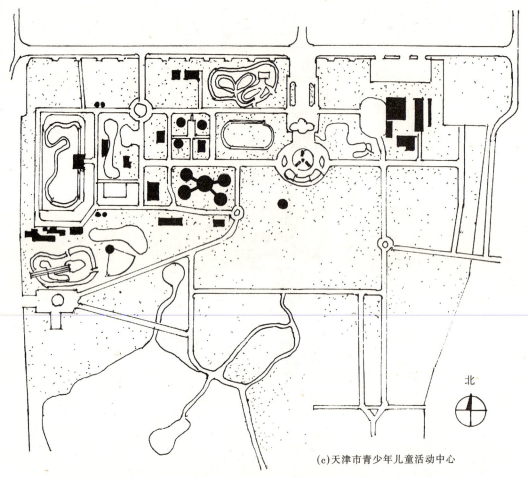

(c)天津市青少年儿童活动中心

图 2-6 分散式总平面布置实例（二）

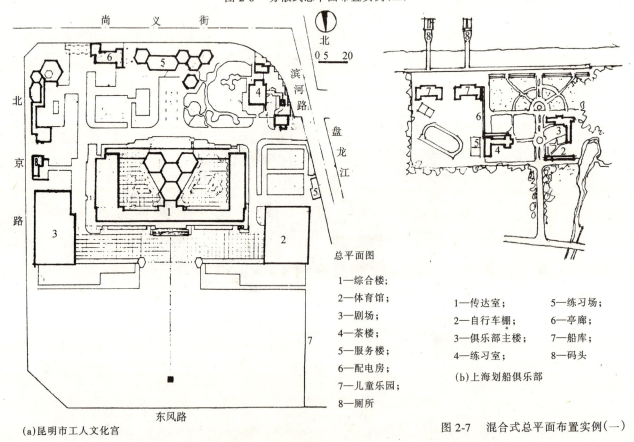

(a)昆明市工人文化宫

1—综合楼；
2—体育馆；
3—剧场；
4—茶楼；
5—服务楼；
6—配电房；
7—儿童乐园；
8—厕所

1—传达室；　　5—练习场；
2—自行车棚；　6—亭廊；
3—俱乐部主楼；7—船库；
4—练习室；　　8—码头

(b)上海划船俱乐部

图 2-7 混合式总平面布置实例（一）

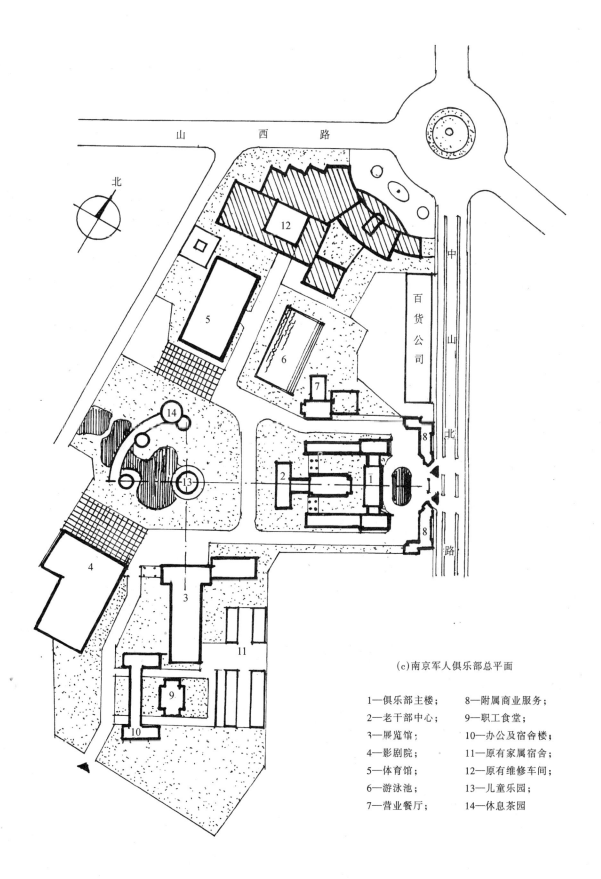

(c)南京军人俱乐部总平面

1—俱乐部主楼；　　8—附属商业服务；
2—老干部中心；　　9—职工食堂；
3—展览馆；　　　　10—办公及宿舍楼；
4—影剧院；　　　　11—原有家属宿舍；
5—体育馆；　　　　12—原有维修车间；
6—游泳池；　　　　13—儿童乐园；
7—营业餐厅；　　　14—休息茶园

图 2-7　混合式总平面布置实例(二)

第三节 室外活动场地设计

综合性休闲娱乐建筑为吸引更多的群众来此参与各项活动,除建筑自身功能组成应适合实际需求外,室外活动场地的配置和设计也十分重要。室外活动场地应能创造具有浓郁文化性和群众性的活动环境,并能提供多样化的室外活动空间。它应是室内活动空间的自然延伸和补充,成为室内活动空间的有机组成部分。因而与室内各种活动项目相对应,建筑基地内一般应布置下述三类室外活动场地:一是文体娱乐活动场地;二是室外休憩活动场地;三是庭园观赏活动场地。这三种室外活动场地越充足,也就越能发挥室内空间的利用率,并有助于形成休闲娱乐建筑所需要的轻松、自由和优雅的环境氛围。各类室外活动场地的主要设计问题分别介绍如下:

一、室外文体娱乐活动场地

室外文体娱乐活动的项目繁多,可根据使用对象和基地环境条件选择最为合适的活动项目。综合性休闲娱乐建筑,在基地条件许可的情况下,应尽可能满足不同年龄群体的活动需要。因而基地内常宜设置供幼儿活动的儿童游戏场,供青少年学生或成人进行户外体育活动的小型运动场,以及供老年人户外健身活动使用的场地。有条件时,还可设置露天观演、集会或举行舞会的场地。

(一)儿童游戏场设计

1. 场地位置的选择

综合性休闲娱乐建筑中,儿童游戏场的位置宜紧邻儿童活动室或阅览室。在没有设置儿童专用活动空间的设施中,可将其布置在靠近游艺活动用房的室外绿地中,以便陪伴儿童的成年人照看和休息。在为青少年或儿童专用的综合性休闲娱乐建筑中,它可附设在室外体育场地内,但要求与激烈运动项目的用地分隔开来,以确保儿童活动使用时的安全。

2. 活动空间的组成

由于休闲娱乐建筑的基地大多处于城市中心地段,用地自然十分有限,因而活动项目不可能要求齐全,主要应考虑项目的特色,使儿童能在节假日由成人陪护前来活动,获得平日不能享有的游戏项目。为此,宜选择一些具有特别吸引力的电动游戏器械或设备,形成活动特色,因为它们往往具有占地少、吸引力强和经济效益高的优点。这也是目前儿童游戏场活动项目向游乐园化发展的新趋势。

一般儿童游戏场用地可按每个儿童 $5\sim10m^2$ 设置,场内宜包括下列基本活动空间:

(1)特殊游戏设备的活动空间:这是带有围护设施的游戏设备,可包括滑梯、秋千、跷跷板、爬竿、新型游戏器械(如蹦蹦床、充气雕塑等)和电动游戏设备(如旋转机、电动模拟汽车、飞机、火车和跑马等)。

(2)沙池和水池游戏场地:供儿童玩沙和玩水活动,以发展其创造性思维活动。

(3)静态活动场地:这是一个应有遮阳设施的场地,可供孩子们阅读、听故事和野餐休息使用。绿地、树荫、花架和坐椅是场地内必备的环境设施。

(4)交通及服务设备空间:包括供照看孩子的成人使用的长椅、供手推车和儿童三轮自行车使用的人行步道、场地分隔设施(栅栏、绿篱)、饮水器、垃圾筒和其他景观建筑小品。

3. 场地布置的原则

儿童游戏场的具体布置和平面形式,由于受现场地形条件和所配置的游戏设施的影响,变化万千。一般而论,场地布置主要应考虑如下几项原则:

(1)凡是不需轮流等候使用,可随时加入活动的设备(如爬竿、游戏雕塑等)宜布置在入口附近的场地上。而那些需要长时等候轮流使用的设备(如秋千、滑梯和电动游戏器械等)则宜布置在离入口较远的区域。这样布置有利于吸引更多的人参加那些不需长时等候的活动,从而均衡特殊游戏设备运行的负荷,避免使用上的冲突。

(2)特殊游戏设备和需收费使用的机动游戏设备宜中布置,并应用灌木或栅栏单独围护起来,设置第二道管理出入口,防止动物和大龄青少年闯入干扰,为儿童活动提供足够的安全管理(图2-8)。

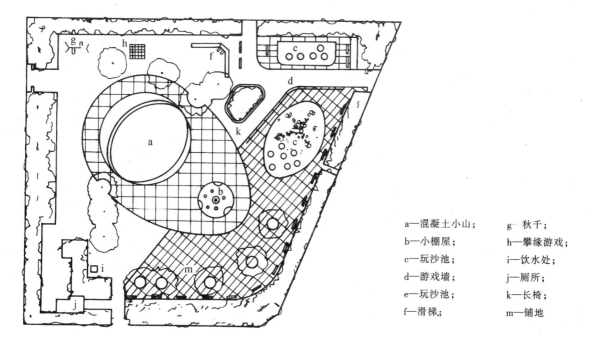

a—混凝土小山；　　　g—秋千；
b—小棚屋；　　　　　h—攀缘游戏；
c—玩沙池；　　　　　i—饮水处；
d—游戏墙；　　　　　j—厕所；
e—玩沙池；　　　　　k—长椅；
f—滑梯；　　　　　　m—铺地

图 2-8　日本　东京铁炮洲儿童游戏场

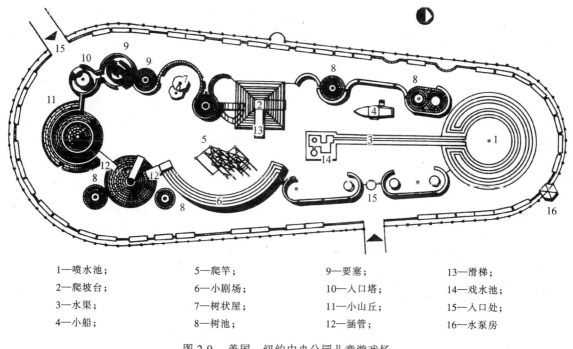

1—喷水池；　　　5—爬竿；　　　9—要塞；　　　　13—滑梯；
2—爬坡台；　　　6—小剧场；　　10—入口塔；　　　14—戏水池；
3—水渠；　　　　7—树状屋；　　11—小山丘；　　　15—入口处；
4—小船；　　　　8—树池；　　　12—涵管；　　　　16—水泵房

图 2-9　美国　纽约中央公园儿童游戏场

(3) 沙池、水池游戏场地宜远离特殊游戏场地，以确保安全和为儿童想像力的发挥提供创造性的环境氛围。此外，喷水池宜设置在场地中心地段，既可作饮水喷泉又可作观赏景观(图 2-9)。

(4) 供儿童奔跑和激烈游戏活动使用的开敞式草坪和可供阅读、讲故事等静态活动使用的林荫场地，宜邻近设有围护设施的特殊游戏设备场地，这不仅可以起到缓冲地带的作用，而且还可增进游戏场地内各活动区域的安全(图 2-10)。

(二)小型运动场地设计

在基地用地条件许可的情况下，综合性休闲娱乐建筑宜附设必要的室外体育活动场地，以满足业余体育爱好者休闲取乐的需求。这类体育场地开展的活动项目大多应选择运动强度较小、占用场地较少而普及性较高的项目，并主要以愉悦身心为目的。因而城市型设施中常选用的室外运动场地有羽毛球、篮排球和

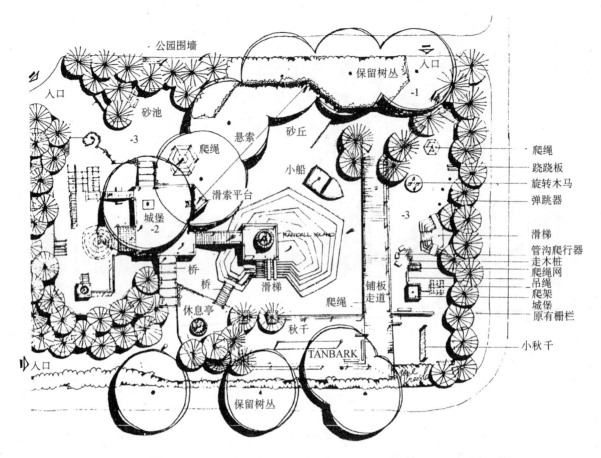

图 2-10　美国　伦道尔公园少年冒险乐园

网球等场地,以及旱冰场和老年人喜用的门球场。其中网球场经常选用场地较小的帕德尔式网球或平台网球(可用于屋顶场地)(图 2-11)。郊外型或旅游度假区的休闲娱乐设施,则可考虑选用占地较多的活动项目,如高尔夫球场、马术场等等。

(三)老年人健身娱乐场地

我国已进入老龄化社会,老年人口迅速增加。老年人在离退休后有了更多的闲暇时间,因而在地区公益性的休闲娱乐场所中,老年群体已成为参加活动最为积极、使用设施频率最高的群体。如果各地区公益性休闲娱乐设施能开辟一块可供老人们健身娱乐和聚会的户外场地,将可极大地提高设施的利用率和充分发挥其社会效益。老年人户外健身娱乐场地宜考虑进行武术、练功、交谊舞和小型球类活动(如门球、羽毛球或板球)等使用。在基地总平面布置中不一定要明确划定一个老年人专用场地,只需在邻近老年人室内活动空间的位置设有相对集中的场地就可发挥同样的作用。在可能的条件下,为老年人提供一块设有夜间灯光的场地(铺地或绿荫草地),则更能满足聚会、纳凉等多功能要求。其场地面积大小一般可按每人 $10\sim15m^2$ 估算。

老年人健身娱乐活动场地的布置和各项室外环境设施的设计,都应考虑老年人的生理和心理特点,以确保老年人在参与活动的过程中舒适、安全和自由选择的需要。为此,室外步行通道宜考虑无障碍设计,防止老年人在活动中意外损伤。老年人集中使用的场地宜选择在冬季向阳背风的地方,并考虑夏季遮荫避晒的措施,以创造舒适宜人的场地小气候。室外桌椅等环境设施的配置和设计,也应充分考虑老年人生理变化的特点,应保证使用安全、舒适和维护方便(图 2-12)。

二、室外休憩活动场地

人们的休闲活动需求方式是随人、随时而异的。需要热闹、兴奋和运动是一种休闲方式,需要清静、放松和休息也是一种休闲方式。对同一个人来说,这两种休闲活动需求总是交替出现的。因此,室外休闲活动场地也应创造一些可供人们松弛、安适和静思的空间,让人们可在此看书、下棋、喝茶、聚会、闲聊或观景、观演,享受闹中取静的惬意。这种空间可以是建筑环抱的庭院空间,也可以是封闭或开放的园林绿化空

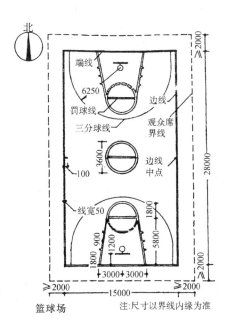
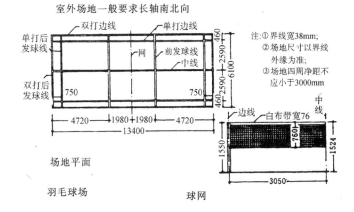
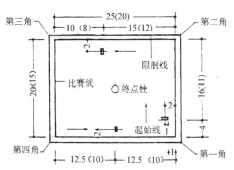
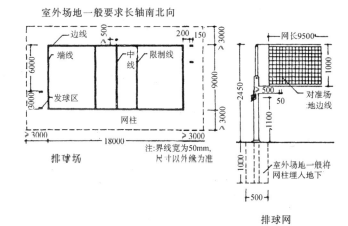
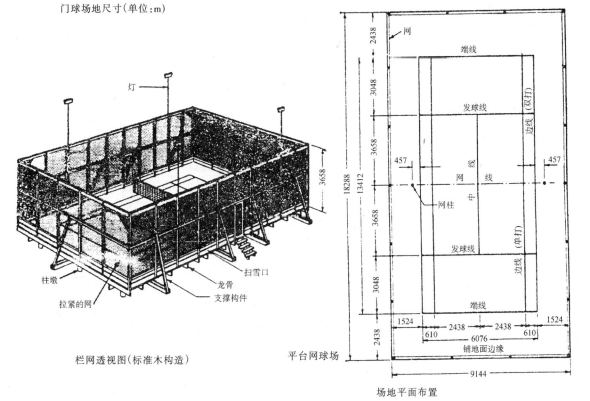

图 2-11 室外运动场地

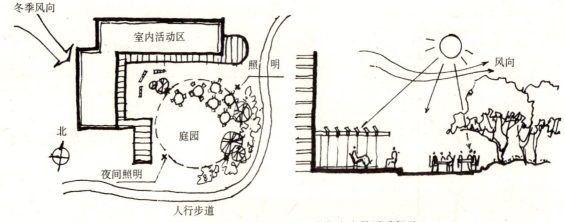

图 2-12 老年人室外活动场地

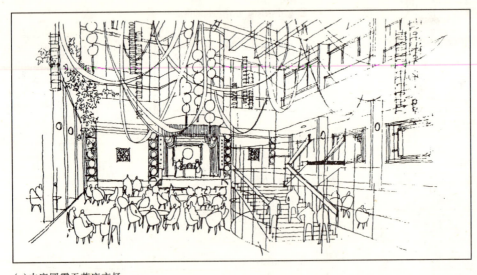

(a) 内庭园露天茶座市场

清晨茗茶乃南方市井场景，文化馆提供这一环境兼配以听书，早、晚均为城镇生活热点。

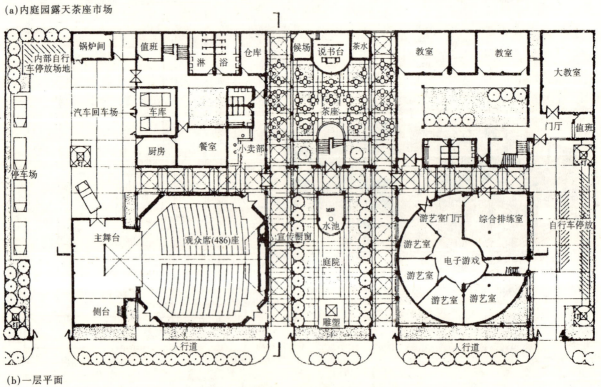

(b) 一层平面

图 2-13 某文化馆

间。创造这种空间的常用手法是:

(1)结合建筑总体设计,构成层次丰富的庭院空间,如中庭、边庭和前庭、后院。庭院空间与建筑空间有机结合,成为室内活动空间的自然延伸和补充。如某文化馆设计方案将内庭空间作为露天书场使用,弥补了室内演艺活动空间的不足,这是非常巧妙的安排(图2-13)。

(2)利用建筑小品构成具有内聚性的活动空间。如修建花架、敞廊、亭榭和平台等园林小筑,并辅以相应绿化和服务设施,以吸引人们在此停留庇荫或聚会。建筑小品的布置和造型宜与主体建筑造型相协调,应形成和谐的整体(图2-14)。

(3)利用园林绿化和其他环境要素,构成相对安宁并可供人们在动态活动间隙停留休息的场所。如利用河湖、水池等水体开辟临水休憩场所(图2-15);利用山坡地形开辟可供凭栏远眺的休息平台;综合利用道路、绿化、室外照明、护柱、围栏和坐椅等环境构成元素,因地制宜地构成人们喜爱的休憩场地和适宜的环境氛围。

图2-14 庭院建筑小品

此外,休憩场地内坐椅的布置和设计应给予特别的关注。室外坐椅的作用如同在室内一样,它的摆放位置即可成为吸引人们停歇和会聚的场所。座位数量越多则场所的公共性越强。观赏、休息、谈话和静思都是坐椅可供使用的内容。因而应根据其所在环境的使用内容来决定坐椅的数量、布置方式和造型特色。休憩场地的有效使用与它的人流通行流线关系密切,因而坐椅设置应便于行人使用。坐椅布置一般宜稍为集中,造型宜自由舒适,色彩宜鲜艳明快。有时还可以与树木、花坛、亭廊等设施结合,或利用喷泉、雕塑周围的护柱及围栏设置坐椅(图2-16)。除集中布置的坐椅外,还应适量布置一些独立分散的坐椅,以供人们私密谈心和静心思考之需(图2-17)。

三、庭园观赏活动场地

庭园观赏活动场地是人们在繁忙紧张的工作之余或兴奋激烈的文体活动之后,借以消除紧张疲劳,享受优美的自然环境和陶冶情趣的去处。特别是在城市综合性休闲娱乐建筑中,结合室内休息交谊空间适当配置观赏性庭园,不仅可以提高室内空间的环境质量,而且也有利于营造典

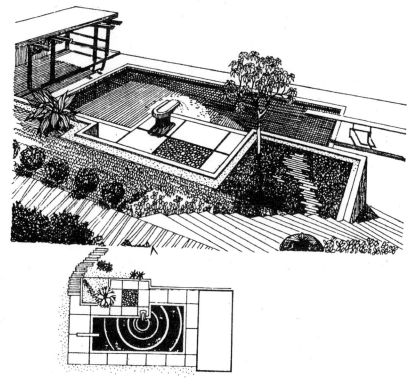

图2-15 临水休憩场地

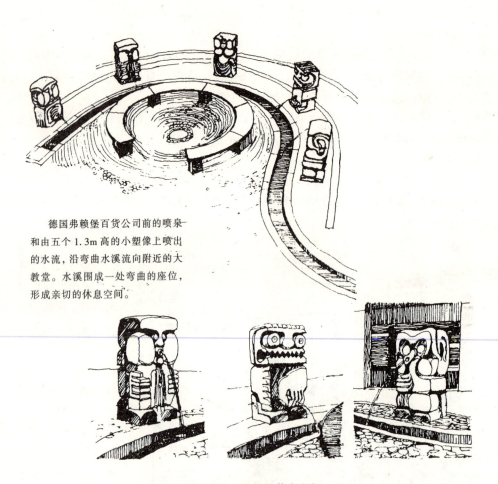

德国弗赖堡百货公司前的喷泉和由五个1.3m高的小塑像上喷出的水流,沿弯曲水溪流向附近的大教堂。水溪围成一处弯曲的座位,形成亲切的休息空间。

图 2-16 亲切的休息空间

图 2-17 分散布置的坐椅

雅宜人的环境氛围。

　　人们可以从室内各个角度观赏庭园景色,也可到室外游览和玩赏庭园风光。从室内观赏时,庭园空间可以形成室内空间的延伸和扩展(图2-18)。从室外观赏时,庭园景色可以成为烘托主体建筑造型的优美环境背景(图2-19)。因而在观赏性庭园空间的设计中,建筑师对其在主体建筑造型中的作用应予足够重视。设计应赋之以形,造之以景,并寄之以情,这样才能使庭园景色成为整体建筑造型艺术的有机组成。

　　观赏性庭园空间的设计技巧是我国传统建筑艺术中最宝贵的遗产之一。我国传统建筑的空间结构正是由千变万化的庭园空间与建筑空间有序组合而成的统一体。庭园空间的实质,是在某种意义上再现自然景观的魅力,形成建筑空间与自然空间之间的过渡性空间。

　　观赏性建筑庭园的构建,首先是通过庭园中造景、组景和借景等造园艺术手法来表达构想中的诗情画意和设计寓意的。其次,为了正确传达园景的涵意,应有意识地组织恰当的观赏路线和观赏景点,用以展示

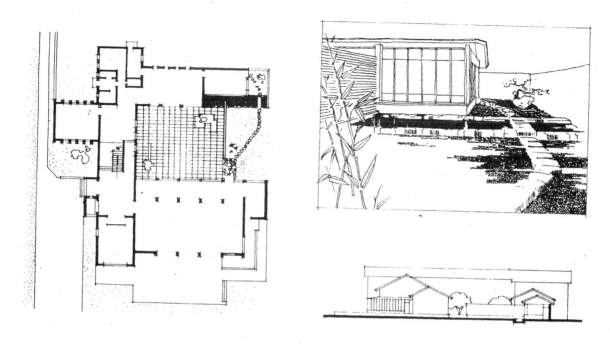

图 2-18　上海同济大学教工俱乐部庭园景观

图 2-19　建筑与庭园有机结合的建筑景观

多方位最佳景观画面，这是造园艺术手法的另一个重要方面。总之，观赏性庭园空间的设计应从设景和观景两方面精心运筹，并应匠心独具，不断从我国传统的园林艺术中吸取丰富的营养，才能创造出具有中国特色的现代建筑庭园艺术作品。

第三章 用房要求与功能组织

为确保所设计的建筑能最大限度地满足实际使用要求，必须首先了解建筑内部各类用房的使用功能及其相互间的功能关系，并掌握这类建筑功能组织的一般设计原则。

第一节 功能组成和各类用房使用要求

一、建筑主要功能组成

休闲娱乐建筑中所提供的活动项目基本上没有固定的构成内容，建筑功能组成也往往随其社会职能、服务对象和建设条件的变化而存在较大的差别。就一般情况而言，综合性休闲娱乐建筑常应包括以下五个主要功能组成部分：

(1)完全对公众开放的群众活动部分。该部分面向所有社会或团体成员，并提供参与文学、艺术、科技、体育和教育等业余休闲活动的空间和相应的服务项目。

(2)不完全对公众开放(或半开放)的学习辅导部分。该部分旨在为社会培养业余及基层的群众文艺活动骨干和人才，通过组织举办各种专业技艺培训活动，为公众提供有偿服务。

(3)不对公众开放(非开放)的内部专业工作部分。这是专为承担各类专业培训业务的教师及工作人员提供教务和专业研究工作使用的附属空间。

(4)由一系列向公众开放的服务空间组成的共用服务部分。它包括交通、卫生、休息和餐饮等空间，这是任何公共建筑内必备的共用空间系统，也是正常发挥建筑整体功能的组织中枢和纽带。

(5)行政管理及辅助设施部分。这是维持整个建筑正常运营并发挥良好效益所必不可少的组成部分。

上述五个主要功能组成部分的具体用房内容、数量、规模及其在建筑总体中所占的比例，均可根据该设施的社会职能、建筑类型和服务范围酌情确定和调整。

二、群众活动用房及使用要求

群众活动用房是所有休闲娱乐建筑中最基本的核心功能空间，是为广大群众提供自娱自乐、自由发挥和自我教育活动的场所，是面向全社会成员开放的综合性和多样性的活动空间。

由于地方文化的差异、风俗习惯的不同、以及服务对象总体文化素质和文化倾向的区别，群众活动部分的项目内容可作相应变化，并无统一的组成模式。如以地方文化的差异来看，全国各地皆有千百年来逐渐形成的各种独特的地域性文化艺术形式和相应的民间艺术活动，如东北的二人转、河北的皮影戏、四川的川剧和江浙的评弹等群众热衷参与的艺术活动；再如以服务对象的总体文化素质和文化倾向的差别来说，一般城市居民多倾注于现代流行文化活动，而乡镇居民则更喜爱地方传统文化活动。即使同是城市居民，其文化倾向也随年龄和职业的变化而有所不同，青少年与中老年、一般企业职工与机关学校的知识阶层所喜爱的休闲活动方式也很不相同。因此群众活动部分的项目内容应据实际文化消费的需求情况来确定和适时调整。一般综合性设施的群众活动部分常包括下列用房：观演用房、游艺(健身)用房、交谊用房、阅览用房、展览用房和综合活动用房(多功能厅室)等等。各种活动用房的主要组成内容和使用要求简介如下：

(一)观演用房

观演用房应包括门厅、观众厅、观众休息厅、卫生间、舞台、化妆室和放映室等。在综合性休闲娱乐建筑中，其观演用房与专营性影剧院建筑虽在技术要求上基本相似，但由于建筑自身承担的社会经济职能和服务目标的差异，休闲娱乐建筑中的观演用房规模一般皆小于专营性影剧院建筑，并且更多地关注观演空间的综合利用的效率。如文化馆(站)的观演用房，它主要供业余文化艺术团体的排演、调演、汇演和观摩交流演出活动使用,也可供群众集会、举办各种讲座、报告会或放映电影录像等使用。据近年统计表明,从设施的利用率和投资效益综合考虑,一般休闲娱乐建筑中的观演厅规模,中小型建筑中不宜大于500座;较大的文化宫、青少年宫等建筑中,尚可考虑大型庆典、集会和专业团队的演出使用,但其规模仍不宜大于800座。特殊情况下需要观众厅容量大于1000座时,宜将观演用房部分与其他活动用房分离,单独设置,并宜与地区影剧院服务网点规划布局相结合,统一管理经营。

观众厅的室内空间设计标准,可视观众厅的容量区别对待。一般而言,当观众厅规模超过300座时,其观众座席排列、室内疏散通道布置、视线设计、音响效果、灯光布置以及放映室设计等,均应符合影剧院建筑设计的有关技术规范和规定,满足使用功能和消防安全的要求。但观众厅舞台和后台部分的设计标准,宜根据该建筑所处地区的经济技术条件酌情从简,避免过分追求舞台设备的完善程度。当观众厅规模小于300座时,其地面可不考虑视线升起的要求,宜做成平地面的综合活动大厅,供多功能灵活使用。同时,在平地面上宜设置活动座椅、采用活动式小舞台,在观众厅四周宜设置足够的辅助空间和贮藏空间,以供临时存放活动家具或设备,方便使用功能的改变。因为在小型休闲娱乐建筑中,观众厅往往是建筑内部最大的活动空间,因而提高它的利用率、满足开展多种文化活动的需要,其空间使用的灵活性自然在设计中应予特别重视。即使在规模大于300座的观演大厅中,将其前部观众席地面设计成平地面,并采用部分活动座椅,对提高大厅使用的灵活性也是非常可取的设计手法(图3-1)。

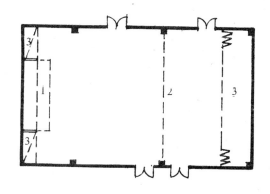
(a)平面措施(日本某公民馆观演大厅灵活设施布置)
1—翻转式小舞台;2—灵活隔断;3—贮藏间

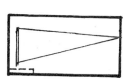
观演厅平地面(适用于<300座)

观演厅地面前平后小坡
(适用于<500座)
(b)剖面措施

图3-1 观演大厅使用灵活性设计

(二)游艺及健身用房

游艺用房是供群众开展各种室内游戏和技艺活动的空间。一般可包括乒乓球、台球、棋牌和电子游艺等项目。由于参与活动者年龄、职业、性格特征、文化水平和情趣爱好的不同,以及各种游艺活动的特点,使该部分用房空间的大小、形状和环境要求也很不一致。设计时宜注重其空间的通用性,以便适应不同游艺活动项目间根据实情调济空间使用的需要。空间通用性设计可从下述两方面予以考虑:一是,室内空间净高宜适当留有余地。经验表明,一般室内净高不宜小于3.40m;二是,宜将游艺活动空间统一分隔成大、中、小搭配的活动室,一般可分成供30人、20人和10人使用的若干标准活动室,每人可按活动面积2.0~2.5m²估算,以方便活动项目的随机安排和调配。

在规模较大的建筑中,宜考虑设置专供儿童和老年人使用的游艺活动室。由于儿童和老年人在生理、心理和使用时间上的特点,其室内空间环境和建筑细部处理上都应充分考虑他们的特殊要求。根据儿童活泼好动和老年人喜欢阳光和绿地的生理特点,一般条件许可时,宜在儿童游艺室附近设置儿童游戏场,并可与室内直接相通。在老人游艺室外设置休憩平台(图3-2)。

当游艺活动室兼作一般健身、健美活动用房时,应适当增加室内净高,其净高一般不宜小于3.60m。供武术、艺术体操、球类活动及健身器械使用的健身房还应根据实际使用情况确定,同时这些活动项目的运

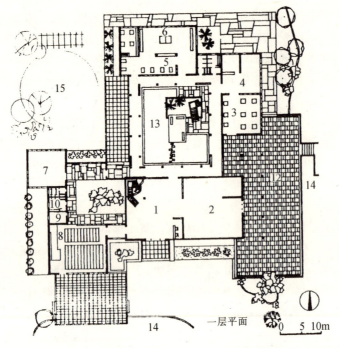

1—门厅；
2—展览厅；
3—少儿游艺；
4—冷饮厅；
5—老人游艺；
6—乒乓球室；
7—科技活动室；
8—科技报告厅；
9—休息室；
10—男厕所；
11—女厕所；
12—老人活动平台；
13—水池；
14—湖面；
15—儿童游戏场

图 3-2　河北　邯郸苏曹镇文化中心

动量较大，宜附设更衣、淋浴和卫生间，供剧烈运动后洗浴使用。淋浴喷头数量可按每20人设一个，至少男女各设一个。此外，健身房规模较大时宜附设管理员室和器械贮藏室，以方便更换运动项目。进行武术、艺术体操及健美使用的房间还应在一面墙上设置照身镜和练功把杆，并应作弹性地面(图 3-3)。

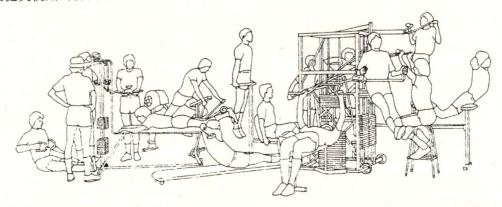

图 3-3　健身运动透视图

在国外的社区休闲娱乐设施中，常把体育健身空间兼作小型体育比赛、训练、集会、观演和舞会等多功能使用空间，并形成设施的主体，这是十分经济有效的使用方式。如美国柯罗特街社区休闲中心就是典型的实例(图 3-4)。其建筑主体即是可作多功能使用的体育健身空间。

其他游艺活动项目均应按照活动特点和设备尺寸给予相应的室内空间。如乒乓球室和台球室的球台布置方式和空间尺寸均应符合正常活动的基本要求(图 3-5)。电子游戏厅除游戏机室外还应设置管理室、贮藏间等少量辅助用房，以供经营收费和存放备件使用。一般电子游戏机宜靠墙布置，当有多台电子游戏机布置在大厅中央时，应暗设电缆沟或使用架空地板，以便游戏机移位或更换(图 3-6)。在老年人专用的休闲娱乐建筑中，还常设置保龄球活动室，其场地设计等要求可参见第五章第一节有关介绍。

(三)交谊用房

各类休闲娱乐建筑均应设置足够的交谊用房。交谊用房在人们休闲活动中具有极其广泛的社会功能。它主要用于组织各种社交联谊活动，以增进和扩大人与人之间的交往和了解，提高人们的文化素养和审美水平，培养人们高尚的情操及和谐的人际关系。同时，交谊用房也是人们自我发挥和自我表现的自娱

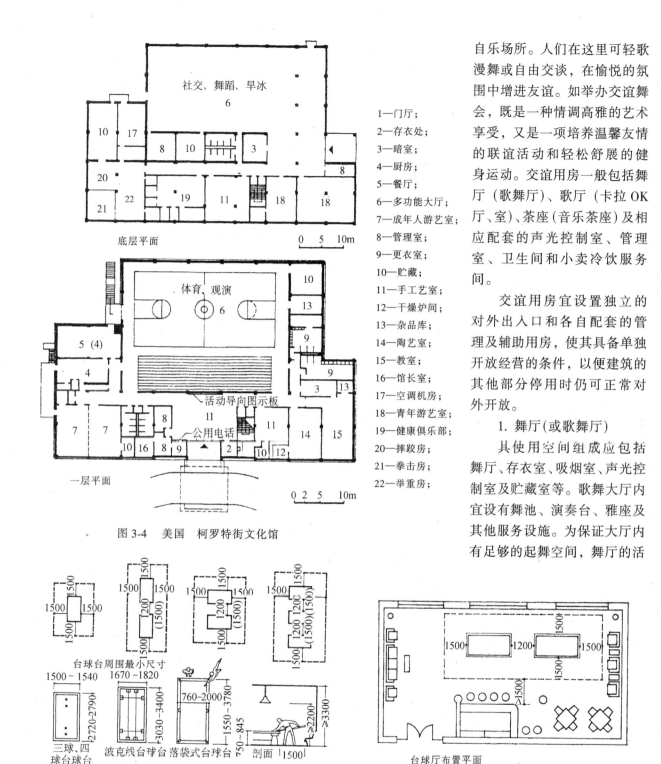

自乐场所。人们在这里可轻歌漫舞或自由交谈，在愉悦的氛围中增进友谊。如举办交谊舞会，既是一种情调高雅的艺术享受，又是一项培养温馨友情的联谊活动和轻松舒展的健身运动。交谊用房一般包括舞厅（歌舞厅）、歌厅（卡拉OK厅、室）、茶座（音乐茶座）及相应配套的声光控制室、管理室、卫生间和小卖冷饮服务间。

交谊用房宜设置独立的对外出入口和各自配套的管理及辅助用房，使其具备单独开放经营的条件，以便建筑的其他部分停用时仍可正常对外开放。

1．舞厅（或歌舞厅）

其使用空间组成应包括舞厅、存衣室、吸烟室、声光控制室及贮藏室等。歌舞大厅内宜设有舞池、演奏台、雅座及其他服务设施。为保证大厅内有足够的起舞空间，舞厅的活动面积可按每人2m²估算，并不宜小于120m²，也就是舞厅空间至少能容纳50～60人跳舞，这是保证一定活动气氛所需的最小空间容量（图3-7）。舞池最小宽度不宜小于10m。舞厅四周设置休息座时，座席数量不宜少于活动定员人数的80%。设置雅座时，其隔断高度应能保证室内视线畅达各座席，以维护健康文明的社交行为和社会风尚。舞厅地面应铺设耐磨光滑的材料，室内装修、照明和音响设计应有助于营造文明健康和轻松活泼的环境氛围。炎热地区宜根据需要设置局部空调，以增进使用效益。

2．歌厅（卡拉OK厅）

其使用空间除演唱大厅外，还应包括声光控制室、饮料服务间和管理室等辅助用房。演唱大厅内宜设

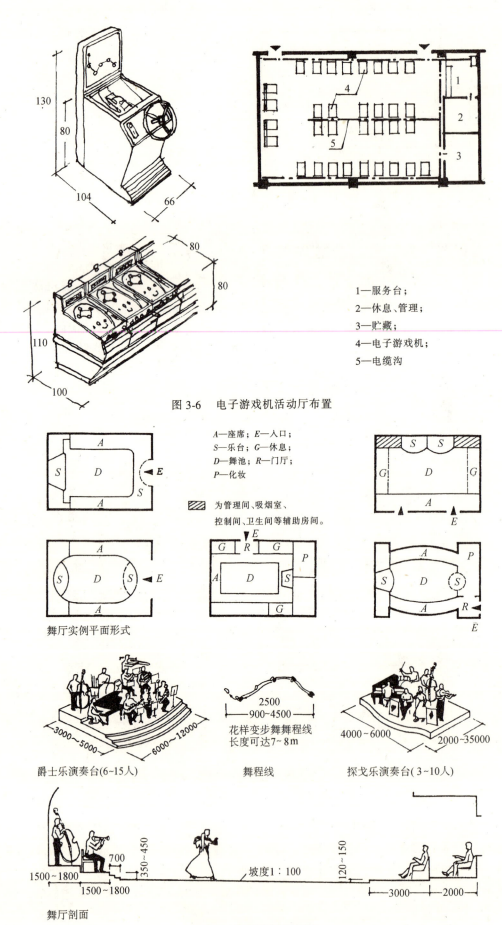

图 3-6　电子游戏机活动厅布置

图 3-7　舞厅平剖面布置

歌台,供个人即兴演唱时使用。大厅活动面积可按每人 1.5m² 估算,休息座数量则应按活动定员人数设置(图 3-8)。其他室内设计要求基本与舞厅相同。

应当特别指出,综合性休闲娱乐建筑中,尤其像文化宫、文化馆(站)和青少年宫这类公益性设施中所设之歌舞厅,与城市商业性歌舞厅的服务性质和方式应有所区别,它们更应注重发挥自身的综合文化优势,注重倡导高雅文明的社交和娱乐方式,培养高尚的社会道德风尚。因而在室内空间设计中不应设置包厢和包间,应保证室内视线通达,杜绝社会丑恶现象的发生。

3. 茶座(音乐茶座)

除茶厅空间外,还应包括茶水间、服务间、声光控制室及小卖部等服务设施。茶水间内应设开水炉和茶具洗涤消毒设备。声光控制室宜布置在厅内与乐队或歌手联系方便的地方,并可设观察窗,便于及时了解室内活动情况(图 3-9)。

(四)展览用房

综合性休闲娱乐建筑中的展览空间,可包括展览厅、展览廊(画廊)、附设美工室和贮藏间。其使用功能应以展出文化艺术作品为主,如美术、书法、摄影等。可兼作政教宣传或科技产品展出之用。不宜用作纯商业性展销活动。配合展出活动需要,可酌情设置相应辅助用房。

展览空间的设计,应对采光、照明方式和展板布置的灵活性予以特别重视,以便适应展品在尺寸、数量和展示方式上的不同要求,适应展厅布置和观展路线多样化的需要。展厅布置应优先选用便于灵活布置的展屏、展板和照明设备。为适应各种布展方式的灵活使用,展览空间宜采用通敞的大厅,或采用由若干通用空间组合的单元式展厅(图 3-10)。通用展览空间的单元面积一般不宜小于 60m²。在小型休闲娱乐建筑中,由于受规模限制,展览空间常可采用敞开式展廊(画廊)形式,并与交通休息空间相结合,互补使用。可达到布置灵活、一处多用和节约空间的效果(图 3-11)。

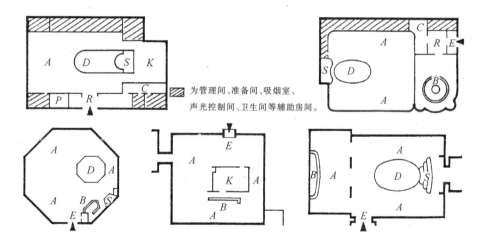

图 3-8 歌厅、歌舞厅实例平面形式

A—座席;S—乐台;D—舞池;P—化妆;K—配餐间;E—入口;G—休息;R—门厅;C—存衣;B—酒吧

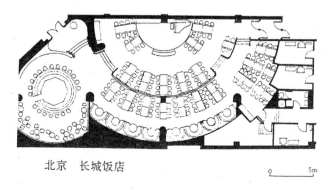

北京 长城饭店

图 3-9 音乐茶座(咖啡厅)实例

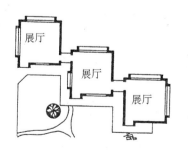

江苏南京 南湖文化馆展览厅

图 3-10 单元式展厅组合

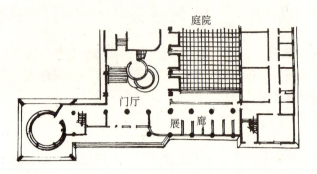

图 3-11 与交通休息空间结合的展廊(天津河西少年宫)

(五)阅览用房

它应包括阅览室、资料室、书刊库等用房。它不仅是供来访者阅读书报、期刊的休闲空间,而且也是设施内各专业工作部分开展群众性培训活动的基地,可为各专业培训活动提供学习、辅导、研究和创作所需的各种文字及声像资料。

阅览室的位置应能保证安静的阅读环境。但儿童阅览空间,由于儿童活泼好动的特点,难以像成人阅览室一样保持安静,因此在规模较大的建筑中,宜单独设置儿童阅览室,其位置宜邻近门厅或儿童游艺室,也可单独设置出入口和考虑与儿童室外活动场地连通,形成一个集中的儿童活动区,以方便使用和管理(图 3-12)。

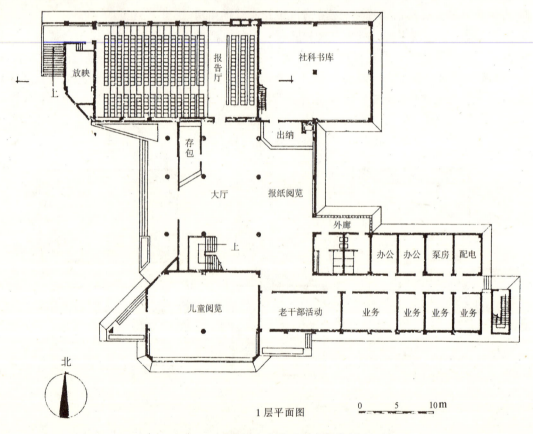

1层平面图

图 3-12 济源市文化中心图书阅览部

阅览室环境应保证采光充足、照度均匀,并能避免眩光及阳光直射。向阳的采光窗宜采取适当的遮阳措施。阅览室内桌椅与书架布置均应符合国家现行《图书馆建筑设计规范》的相应规定。

资料室是阅览室及书库中书刊资料的统一管理部门,也是当地群众文化艺术资料的信息中心,因而资料室应提供开展咨询服务和进行研究所需的文选档案检索空间。

(六)综合活动用房

综合活动用房包括活动大厅(室)、服务管理室、电气控制室及贮藏间等辅助用房。设置综合活动用房主要用于解决各种活动项目组织中在时间、空间和参与人数上可能发生的矛盾,发挥调剂使用和均衡互补的作用,使设施能以较少的投资满足更多的使用要求。因而它更多地用于中小型休闲娱乐设施中,大型综合性设施中也经常采用。其配套设置的附属用房是发挥其多功能综合使用的必备空间,附属用房本身在空间利用上也应有足够的灵活性。

活动大厅又可称为多功能厅。它应满足会议、交谊、游艺、观演和健身等多种活动交替使用的要求。其平面和空间应能灵活分隔，以满足多种小型活动同时使用的要求。分隔后形成的每个使用空间必须具有单独出入口和独立的照明、音响和电气设备控制系统，以确保各项活动自主灵活的安排，避免相互干扰。据此考虑，活动大厅的使用面积一般不宜小于180m²，宽度不宜小于10m。大厅内应设小型活动舞台，地面宜做成平地面或前平后坡的地面，平地面部位宜设置活动座椅(图3-13)。大厅应附设足够的贮藏空间，供改变使用功能时堆放座椅、家具和其他设备用品。活动大厅面积小于90m²时，仅能满足一般游艺活动和小型健身活动的使用，使用效益将大幅降低。

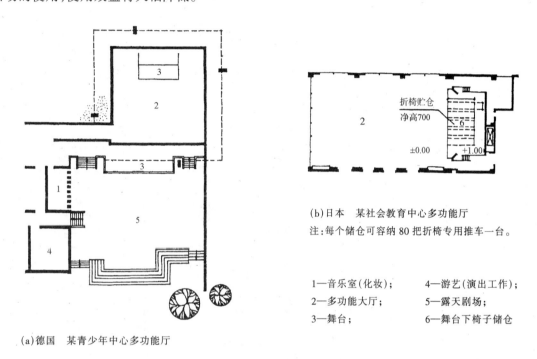

图 3-13　活动大厅(多功能厅)布置

三、学习辅导用房及使用要求

社会公益性休闲娱乐建筑中，通常皆应设置学习辅导用房，用以举办有关政治经济、文学艺术、科技教育和工艺技术等方面的学习班，培训文艺创作、美术书画、摄影、曲艺和音乐戏曲等方面的业余或课余文化艺术人才。也用以提高基层群众文化事业干部业务水平或扩展青少年知识结构和实践能力。

学习辅导用房的内容包括综合排练厅、普通教室、大教室(合班教室)、美术书法教室、视听教室、语言教室及微型计算机教室等教学空间。其主要使用要求分述如下：

(一)综合排练厅

综合排练厅主要供器乐、声乐、舞蹈等节目排练使用，因而它需附设乐器和桌椅贮藏室、更衣室、卫生间，有条件时还可设淋浴间。综合排练厅的规模应至少能容纳20人左右的节目排练活动使用，如按每人6m²估算，其最小使用面积应为120m²。室内净高应不低于3.6m。

综合排练厅内，应在一面墙上设置通长通高的照身镜，其他两面相邻的墙面上应安置距地面0.8～1.0m的练功用把杆。地面宜采用木地板。此外，厅内应具有较好的音响效果，室内装修应做好声学设计。为了不让排练活动的声响对建筑内其他部分的活动产生干扰，排练厅主要出入口的门应做隔声门或留出门斗声锁空间(图3-14)。

(二)普通教室和大教室

普通教室和大教室(合班教室)可参照中等师范专科学校标准设计。每班约40人，每座使用面积应不小于1.4m²。大教室为两班以上合用。其室内布置应方便使用各种现代化教学器具，如幻灯机、投影仪和闭

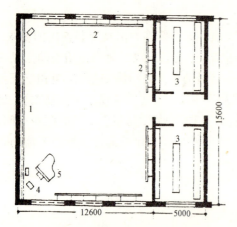

图 3-14　综合排练厅平面布置
1—通长照身镜；2—把杆；3—男女更衣室；
4—音箱；5—钢琴

路电视等等。为此，建筑细部设计应考虑安装遮光设施、悬挂银幕、电源插座及电视机吊挂装置。

合班教室的平面形状及座位布置应考虑结构简单、视距短和座位布置紧凑合理(图 3-15)。其地面设计应合理配置座席升高。为便于疏散及简化构造，200 人以下教室地面升高，前 3~5 排宜做成平地面，后部可按每两排升高一阶，每阶高 80~100mm；200 人以上的阶梯教室，宜按计算确定升高，并需合理确定设计视点及视线升高值。

(三)各种专用教室

各种专用教室的教学使用要求很不相同，设计应分别满足其特殊要求。有关平面布置及室内装备等具体建筑细部要求，可参照国家现行《中小学校建筑设计规范》(GBJ99—86)的有关技术规定执行。在此仅对各种专用教室的设计要点作一概述。

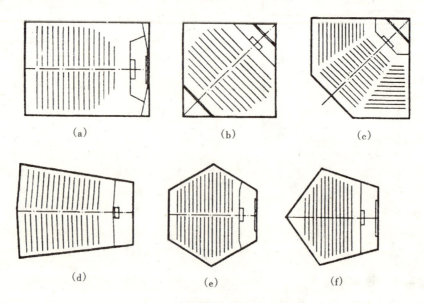

图 3-15　合班教室的体形及座位布置

1. 美术书法教室

主要应保证室内具有充足的自然采光，并要求光线柔和、稳定。因此，采光窗以北向侧窗为佳，条件许可时宜设采光天窗，有利于丰富写生物体的明暗变化层次和阴影效果。室内应避免阳光直射。为调整自然光线因天气情况和时间推移产生的变化，还应辅以完善的人工照明设备(图 3-16)。

2. 视听教室

其室内设计不仅需要满足视听设备安装和使用要求，而且仍需保留传统黑板教学方式所需的基本条件。室内装修应结合音响声学设计，炎热地区宜安装空调设备。视听教室在建筑总体布局中，应布置在较少干扰的安静部位。无条件单独设置时，可利用合班教室兼作视听教室使用(图 3-17)。

3. 语音教室

该教室空间组成应包括准备室、录音室及学员换鞋处，各教室自成一体配套设置。座位布置宜面向教师控制台，控制台一般设于教室前部，不宜单独设于控制室内。双人语言练习桌尺寸不应小于 550mm×1480mm，平均每人使用面积约 1.6m²。座位排列应遵照相应设计规范要求(图 3-18)。

语言教室地面应设置暗装电缆槽；室内顶棚及墙面应做吸声处理；在条件许可时宜安装空调设备，以利防尘保洁；教室内还应根据需要设置相应的教学设备，如白板、投影仪等。

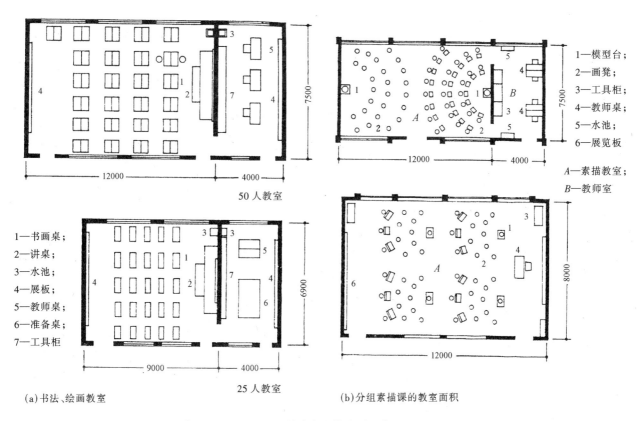

图 3-16 美术书法教室平面布置

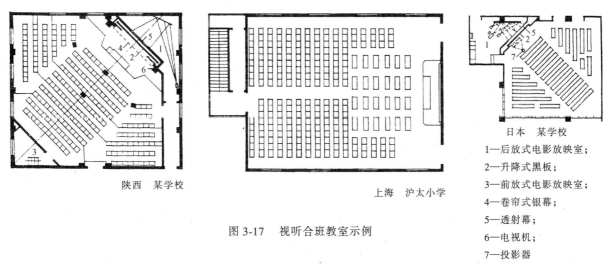

图 3-17 视听合班教室示例

4. 微型计算机教室

室内空间设计应包括辅导员工作室、器材贮藏室和学员换鞋处,各自配套构成独立的学习使用单元。学员使用的操作台应采用单人操作台,其尺寸为 900mm×700mm(宽×深),人均室内使用面积约 2.1~2.4m²。计算机操作台的布置应便于学员就座和操作,并便于教员巡回观察与辅导(图 3-19)。操作台宜沿墙布置,墙上设置电源插座,台面应距墙 200mm 以上,操作台深应不小于 700mm。如操作台采取平行教室前墙面布置时,地面应设暗装电缆沟槽。计算机教室内应有良好的防尘措施和适宜的温湿度环境,南方炎热地区应安装空调设备。地面宜采用防静电、耐磨和易清洗的材料。不宜采用塑胶或木质地面,而以水泥、水磨石和其他具有上述性能的地面材料为佳。教室内还需备有书写白板和其他常规教学器具。

四、专业工作用房及使用要求

为更好地完成社会公益性服务目标,与学习辅导用房相适应,设施内需为从事辅导、培训工作的教职

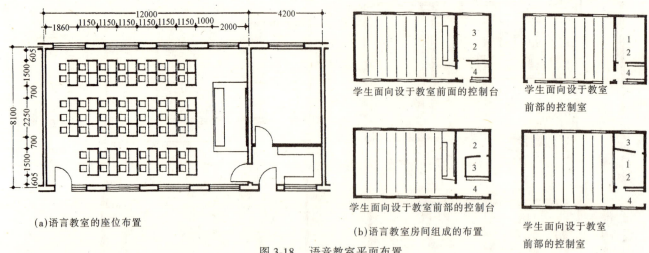

(a) 语言教室的座位布置

(b) 语言教室房间组成的布置

学生面向设于教室前面的控制台

学生面向设于教室前部的控制室

学生面向设于教室前部的控制台

学生面向设于教室前部的控制室

图 3-18　语音教室平面布置

1—控制室；2—准备室；3—录音室；4—换鞋处

(a) 微型计算机教室布置形式

(b) 微型计算机教室座位布置

图 3-19　微型计算机教室平面布置

员和地方文化研究人员提供各种专业工作室，以便开展本地区民间艺术和民俗文化的收集整理工作，分工负责各专业培训任务和其他基层文化工作。

一般专业工作用房可包括书画、美术、文艺、音乐、戏曲、舞蹈、摄影、录音录像（演播）等工作室。此外，文化馆内尚宜设立站、室指导部、少年儿童指导部和群众文化研究室；青少年宫除上述专业工作用房外，还宜设立青少年生活指导部。

不同专业的工作室各有特殊的工作环境要求，建筑细部设计应为之创造良好的工作条件。如音乐专业工作室应附设便于练声、练琴和谱曲所需的琴房；摄影专业工作室应设置拍摄间和备有冲印设备的暗室；美术工作室应是一个有足够空间和良好采光条件的画室；录音录像工作室（或演播室）用于声像资料的制作与复制，其室内设计更应满足其各项特殊技术要求，可参照有关技术规定执行，在此不予详述。

青少年宫设置的青少年生活指导部，是帮助青少年学习掌握必备的生活知识和进行就业指导的基地。用于经常组织开展形式多样的技能培养和社交活动，增进青少年的独立生活能力和社交能力。用于对青年进行有关恋爱、婚姻和家庭生活方面的生活指导，帮助树立正确的人生观。生活指导部用房一般可包括宣传室（廊）、生活及心理咨询室、体检室、换鞋处和卫生间等，形成一个独立的工作单元，有时还设有独立生活能力考查和指导用房。健康体检室应设置洗手盆、挂衣钩、窗帘杆和灵活隔断。

五、公用服务用房及使用要求

任何一项休闲娱乐建筑设施中，除了前述各项活动使用的用房外，还必须提供足够的开放性公用空间，主要包括门厅、休息厅(或共享大厅)、零售商店、餐饮服务部、卫生间、走廊和楼、电梯间等交通空间，用以满足人们休息、交流、洽谈、陈列、交通联系和取得各种所需服务的要求。这些公用空间通常与室内交通流线紧密结合，组成一个完整的运营支持系统。在中小规模的设施中，常利用交通空间的边沿、转角或尽端富余的空间布置各项公用服务用房。然而，在规模较大的建筑设施中，则宜形成服务完善和组织有序的公用空间系统，成为整个建筑设施正常运营不可缺少的功能组成部分。

(一)门厅

门厅是建筑公用空间系统中最重要的部位，它是连接室内外活动的过渡空间，也是通向室内各功能使用部分的交通枢纽，因而门厅应设计在建筑中心部位，以获得室内短捷的活动流线。由于休闲娱乐建筑内活动内容繁杂，人流往返频繁，门厅中交通流线的合理组织更显重要，应避免集中疏散人流通过主要入口门厅。门厅内宜设置各种必要的服务设施，如宣传布告栏、服务台、小卖部、公用通讯设施和楼内交通指示牌等。在北方寒冷地区还应设置衣帽存放的空间。

(二)休息厅

休息厅(或共享大厅)是供人们在参与各项休闲娱乐活动的间歇，进行休息、交谈、社交和饮水等松弛活动的公用空间。因此，休息厅(或共享大厅)的空间位置既应与门厅毗邻，又应是室内主要交通流线的交汇处。大厅内应设置完善的服务设施，除一般设有服务台、咖啡茶座和陈列空间外，还应在大厅旁设置小商店(小卖部)、吸烟室、卫生间和贮藏室。休息厅也可与建筑庭园空间相结合，敞向室外休息平台或休息园林绿地，创造优美宜人的休息环境。郊外型建筑设施的休息厅宜利用周围优美的自然风景资源，选择可朝向视野开阔、景色优美的方位。为创造静雅的室内空间环境，休息厅内墙面及顶棚皆应采取适当的吸声减噪措施。

(三)餐饮服务部

餐饮服务部常可分设营业餐厅、咖啡酒吧、小吃茶园等供活动中间休息小餐或社交小聚享用。在大型休闲娱乐设施或旅游度假区的娱乐设施中，还可设置宴会厅供团体宴请宾客之用。餐饮服务用房应包括配套的厨房、备餐和库房等炊事工作用房以及杂物后院，应形成相对集中的工作区，以便有效地组织营业服务活动。根据设施所处的城乡地区环境，其餐饮服务部的规模、组成和服务项目均可具有较大的差异。当今城市休闲娱乐建筑管理体制的变革转型，使这部分的服务功能在建筑总体功能结构上的比重有明显的提高，但仍应重视设施的整体效益。

六、行政管理及辅助用房

综合性休闲娱乐建筑中，经营管理所需的各种用房应包括行政领导办公室、党政办公室、对外联络和经营办公室、财务会计、文印打字、业务接待和治安值班室等。它们在建筑整体布局中的位置应处于对外联系方便和对内管理灵活的部位。附属于经营管理功能的辅助用房包括仓库、配电间、维修车间、锅炉房、空调机房、车库、招待所、教员和学员宿舍、食堂等，都应根据实际需要和建设条件酌情配置。这类辅助用房可设于主体建筑内，也可单独设置，并宜围合形成独立的服务后院，以避免内部服务流线与群众活动流线产生交叉干扰，影响管理和使用。各办公用房室内无特殊要求，但需对照明、空调、电气和电讯设备的设计布置给予足够的重视。

第二节 功能组织的基本原则

通过前文对综合性休闲娱乐中各功能组成部分使用要求的初步了解，设计者便可以根据拟建设施的服务对象、性质、规模和建设条件确定各部分用房的适当组成，并按一定的组织原则联结成一个有机的整体。尽管在不同类型的设施中，各功能组成部分在整体上所占的比例会随其社会职能而有所变化。如一般工人俱乐部通常以观演大厅和交谊厅(歌舞厅)为群众主要活动空间，这两部分在建筑总体上占有较大的比重。然而青少年宫中则常以音乐、美术、体育、舞蹈和科技活动等学习辅导部分为建筑主要组成部分。但是，各功能组成部分间的关系是基本相同的，其功能组织关系均应遵循下述基本原则：

一、合理的功能分区

由于设施中活动项目众多，使用功能繁杂，设计首要问题是根据各部分功能要求、相互间联系的密切程度和可能产生的相互影响，把各类用房分成若干相对独立的大区域，并使它们在总体关系上既有必要的联系，又有必要的隔离，实现合理的功能分区，做到"内外有别"和"干扰分区"。

所谓"内外有别"即首先解决内部工作区与对外开放活动区之间的必要隔离，使内部管理用房与群众活动用房间有明确的区域划分。前述建筑所具的五个主要功能组成部分中，专业工作用房、行政管理及辅助设备用房皆属内部用房区域，而其他群众娱乐活动和学习辅导用房皆应属对外开放服务区域。内外两个用房区域之间应有明确的分界和明显的分界标志，以避免外部服务区的活动人流误入内部工作区，形成不必要的干扰。为此，在平面布置中，常可将内部工作用房区置于建筑总体的后部或侧翼，使其在平面或剖面关系上处于群众活动流线的尽端(图3-20)，避开活动人流交通穿越。

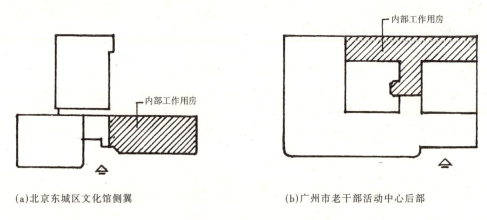

(a)北京东城区文化馆侧翼　　　　　　(b)广州市老干部活动中心后部

图3-20　内部工作用房平面位置

所谓"干扰分区"，就是在合理解决主要功能组成部分的分区后，还应解决好群众活动区内各项活动进行时相互干扰的隔绝问题。因为对外开放服务的各种活动用房都会产生一定程度的对外干扰，同时又要求不同的室内环境条件，所以有必要按各项活动产生的干扰特性(活动噪声或人流交通等)和干扰程度的大小、方向和方式，将各种群众活动用房划分为"闹、动、静"三种类型，并相对集中布置，形成"闹、动、静"三类活动环境区域。其中产生较大响动且人流密集的活动用房，如歌舞厅、交谊厅、健身房和多功能厅应属"闹"的一类；产生响动较小，人流相对较少而分散的活动用房，如学习辅导用房(除排演厅外)应属"静"的一类；其他活动用房虽产生的响动不大，或可采取有效的控制措施，但仍存在着人流集中或频繁流动带来的较大交通干扰，如观演大厅、排练厅和游艺厅(室)等可属"动"的一类。为有利于三类活动用房获得较为理想的室内活动环境，功能组织中还应适当考虑"闹、动、静"三类活动用房区域与基地邻接的城市干道的相对关系，应尽可能将不怕交通噪声干扰的活动用房沿建筑外侧布置，以减少城市干道噪声对内部安静区域的干扰，同时也方便人流集中的活动用房的安全疏散(图3-21)。

二、简捷的活动流线

面向群众开放使用的各种活动用房不仅活动方式不同，而且参与活动人员的流动方式也极不相同。从各项活动人员流动的特点来看，呈现着集中与分散，有序流动与无序流动，以及交叉进行的各种不同流动状态。如观演大厅的人流既是大量集中的，又是定时定向有序流动的；然而歌舞厅虽同样是人员集中的场所，但其人员流动却具有随机无序的特点。分散流动的状况也各有差别，如展览用房的参观人流具有分散而有序的特点；健身和游艺活动用房的人流则呈现既分散又无序的特点等等。根据活动人员流动的特点，在功能流线的组织中应给予恰当的安排：应使集中而有序的人流能以最短捷的流线集散；使集中而无序的

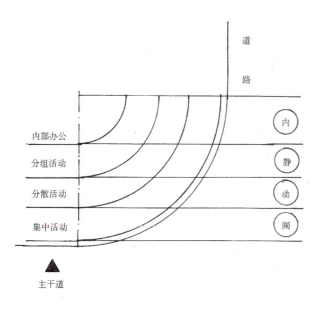

图 3-21 活动分区与道路关系图.

人流能被控制在具有类似活动环境的区域内，尽可能减少对安静活动区域的干扰；对人流分散的活动用房，则应创造更便于使用时自由选择活动项目的流线，以均衡各项活动的人流，减少人流往返迂回带来的干扰，提高设备的利用率。

为使集中而有序的人流以最短捷的流线集散，减少对内部其他活动环境的干扰，在功能组织时，宜将观演大厅、室内溜冰场或其他人流定时定向集散的活动用房，置于紧邻门厅或入口大厅的部位。在规模较大的建筑设施中，还宜给这些人流集中的场所单独设置门厅和出入口（图 3-22）。

为能将集中而无序的人流控制在具有类似活动环境的区域内，可将同类活动用房相对集中成一个较为独立的区域，与其他活动环境采取一定的隔离措施。当这类用房规模较大、项目较多时，还宜为该区域设置可供单独使用的辅助出入口。此外，为减少人员无序流动产生的交通干扰，还可将类似活动项目归并成一个或几个通用活动空间，供各种活动项目自由分隔使用（图 3-23）。

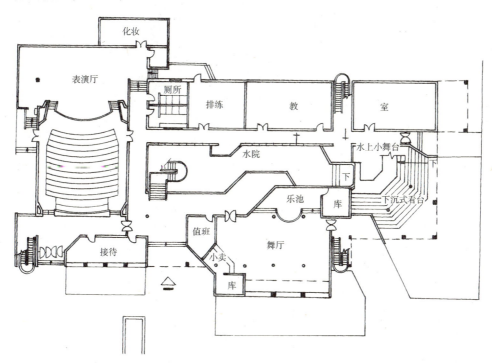

图 3-22 观演大厅与舞厅平面位置（某文化馆设计方案）

其他人流分散的活动用房，为便于人们随意自由选择使用，应组织最为灵活而直接的流线，其流线组织常可采用中心辐射形的组织方式，如采取由中心交通大厅直接通达各活动用房的方式（图 3-24）。中心交通大厅常可与公用休息、社交和服务空间相结合，形成多功能的中央共享大厅空间，发挥其组织建筑整体功能的核心作用（图 3-25）。

三、开放的组织结构

综合性休闲娱乐建筑的经营管理体制，正随着我国经济体制改革的深入而发生着重大变化。20 世纪

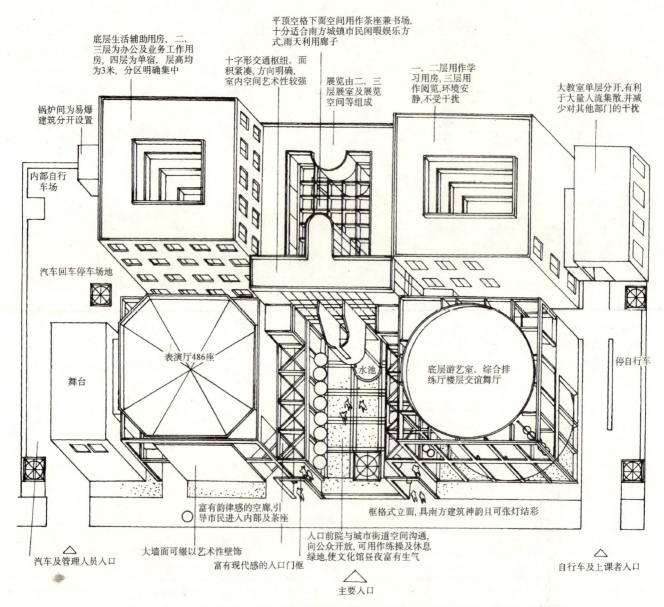

图 3-23 文化馆设计竞赛获奖方案的空间组合分析图

80年代以前这类建筑皆是国家、地方和大型企业所属的非盈利的福利设施,是由政府统管统包的社会公益性事业单位。如今,市场经济机制的引入,使设施的公益性或商业性服务的区别变得模糊起来,设施在服务功能和管理目标上必须作出相应的调整,才能适应这种社会结构性的变革,实现依靠市场机制发展群众文化事业的良性运营目标。据此,建筑功能组织应具有开放性的结构关系,为建筑功能和管理的适时调整创造足够的灵活性。

(一)适应服务功能的扩展

为增进设施经营的综合效益,必须善于利用人们休闲娱乐活动中消费需求多样性的特点,增设必要的消费性服务项目,开展多种经营,充分吸收前来参与活动群体的综合消费能力。近年来,国内外兴建的各类休闲娱乐建筑中,在其功能组成中普遍综合了新的服务功能,如增设提供购物、餐饮、美容、喜庆活动以及旅游住宿等服务的用房。这些服务用房皆兼有对内、对外的双重服务功能,在功能组织结构上也呈现着开放性的特点,发挥了强劲的综合服务效益。在大型的综合性休闲娱乐建筑中,这些辅助服务用房,必要时还可从主体建筑中分离出去,独立设置和单独经营管理,形成相互依存和互动发展的综合性建筑群体(图3-26)。

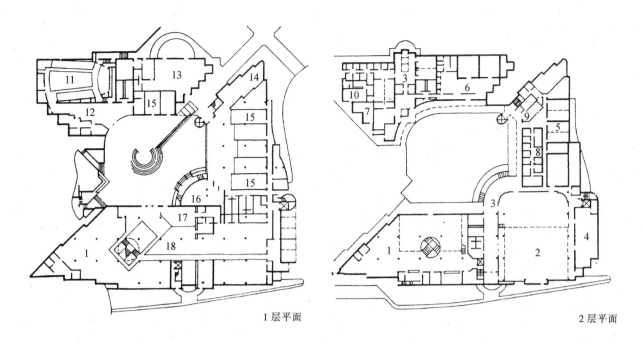

图 3-24　美国　加利福尼亚大学圣迭戈分校学生中心

1—书店；2—舞厅；3—休息廊；4—厨房；5—会议室；6—娱乐活动；7—小卖；8—校史；9—家政中心；10—工美中心；
11—剧场；12—剧场门厅；13—小吃部；14—咖啡厅；15—商店；16—正餐会议；17—小卖部；18—杂货店

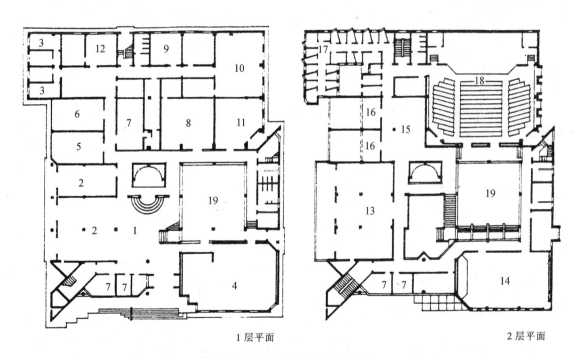

图 3-25　北京　清华大学学生中心

1—门厅；2—班组活动室；3—办公室；4—舞蹈室；5—家政教室；6—话剧排练室；7—摄影教室；
8—交响乐排练室；9—电声排练室；10—军乐排练室；11—民乐排练室；12—图书资料室；13—陈列厅；14—音乐教室；
15—休息厅；16—绘画教室；17—琴房；18—多功能厅；19—内院

(二)适应经营方式的改变

为提高活动场地的利用率,充分发挥投资效益,建筑功能组织宜便于分划为可以独立经营管理的若干区域,各区域可以根据活动项目的使用特点,灵活制定服务目标和服务时间。独立经营的区域也常设有单独出入口,这是近年新建或改建设施的重要趋向,有利于适应市场变化,适时调整经营方式。

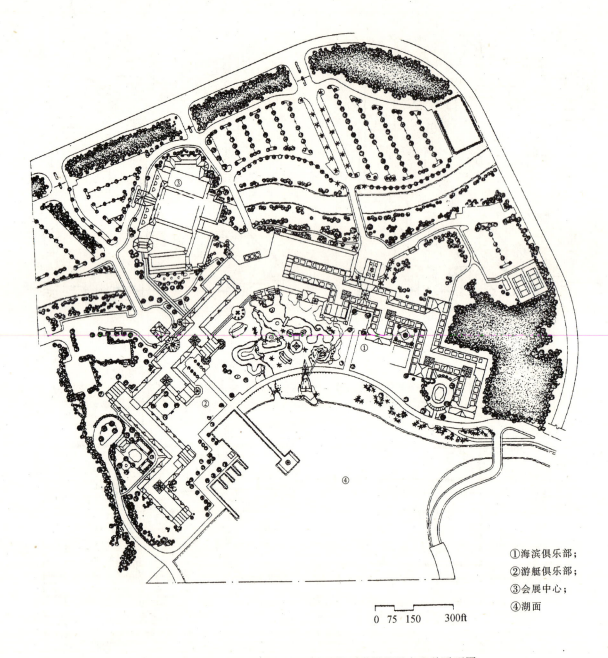

①海滨俱乐部；
②游艇俱乐部；
③会展中心；
④湖面

图 3-26　美国　佛罗里达州，沃尔特迪斯尼世界娱乐中心总平面图

(三)适应活动项目的调整

设施经营方式的改变，往往需要对服务项目作必要的增减或重组。为适应这种调整，设施采用开放性的功能组织结构有利于提供所需的调整空间。如将主要活动项目置于功能流线的尽端，设施扩建改造时便于功能流线作相应的延伸，形成具有更新和生长活力的组织结构形态。或者，也可将主要活动用房与辅助用房间隔交叉配置，使主要活动项目需作更换或扩展时，相邻辅助用房能发挥空间调剂使用的作用，使主要活动功能取得一定的发展空间。此外，为适应活动项目的及时调整，采用可以灵活分隔使用的集中式敞厅，也有利于形成可以相互更替使用和持续发展的开放性功能组织结构。

第三节 功能组织的基本关系

休闲娱乐建筑的功能组织形式具有多样性的特点。它们既没有统一的组成内容，也没有不变的组成结构，而仅有相对稳定的功能组织基本原则和关系。按照前述功能组织的基本原则，可将综合性休闲娱乐建筑的各主要功能组成部分的相互关系，表示为图3-27所示的功能组织基本关系图。该图具体表达的意义如下：

(1) 该图体现了功能分区合理的基本原则，直观地表达了"内外有别"和按"闹、动、静"三类活动实行"干扰分区"的主要分区关系。同时，也体现了依照活动流线简捷的基本原则，将干扰大的集中活动用房置于邻近主要门厅和出入交通最为直接的部位，而将干扰较小的分散活动和分组活动用房依次置于远离主要门厅和出入交通较为间接的部位，明确地表达了各类活动用房的相对区位关系。

(2) 该图具体表述了在同样的分区和区位关系要求下，不同规模的设施可随其交通空间组织方式的改变采用不同的功能组织形式：在中小型设施中，由于活动项目不多，使用人流相对较少，因而交通空间与活动用房的联系宜采取最为直接和简单的组织形式，有利于提高投资效益，优化服务环境（图3-27a）；而在大

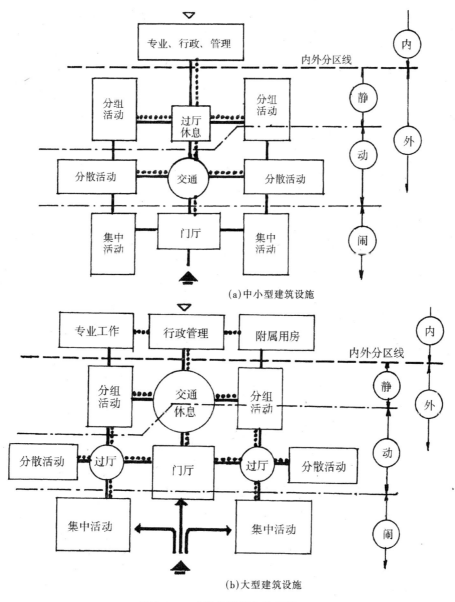

图 3-27 功能组织基本关系图

型综合性设施中,由于活动项目较多,服务功能繁杂,使用人员流动量大,建筑内部共用交通空间的组织方式需形成一定分工和秩序,功能组织形式则应随之作相应调整,一般将人员大量集结的集中活动用房单独设置出入口,以减轻主门厅人流集散的负荷。其他众多活动项目难以由一个交通大厅组织活动流线,需增设分区交通过厅,以组织交通分流,并兼作分区社交休息空间使用(图3-27b)。

(3) 图示各部分功能关系也体现了开放性的组织结构。因为设施中每个功能组成部分与公用交通空间系统皆有直接相通的组织关系,各自皆有平行发展的空间,互不制约,形成可以自由生长和发展的开放性功能架构。

按此功能组织基本关系,可将一般文化馆建筑的各部用房表示为下图所示的功能组织关系(图3-28)。其他各种社会公益性的休闲娱乐设施(如文化宫、俱乐部和文化活动中心等)也可参照此图组织功能和流线。

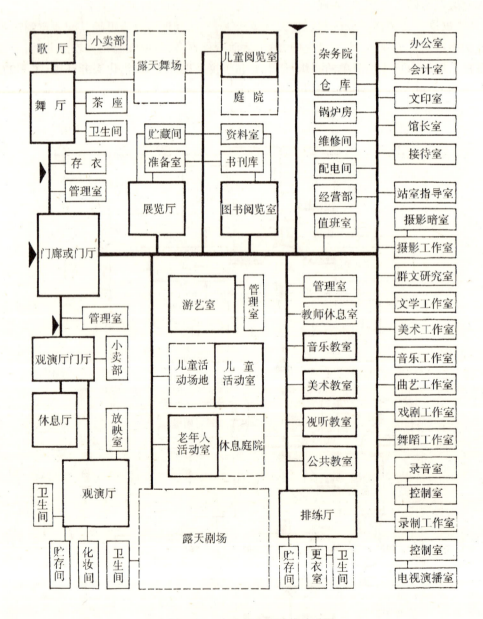

图3-28 文化馆内部功能关系图

第四章 空间布局与建筑形态

第一节 空间布局的一般原理

同其他公共建筑类型一样,休闲娱乐建筑的空间布局设计应综合考虑功能、技术、环境和审美四项主导因素的共同影响。一般来说,功能和技术要素反映建筑实用要求和建造手段,是影响空间布局的内在物质条件;环境和审美要素则主要反映建筑所处外部时空背景对建筑内部空间布局的影响,这种影响是通过对建筑外部形态的制约作用来实现的。就建筑内部空间与外部形态的关系而言,环境和审美要素是影响空间布局的外在精神条件。上述四项主导要素对空间布局和建筑形态的综合影响,可以简单地表达为下图所示的逻辑模式(图4-1)。

在实际设计过程中,往往首先是由功能和技术要素构成内因,并决定了内部实用空间的基本形态,同时又外化表现为一定的建筑实体形态。然后,环境和审美要求作为外因,对其所呈现的建筑形态会产生一定的制约作用,使已外化的建筑实体形态能按照外部反馈信息服从某种主观或客观的规定性,从而实现外部制约条件对内部空间布局的影响。这样由内到外,再由外及内的相互反复作用和矛盾统一的过程,也就是空间布局和建筑形态设计所应遵循的一般设计原理。休闲娱乐建筑空间布局除遵循此一般设计原理外,还应解决由其自身使用功能和社会职能的特点所产生的特有的设计问题。

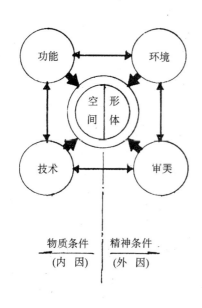

图 4-1 空间布局逻辑模式

第二节 空间建构的功能技术原则

一、建立开放灵活的空间架构

为适应现代休闲娱乐内容和形式的不断更新和发展,以及适应经营管理体制的变革,休闲娱乐建筑的空间组合架构,应具有较强的适应性和灵活性。因此,设计应优先采用具有较强生长发展能力的开放性空间组合架构,以满足适应变化的需要。所谓开放性的空间组合架构,是指能使内部主要活动场所在空间上具有可以继续扩展、延伸和生长的骨架系统,新的活动空间可以在这基本空间骨架上自然生长。其生长方式可以采取水平方向的扩展,或采用垂直方向的叠加,以及混合方式的生长发展。如无锡市文化馆(图4-2),其平面以正三角形的网格为基本空间组合架构,采用统一的正六边形柱网和空间单元,为室内空间的功能调整提供了互换使用的灵活性,也使设施对今后可能发生的各种使用和管理上的变化,具备了足够的适应性。又如南京市南湖小区文化馆,在空间组合的开放性方面也作了有益的探索,它采用了以正方形灵活单元空间重复交叠的组合形式(图4-3),形成在水平方向扩展生长的空间架构。当建筑规模较大和在用地紧缺的城市中心区时,这种重复使用的灵活空间单元可以在垂直方向上扩展生长,形成重叠的塔形连续空间组合架构。如北京市崇文区文化馆(见工程实例3)和昆明工人文化宫(见工程实例12),分别采用了

10 层和 18 层的塔式综合活动楼。其一般活动用房皆安排在高层塔楼内，各层都是可以通用的单元活动空间。其室内布置便于按活动项目要求灵活变动和互换使用。这种空间组织架构，在国外城市休闲娱乐设施中也较普遍采用。塔楼垂直交通的组织和消防疏散的安全是其最为重要的设计问题。

二、增强空间使用的灵活性

空间布局设计不仅应为建筑的长远适应性创造条件，建立开放灵活的空间架构，而且还应在每个单元活动空间中创造更多的使用灵活性。增强空间使用灵活性的措施，常见有如下几种：

(一)采用通敞的大厅空间和活动隔断

通敞的大厅可以是无柱的大开间和大进深空间，也可以是有柱的、无固定隔断的连贯空间(图 4-4)。敞厅空间的活动隔断可以采用幕式隔断、家具组合隔断或屏风式隔断等形式。幕式活动隔断还可以分为软性的(使用织物材料)和硬性的(使用隔声板材)两种；家具组合或屏风式隔断通常为仅可遮挡视线的半隔断。采用活动隔断的敞厅空间，在设计中必须考虑所用隔断材料的存放空间。

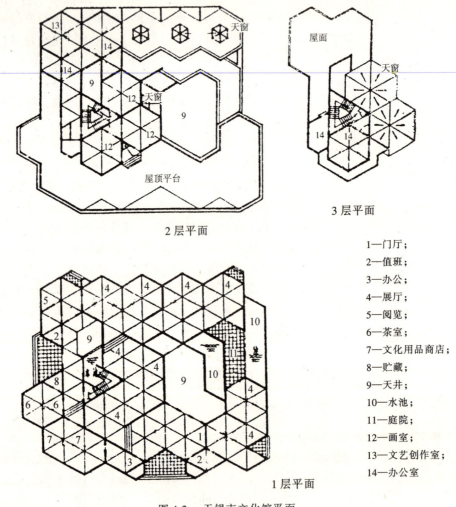

2 层平面

3 层平面

1 层平面

1—门厅；
2—值班；
3—办公；
4—展厅；
5—阅览；
6—茶室；
7—文化用品商店；
8—贮藏；
9—天井；
10—水池；
11—庭院；
12—画室；
13—文艺创作室；
14—办公室

图 4-2　无锡市文化馆平面

采用敞厅空间最突出的实例是法国巴黎的蓬皮杜文化艺术中心(彩图 160)。其室内为了获得最大使用的灵活性，采用了很大的矩形建筑平面和空间钢桁架楼板结构体系。在长 168m、跨度 48m、净高 7m 的巨大室内空间中，竟没设一根柱子，也不设固定的隔断墙。使用时可根据举行活动的要求，将活动隔断在很短的时间内迅速组装就位。隔断板材的移位和固定都是依靠楼层结构下的滑轨来完成的。不用的隔断板材平时放在楼层桁架空间的贮仓内，此为室内各种活动的使用和变换提供了极大的灵活性。应该指出，过分庞大的敞厅空间给使用过程中带来的相互干扰，仍是不可忽视的问题。因此大量工程实践表明，设计采用敞厅空间的部位应予慎重考虑，敞厅空间规模宜有适当的限度，并非越灵活越好。设计应当根据经常开展的活

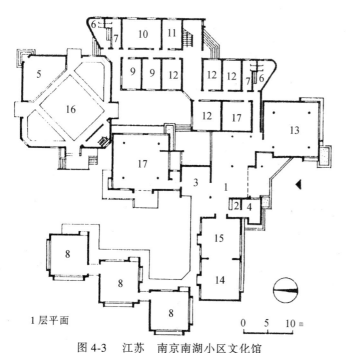

图 4-3　江苏　南京南湖小区文化馆
1—门厅；2—问讯；3—小卖部；4—售票；5—舞台；6—男厕所；7—女厕所；8—多功能展厅；9—工作间；10—会议室；11—休息室；12—办公室；13—阅览室；14—棋牌室；15—电子游艺室；16—观演厅；17—音乐茶座

动项目选定恰当的敞厅空间形式（有柱的或无柱的），并对空间尺度的确定进行充分的技术经济比较。

多功能大厅是中小型休闲娱乐建筑中广为采用的敞厅空间形式。它是具有明确使用目标和适度灵活性的多用空间，在国外社区休闲活动中心的设计中普遍采用。如美国柯罗特街区的休闲活动中心就是典型的实例（图 3-4）。该中心上下两层皆以体育健身空间作多功能大厅使用，总建筑面积仅 2000m²，但充分发挥了设施的利用率，具有明显的技术经济优势。

（二）采用通用单元空间

采用通用单元空间也是提高室内空间使用灵活性的有效方式。通用单元空间尺度的选定必须进行充分的推敲。尺度过小，使用灵活性会受到极大局限；尺度过大，则不能充分利用空间，造成资源浪费。如南京

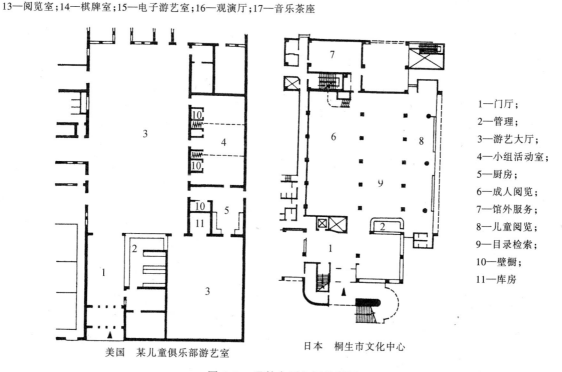

1—门厅；
2—管理；
3—游艺大厅；
4—小组活动室；
5—厨房；
6—成人阅览；
7—馆外服务；
8—儿童阅览；
9—目录检索；
10—壁橱；
11—库房

图 4-4　通敞大厅空间的利用

市南湖小区文化馆的通用空间单元，由于尺度偏小（平面仅为 8m×8m、单层），使用功能十分有限（图 4-3）。一般它只能作小型展览厅和群众业余文化节目排练之用，有时也兼作相邻的观演大厅的后台化妆室使用；而常州红梅新村文化站的通用空间单元，其平面尺度较为适宜（平面尺寸为 15m×15m、2 层），它既可用于举行舞会、音乐茶座和居民集会，也可用于棋牌活动、桌球、乒乓球比赛和各类游艺活动，在有限的建筑规模内，满足了居民多样化的休闲活动要求（详见工程实例 20）。

（三）采用主辅空间相间搭配的组合形式

这种组合形式能够增强主要活动空间的自身调节能力。因为，主要活动空间改变活动项目时，活动大

厅内的家具、乐器、展品或各种服务设备等必须要有一定的存放空间，有些活动（如交谊舞会或音乐茶座等）也需要有配套的服务用房。所以，在与主要活动大厅相邻部位设置一定数量的辅助小空间，从而形成主辅空间相间搭配的格局，既可满足多样化使用的需要，也可适应改变使用的需要。活动项目改变时，辅助小空间可以发挥空间调剂补充的作用(图4-5)。

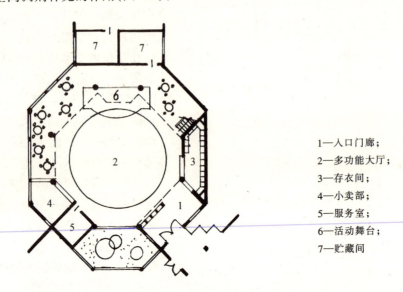

1——入口门廊；
2——多功能大厅；
3——存衣间；
4——小卖部；
5——服务室；
6——活动舞台；
7——贮藏间

图 4-5　主辅空间相间搭配的多功能灵活空间形式

三、营造宜人的室内外活动环境

为营造优雅舒适的室内外活动环境，首先应在平面与空间布局中充分考虑各活动用房的适宜朝向、自然采光和通风条件。尤其是为老年人及儿童服务的活动用房，更应优先安排在环境条件最佳的部位。当建筑用地受限而采用集中式空间布局时，组织庭园空间或采用内天井是解决室内采光、通风的常用设计手段。如广州市老干部活动中心（见工程实例11），在建筑总体上分别采用了大小不等的六个庭院空间，较完善地解决了室内各用房的自然采光与通风问题，创造了优美而舒适的室内外活动环境。当然，在南方夏季气候炎热的地区，必要时仍可采用人工照明和空调辅助，以弥补自然采光通风的不足。对于地处郊外的休闲娱乐建筑来说，选择最佳朝向也是提高室内外环境质量的重要问题。其朝向选择不仅应考虑日照、风向等气候环境条件，而且还应考虑室内的景观环境。进行空间布局设计时，应优先把主要活动空间朝向室外景观优美的方向或有观赏价值的景点，如福建省南平老年人活动中心（见工程实例13）。它的基地选在风景秀丽的闽江岸边，其主要活动用房皆面向江面敞开布置，取得了良好的室内外环境效果。

其次，室内环境的安全问题也是极为重要的环境质量要求。休闲娱乐建筑是人人需要又人人都可使用的公共活动场所，因而设计应考虑各个年龄段和不同活动能力的群体的生理和心理特点，以保证全体参与活动人员的使用安全。设计应为老年人和残疾人考虑无障碍活动的技术措施，应为儿童考虑预防意外伤害的环境措施。设计还应特别重视室内活动空间的消防安全疏散问题：设施内人流集散量较大的群众活动空间（如观演大厅、歌舞大厅等），宜紧邻建筑主要出入口大厅和安全疏散通道布置；疏散速度迟缓的老人和儿童活动用房应优先安排在底层（或主出入口层），以保证在发生意外事故时能及时安全疏散；用于安全疏散的室内交通空间应明亮通畅、导向明确，并应符合国家颁发的建筑防火设计规范的要求。

四、符合技术经济的合理性

合理的空间布局应在方便使用和确保安全的前提下，有利于节约投资、降低日常经营管理费用和提高投资的经济效益。也就是说，合理的空间布局设计还应具有技术经济的合理性。为此，设计主要应考虑：

（一）有效利用建筑空间

建筑空间的有效利用意味着投资效益的充分发挥。这不仅要求建筑平面设计紧凑合理，而且还应从建筑剖面设计上进一步发掘空间利用的潜力，使功能所需的必要空间在形态和尺度上，能与结构形式及其空间尺度充分协调,形成和谐统一的整体。如日本东京草月会馆(丹下健三作品),在有效利用建筑空间方面具有典范意义(见工程实例47)。该会馆是市民参加插花艺术活动的休闲娱乐场所。在其首层草月厅中,将展台设计成折曲的台阶形,层叠上升的展台有利于充分展示插花艺术作品,同时也真实地反映了地下层中带多层挑台的观众厅顶棚的形状。其楼层结构空间被巧妙地隐没在草月厅台阶形的楼板下,使建筑有效空间的形态和尺度与楼板结构实现了完美的结合,并融合为和谐的整体,充分展现了技术经济的合理性。

(二)有利实施建筑节能

为满足建筑节能要求,降低建筑日常经营费用,争取良好的朝向、自然采光和通风,是目前我国大多数公共建筑设计中必须考虑的重要节能设计原则。虽然近年来,随着我国经济条件的改善和人民生活水平的提高,休闲娱乐场所已较多采用局部甚至全部空调的室内环境,但应指出,这并非今后主导发展趋向。因为在人们休闲活动中更喜爱享受自然环境,完全依赖人工调节的室内活动环境对人们的健康存在着许多隐患。

在需要局部采用或全部采用空调系统的休闲娱乐建筑中,其平面和空间布局设计的主要焦点是实施建筑节能原则。因此,在需要部分采用空调的建筑中,应尽可能将需要空调的活动用房相对集中于相邻的区域内,以有利节约管线工程投资和降低运营中的能量耗损;在需要全部采用集中空调系统的建筑中,设计宜采用形体简单而集中的空间布局形式,以减少围护结构的能量耗失。

第三节 建筑形态的视觉环境要求

休闲娱乐建筑是与人们日常精神文化生活关系最为密切的公共建筑类型。它不仅应为人们休闲生活提供安全舒适的物质空间环境,而且还应充分满足广泛的社会审美需求,给人以赏心悦目的精神享受和有益的社会教化与感悟。因此在其空间布局设计中,应充分重视其外化表现的建筑形态在视觉环境中的积极作用,创造完美的城市景观。

一、建筑形态与城市空间环境的协调

根据建筑内部功能技术要素确定空间布局,在外部表现为一定的建筑实体形态(简称建筑形态),并成为城市整体空间环境的构成元素。建筑形态的几何特征和细部装饰,都将与所处城市空间环境发生直接的联系。因此建筑形态选定的正确与否,应将其纳入城市总体空间布局结构来加以考察,使所设计的建筑形态能与其所处的城市空间环境相协调,并成为城市空间的有机组成部分。这就要求设计者能根据所处具体城市空间环境,对能满足内部空间要求的多种建筑形体方案进行综合比较,以寻求内外空间组织的最佳结合点,使内部空间组织的合理性能纳入城市总体空间环境的调控之中,这就是设施外部建筑形态与城市空间环境应有的协调关系,也是建筑方案设计首要解决的核心问题。

当建筑面临城市广场时,其建筑实体形态自然构成广场空间的界面,它的几何特征、方向和尺度等形态元素都应依据广场空间的总体环景要求来确定。如长春市工人文化宫(图4-9a),其地处市中心圆形交通广场东北角,总平面和空间布局方案考虑了与城市广场的总体关系,采用了沿圆形广场周边布置,并以广场径向轴线为对称轴,形成向心对称的建筑外部形态,满足了广场空间所需的聚合感。

当建筑地处公园绿地或郊外自然环境时,由于不存在城市人造环境的约束,在空间布局和建筑形态上具有极大的自由度,可以充分表现休闲娱乐建筑优雅活泼的个性特征。如福建省南平老人活动中心(见工程实例13),它地处南平市风景优美的九峰山山脚下,面向水流清澈的闽江,具有背山面水、视野开阔的基地环境。其空间布局设计使内外空间相互渗透,融为一体,从而使其外部建筑形态呈现了自由舒展的性格,满足了自然园林环境中建筑空间所需的扩散感。

二、建筑形态与社会审美环境的协调

建筑实体形态是建筑造型艺术中最具表现力的视觉要素,它能给人以第一性的强烈视觉印象,因而在内部空间布局设计时,必须考虑其所呈现的外部形态及产生的视觉形象,并使之符合社会审美环境的一般要求。

休闲娱乐建筑的社会职能具有群众性、娱乐性、文化性和综合性的特点,因而其建筑形态自然成为人们关注的审美焦点,需要符合一般公众的审美心理才能取得预期的社会评价。尤其在边远地区、少数民族地区和风景旅游区更为重要,应赋予建筑形态以鲜明的地方特点和民族特色,切忌以建筑师个人审美趣味和心理代替社会公众的感情和爱好,也切忌生搬硬套没有社会文化基础的任何外来建筑形式。同时,休闲娱乐建筑又是正在迅速发展和不断更新变化的当代最富活力的公共建筑类型,因此它的建筑形态还应充分体现这一特征,创造富有个性、创造性和时代感的视觉形象,避免简单模仿抄袭现有或流行的建筑形式。福建南平老人活动中心的建筑形态是较为成功的实例(见工程实例13),它给人们创造了一个既具地方特色又有强烈时代感的崭新视觉形象。

第四节　空间布局的基本形式

根据前述空间布局的一般原理和休闲娱乐建筑的设计特点,分析当前相关工程实例中空间布局的组织结构,其基本形式可分类如下:

一、按观演空间与其他活动空间的关系分类

观演空间经常是休闲娱乐建筑中的主要活动空间,构成建筑功能的核心组成部分,并且往往占据着建筑总体的主要体量。因此,如何处理好观演空间与其他活动空间的关系,自然成为空间布局方案选定的重要依据。按其相互关系的变化,常采用如下几种空间布局形式:

(一)独立型布局(图4-6)

其观演空间与其他活动空间完全分离设置。这种布局形式常用于规模较大、功能较复杂的大型休闲娱乐建筑设施。一般认为,观众厅容量大于800座时,宜将其与其他活动空间相对分离。这有利于观演部分自身功能的完善,有利于人流集散组织的安全以及必要时实行单独经营管理的方便。同时,独立布置的观演空间也减少了其大量集散人流对其他活动部分可能产生的干扰。

(二)半独立型布局(图4-7)

观演空间与其他活动空间存在着不同程度的联系,并同时设有单独出入口和门厅。它既保持了单独经营管理时所需的相对独立性,又兼顾了统一经营管理时内部联系的方便。这种空间布局形式常用于观演空间在建筑总体组成中所占比例不太大的设施中,其外部建筑形态也呈现为由其余功能部分组成建筑主体,而观演空间部分仅作为附属体量,形成主辅相配的建筑形态构成关系。

(三)整合型布局(图4-8)

观演空间与其他活动空间彼此紧密相连,并融合成有机的整体。这是城市综合性休闲娱乐建筑最为广泛采用的空间布局形式。其观演部分与其他活动部分共设一个主出入口和主门厅。由于空间集中布置,内部功能流线一般较为短捷,因而有利于节约用地,并形成较为壮观的建筑形态。地处城市中心的建筑设施大多采用此种空间布局形式。但运用这种布局形式时,应注意解决各种活动空间之间相互干扰的隔离问题。

这种整合型空间布局,按观演空间在整体中所处的相对位置,还可进一步分为下列形式:

1. 中心式

观演部分处于总体的中心位置,常成为整体空间和建筑形态构图的轴心。而其他活动空间可分置于观演空间两侧或周边,呈对称或均衡布置的格局。这种布局形式适用于建筑功能组成复杂,且所处城市空间环境严整的情况,较易取得匀称、壮观的建筑形态(图4-8a)。

2. 侧翼式

观演部分仅占有建筑整体的一个侧翼,与其他活动空间仍保持连续统一的整体建筑形态。这种布局形式也多用于功能组成复杂、形态要求严整的大型休闲娱乐建筑中,其观演部分也仅占有较小的比重(图4-8b)。

3. 内核式

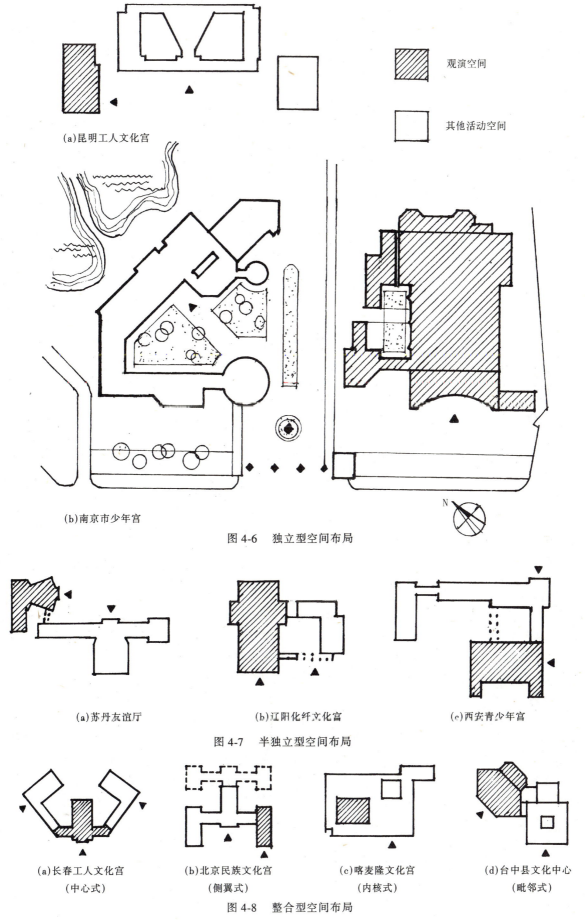

(a)昆明工人文化宫

观演空间

其他活动空间

(b)南京市少年宫

图4-6 独立型空间布局

(a)苏丹友谊厅　　(b)辽阳化纤文化宫　　(c)西安青少年宫

图4-7 半独立型空间布局

(a)长春工人文化宫（中心式）　(b)北京民族文化宫（侧翼式）　(c)喀麦隆文化宫（内核式）　(d)台中县文化中心（毗邻式）

图4-8 整合型空间布局

观演空间被其他活动空间包围于中央部位，内部活动空间相互邻接，并连续成整片。此种形式空间布局紧凑，有利于节约用地和节约建筑能耗，常用于北方中小型规模或设有集中空调系统的大型休闲娱乐建筑中。在国外建筑实例中也较为普遍。我国近年来新建的许多城市商业性娱乐设施中，由于空调系统的使用，也较多采用了这种布局形式（图 4-8c）。

4. 毗邻式

观演活动部分与其他活动部分各自相对集中布置，自成系统，形成彼此紧邻又相对独立的两部分。采用这种布局形式，主要出于建造计划和经营方式的考虑。它便于在较小的基地内实施分期分项建设，也便于两部分实行独立分管经营。采用这种空间布局形式，仍需保持建筑形态的完整性和整体性，并应满足城市空间规划的总体要求（图 4-8d）。

二、按建筑形态与城市空间的关系分类

合理的空间布局形式必定表现为与城市空间相协调的建筑形态，因此也可按建筑形态与城市空间的关系对空间布局形式作如下分类：

（一）前广场型（图 4-9）

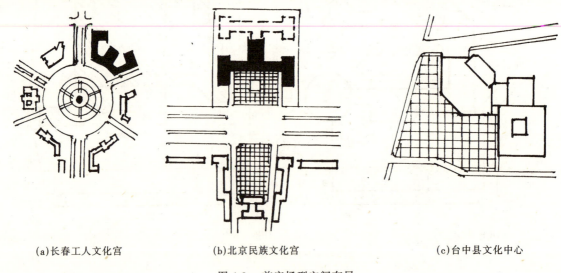

(a) 长春工人文化宫　　　　　(b) 北京民族文化宫　　　　　(c) 台中县文化中心

图 4-9　前广场型空间布局

建筑主体面向前部主要城市广场，其主要建筑形体成为城市广场空间的主要界面。在这种情况下，考虑建筑形态与广场空间的视觉关系已成为内部空间布局方案的重要设计依据。根据城市广场空间规划的需要，建筑形态可以采用对称或不对称的构图布局。对称的布局一般以主入口中心线为对称轴，并与广场几何对称轴重合，两侧对称布置建筑形体。其建筑内部空间的布置则不一定需要绝对对称，只求建筑形态在广场空间中具有对称的视觉效果。

（二）内广场型（图 4-10）

建筑主要人流集散广场伸入或部分伸入建筑主体界定的空间，成为建筑整体形态构成的主导元素，并形成具有一定封闭性和内聚性的城市开放空间，专供该建筑的出入人流使用。建筑对公众开放使用的各功能组成部分，都可在内广场开设单独出入口，人们可按需要自由选择活动项目，并从广场直接进入相应活动空间或活动区域。因此这种内聚性的广场空间，在功能上实际发挥了开敞的露天交通大厅的作用。有时可利用广场空间开展所需的商业性服务活动，形成半开放的城市共享空间。由于内广场空间能兼顾内外功能，自然成为建筑空间布局的核心，也成为人们交往和观赏的视觉中心。它的空间尺度和视觉形象也成为建筑总体空间布局的主导因素。

采用内广场型空间布局，有利于在繁华拥挤的城市中心地段，创造出可不受街道繁忙交通干扰的、较为安逸的空间环境，也有利于对广场空间及其多项活动出入口施行有效的管理。此外，由于广场空间的优雅、亲切和新颖的环境氛围，十分投合当今社会审美趣味，因而近年来被广泛采用，尤其适用于城市中心区

的大中型休闲娱乐建筑。

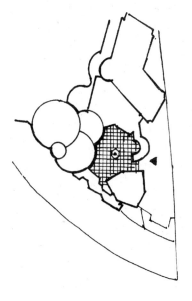
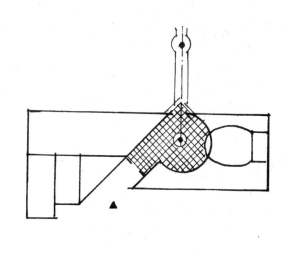

(a)广州儿童活动中心　　　　　　　　　(b)突尼斯青年之家

图 4-10　内广场型空间布局

(三)庭园型(图 4-11)

其建筑空间布局的主导因素是构成形态丰富的庭园空间（包括中庭空间），用以创造优美宜人的室内外活动环境。庭园型空间布局有利于通过室内外空间的相互渗透和融通,达到扩大室内活动空间和亲近自然环境的空间视觉效果。由于这种布局形式能为室内活动空间取得良好的自然采光和通风,有利于建筑节能,降低日常经营费用,在我国城乡中小型休闲娱乐建筑中广为采用。此外,丰富的庭园空间具有中国传统建筑形态的特征,深受广大群众的喜爱。

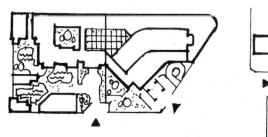 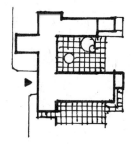 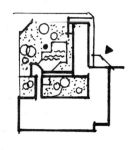

(a)广州老干部活动中心　　　(b)同济大学教工俱乐部　　　(c)东南大学校友会堂(教工俱乐部)

图 4-11　庭园型空间布局

(四)自由型(图 4-12)

此类空间布局基本不受(或较少受)城市空间环境的制约,在建筑形态上比较活泼和自由。它以充分满足其内部功能技术要求和完美地表现自身的视觉形象和个性特征为准则,力求其建筑空间和形态能与自然环境(包括地形、地貌和气候条件)取得最为和谐的关系。此种布局形式大多用于地处郊外旷野或风景旅游胜地的建筑设施。因其四邻较少环境制约条件,空间布局具有较大的自由度,建筑形态也可充分发挥设计的创造性,有利于塑造出富有地方特色的新景点。这种布局形式有时也可用于城市特殊地段的建筑设施中,用以形成地区标志性建筑。

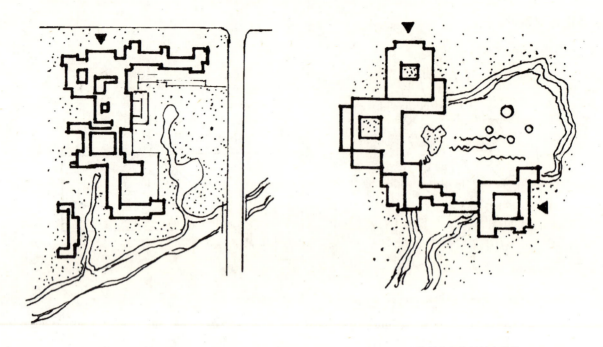

(a)建筑者之家(烟台)   (b)常州市红梅新村文化站

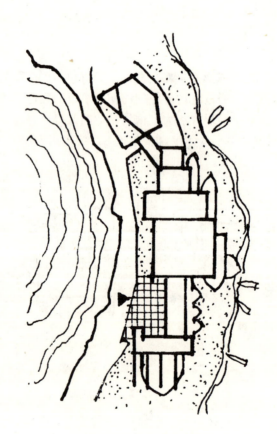

(c)福建南平市老年人活动中心

图 4-12 自由型空间布局

第五章 娱乐消费与新兴设施

提供娱乐消费的新兴设施是指我国在20世纪80年代后,迅速发展起来的城市娱乐产业型设施。它们的产生与发展反映了我国人民生活水平的普遍提高,文化娱乐消费在生活总消费中的比例正在逐年增长。近十多年来,我国新兴的娱乐消费设施有了长足的发展,设施类型渐趋多样化、规模化和综合化。从初期的小型、分散的专营娱乐场所,如卡拉OK歌舞厅、音乐茶座,到当今已大量建成开业的主题公园、游乐园(场)、娱乐城,和正在顺势发展的大型室内体育娱乐建筑等等,都已成为城市公共生活的重要场所和现代化新景观。为适应我国休闲娱乐消费发展和变革的需要,本章就当今国内外娱乐消费的新兴设施类型和主要设计理念作一系统而简要的介绍。

第一节 专营娱乐设施

专营娱乐设施是城市娱乐产业的基本组成部分,它是以提供某种流行的休闲娱乐活动为主要经营方式的商业性设施。由于商业性经营的需要,专营娱乐设施与综合性休闲娱乐设施中的同类活动用房相比,它一般具有更为完备的辅助空间,用以提供更加周全的消费性服务项目,增进商业化综合经营效益。目前国内较为时兴的专营娱乐场所有卡拉OK歌舞厅、健身(健美)俱乐部、保龄球馆和各种夜总会等等。它们大多附设于城市综合商业设施中,有时也作为商业中心建筑群的一部分而单独设置。专营娱乐设施的设计重点一般是在室内空间和入口造型的商业化装修处理。

一、卡拉OK歌舞厅

(一)室内空间组成

卡拉OK歌舞厅可以看作是集舞台、舞厅、酒吧和咖啡厅的功能于一体的,并设有自娱自乐设备的娱乐场所。一般其歌舞厅可分为入口区、歌舞区和服务区三个功能区。入口区一般设有服务台和衣帽间,供售票结帐和存放衣物之用;歌舞区是供公众使用的主要活动空间,它又由座席区、舞池和舞台三项空间组合而成,其空间组合形式最宜自由活泼;其他辅助用房构成服务区,宜设在歌舞区的相邻空间内(图5-1)。座席区面积较大时,可设置部分相对比较独立和安静的区域,并可附设酒吧或餐饮服务设施。座席区应与舞池相邻,紧邻舞池和舞台应设置声光控制室,其位置应便于看清歌舞区的活动情况。为方便舞步的自由展开,舞池宜采用无柱空间;为保持适度热烈的室内气氛,舞池的适宜规模应能供50~60人共舞,最小不宜少于30人,其最狭处宽度不宜小于10m。小型歌舞厅一般只设一个舞池,中型歌舞厅可设两个舞池(图5-2),设有两个以上舞池的为大型歌舞厅(图5-3)。

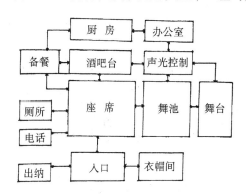

图5-1 卡拉OK歌舞厅空间组成

(二)室内环境设计

歌舞区是其室内环境设计的重点,设计除了决定座席的布置和座椅形式外,室内声、光和色彩环境的设计是最为关键的课题,因为它是主宰室内气氛的决定性因素。通过室内声、光和色彩环境对人们施加的物理、生理和心理的作用,可使人产生轻松、自在、热烈、浪漫、温馨等种种联想和感受,这是其他室内装饰手段所无法比拟的。

室内用光方式和灯具布置应根据各种空间的使用特点统筹考虑,并选用适合的照明系统(图5-4)。舞

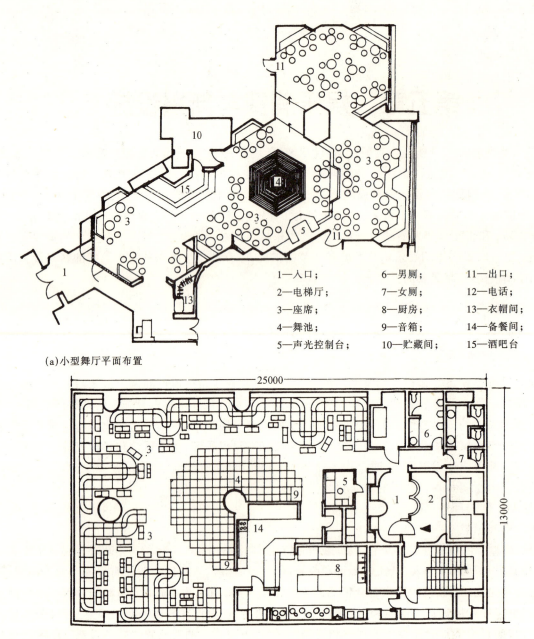

(a)小型舞厅平面布置

1—入口；　6—男厕；　　11—出口；
2—电梯厅；7—女厕；　　12—电话；
3—座席；　8—厨房；　　13—衣帽间；
4—舞池；　9—音箱；　　14—备餐间；
5—声光控制台；10—贮藏间；15—酒吧台

(b)中型舞厅平面布置

图 5-2　中小型歌舞厅平面实例

池和舞台都是室内照明的重点，但舞台应突出照明强度，用光色彩以较少变化为宜，称为高照度少色彩区。然而舞池则是室内空间的核心，应成为不同光照和色彩的汇聚点，可利用反射镜球灯、彩色射光灯和旋转灯，让舞客们淋浴在五光十色的光的海洋中，但其照明强度应以舞台照度减半为宜，相对形成低照度多色彩区。布置座席的区域则应以一般照明为宜，可采用漫射、反射或局部照明方式。

配合歌舞区照明处理，还可以利用槽灯、塑管线形灯等线形照明方法，勾勒室内空间形体或对重点空间部位进行画龙点睛的重点处理，以丰富室内的空间效果。特别是舞池上方灯具投射的色彩不断变换移动，可使整个舞池笼罩在跳动不停和欢快的气氛中，从而激发舞客们的热情，增强舞厅室内活跃气氛（图5-5）。

配合室内照明设计，室内装修材料宜选用表面光亮的材料，以有利反射光色变化的效果，增强迷幻离奇的感觉。室内音响设计也应配合照明和装修设计，合理布置音箱位置。

二、健身（健美）俱乐部

（一）室内空间组成

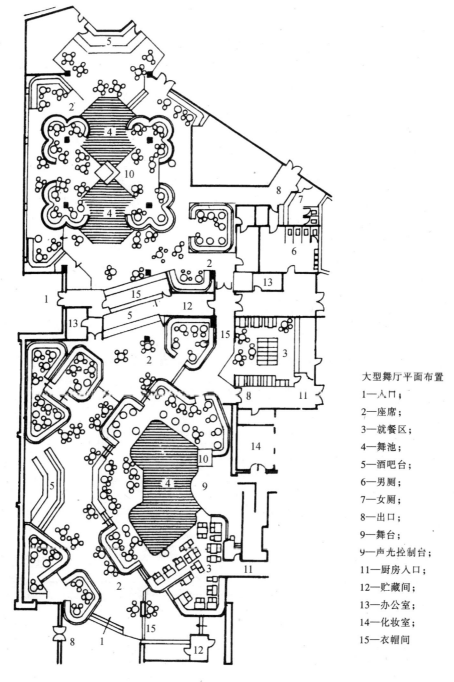

大型舞厅平面布置
1—入口；
2—座席；
3—就餐区；
4—舞池；
5—酒吧台；
6—男厕；
7—女厕；
8—出口；
9—舞台；
9—声光控制台；
11—厨房入口；
12—贮藏间；
13—办公室；
14—化妆室；
15—衣帽间

图 5-3　大型歌舞厅平面实例

为满足人们完善自身体质和体态的愿望，健身（健美）俱乐部即成为专营大众性业余康乐活动的娱乐消费设施，经营提供相应的健康（健美）咨询、训练指导和卫生保健等综合性服务项目。为此，其室内空间组成应包括主体训练指导空间（练习大厅）和辅助服务空间（接待、保健咨询和更衣洗浴等）两部分。根据设施所处的城市服务环境，还可按照需要增设餐饮小吃等其他经营服务空间（图5-6）。

(二)室内环境设计

练习大厅用于设置各种健身器材或进行健美操练活动使用。常用健身器材尺寸及布置方式可参见图5-7及图5-8。大厅室内净高一般不宜小于3.4m。用于健美训练时，需在一侧墙面设置扶手把杆和照身镜。室内墙面应平整结实，其两米高以下部分应能耐身体的碰撞和污损，墙体转角处应消除尖锐棱角或呈圆弧形。地面应采用有弹性的材料（如硬木、塑料或混合材料）。室内还应采取减噪吸声措施。

洗浴洁身活动是健身健美运动的辅助手段，可根据需要设置桑拿浴、蒸气浴等特种健身洗浴设备。另

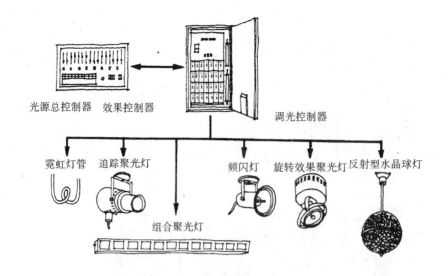

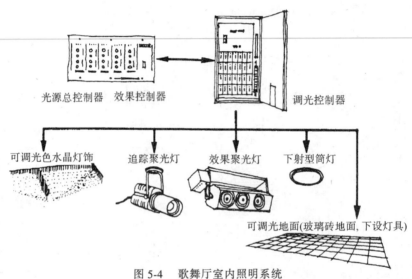

图 5-4　歌舞厅室内照明系统

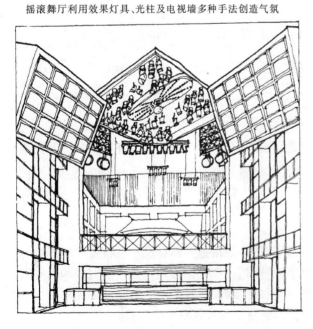

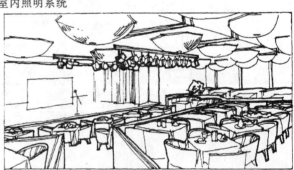

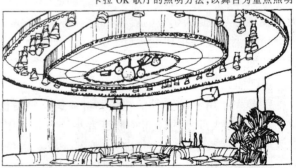

图 5-5　歌舞厅照明形式

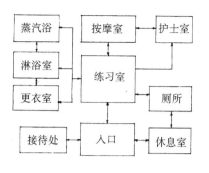

图 5-6 健身(健美)俱乐部空间组成

外还应设置简单的保健按摩设备,以配合训练的需要(图5-9)。

附设在其他商业性建筑内的健美健身俱乐部最好能有适量的室外练习指导场地,以弥补室内环境的不足。

三、保龄球馆

保龄球是近年由国外传入我国的大众娱乐性运动。由于其设备需从国外进口,最初只是作为一种高档的休闲娱乐活动设施,配套于少量的涉外旅游饭店及娱乐设施中。然而不久,随着人们物质生活和精神文化生活水平的提高,它已作为一种老少皆宜,寓趣味性、技巧性和健身性于一体的休闲活动项目,逐渐走向大众化。

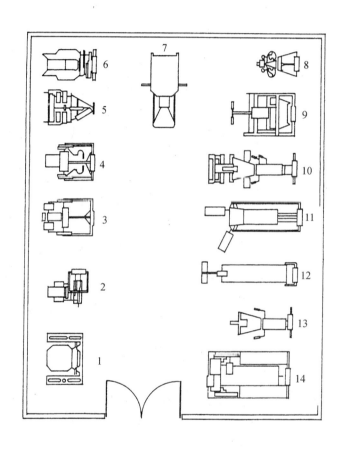

1—腹部练习机;
2—背部、下部练习机;
3—肱三头肌练习机;
4—肱二头肌练习机;
5—综合练习器;
6—双肩练习器;
7—两侧胸部练习机;
8—划桨练习器;
9—超强拉力器;
10—双蹲练习器;
11—臀部外展练习器;
12—腿部扭动练习器;
13—腿部伸展练习器;
14—两侧臂及背部练习器

图 5-7 健身器械平面布置

当今各地兴建的保龄球设施,大多附设于其他综合性商业设施中,独立设置的较少。一般单独建造的保龄球场馆规模较大,且兼有综合性休闲娱乐功能,如深圳华侨城保龄球馆即是典型的实例(图5-10)。馆内设有球道48条,其中一层保龄球大厅设球道40条,二层设贵宾专用球道8条,另外还附设了桌球中心、咖啡厅、地下车库、机房、管理办公等用房,是一座以保龄球活动为主的多功能娱乐设施(彩图95、彩图96)。

(一)保龄球馆空间组成

国际通用的十瓶制保龄球场馆,其室内空间通常由球场区和综合服务区组成。其中球场区沿纵向皆由机房、球道、助走道和球员座席空间组成。如考虑要举行比赛活动,尚可在球员座席后部设置观众座席(图5-11)。

球场规模一般以球道数量而定。由于比赛总是在相邻的一对球道上进行的,所以馆内球道数量应为双

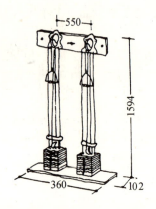
拉力器

举重练习高低架

划船练习器 1000×700×700

固定自行车 700×260×570

五功能训练器 1650×900×600

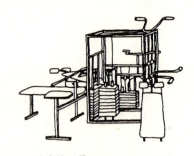
综合练习器 5000×4000×2100

图 5-8　常用健身器械

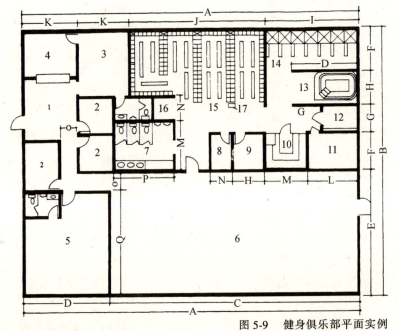

1—主要入口及门厅；
2—职员办公室；
3—休息客厅；
4—顾客接待柜台；
5—护士办公室；
6—练习大厅；
7—洗手间；
8—雾化吸入疗养室；
9—按摩及日光室；
10—桑拿浴；
11—蒸气浴室；
12—涡流浴池；
13—涡流发生设备间；
14—淋浴室；
15—更衣室；
16—头发吹干室；
17—体重称量

房间尺寸表(m)

A	24.38	J	9.75
B	18.59	K	3.96
C	17.98	L	3.45
D	6.40	M	3.10
E	8.53	N	1.52
F	2.74	O	1.22
G	2.13	P	4.72
H	2.44	Q	7.01
I	6.71		

图 5-9　健身俱乐部平面实例

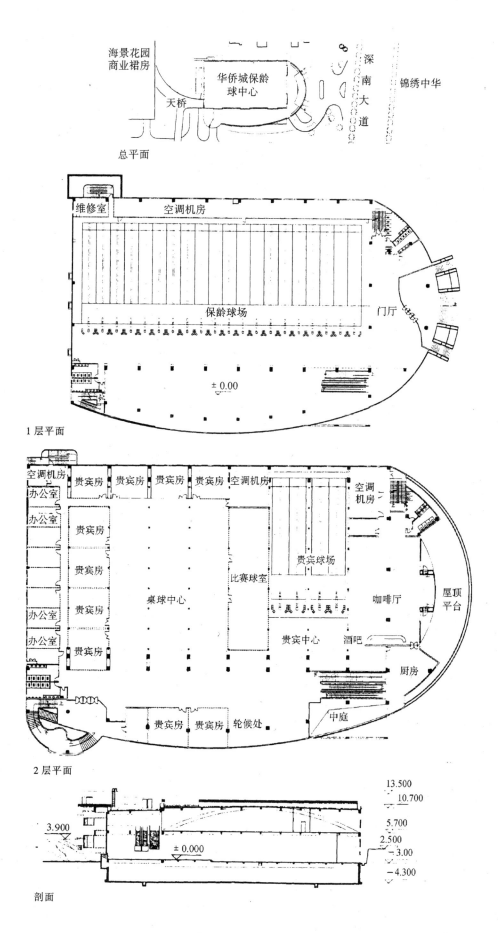

图 5-10 深圳华侨城保龄球馆

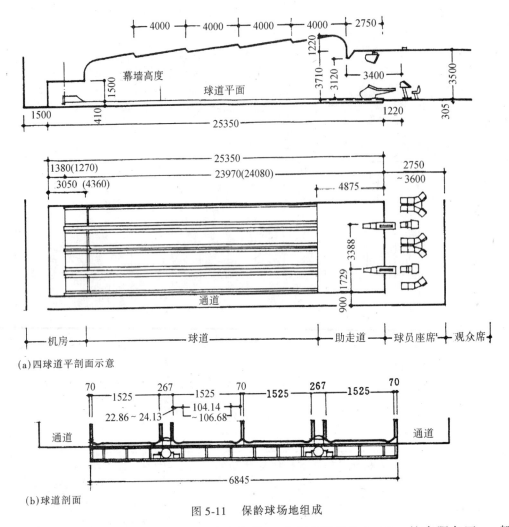

图 5-11 保龄球场地组成

数。每增加一对球道,场地宽度增加 3.39m,其中起始一对球道宽应为 3.45m;综合服务区,一般应包括出纳办公、更衣换鞋、男女厕所、咖啡酒吧和电讯机房等辅助空间(图 5-12)。

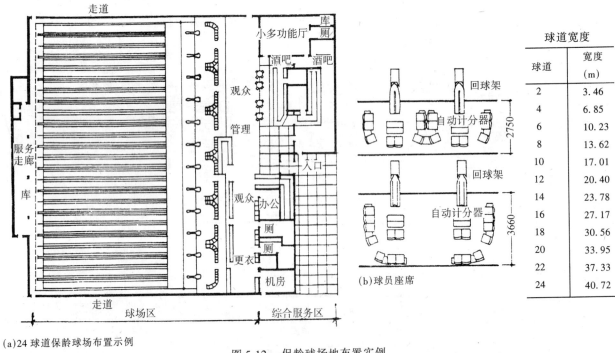

图 5-12 保龄球场地布置实例

(二)室内环境设计

(1) 保龄球场地宜设在建筑底层或地下层中,设在楼层上时,楼地面应采取隔绝振动和消减噪音的措施。

(2) 球道和助走道地面必须选用优质木材或国际保龄球联盟准许的材料制作。球道前段5m范围为落球区,需采用硬质木材。球道面板皆为条形方木、一般厚10cm。

(3) 球场区室内净高应为3.1~3.5m。保龄球的返程道应在球道下,高度43.18~60.96cm。

(4) 当场地内有结构柱时,两侧球道间距不应小于柱宽加每侧1.3cm。球道起始处距柱应不小于60cm。

第二节 体育娱乐设施

体育型休闲方式在西方发达国家一直较为盛行。人们普遍乐意利用休假日或去海滨享受日光浴和各种水上运动的快乐,或去野外体验攀岩探险的刺激,也或在绿茵中玩赏高尔夫球、网球等各种娱乐性的球类运动等等。寓娱乐于体育之中,在体育活动中寻求身心的放松和快乐是娱乐性体育和相应建筑设施的特点,也因此使其在大众休闲娱乐生活中独具魅力而长久不衰。在国际群众体育文化的影响下,随着国民生活水平的提高,人们出于对自身健康的日益关注,娱乐性体育活动及其相应的体育娱乐建筑设施在我国有了初步发展,其中如水上乐园、室内嬉水乐园、高尔夫俱乐部、网球俱乐部、体育舞蹈及其他体育项目的大众性体育娱乐设施都有了迅速的发展。下文将选择几例较为典型的设施类型,概要介绍各自的功能和设计特点。

一、水上乐园与室内嬉水乐园

早在古代,自然水域就已成为人们开展各种娱乐活动的场所。从简单的水域利用,发展到人工园林中对水体的精心规划与利用;从传统的游泳、划船等水上活动,发展到当今令人眼花缭乱的多种水上娱乐方式,水域环境作为一种娱乐资源,已经历了漫长的发展过程。近年来,水上运动的主体也由专业体育型逐渐转变为大众娱乐型。新兴的水上娱乐园(简称水上乐园)即是这种将滨水游艺活动与各种人造嬉水设施相结合的大众娱乐场所。

水上乐园为现代城市居民提供了与自然环境素材相接触的机会。水上乐园与自然水域环境不同的是,它不仅将水作为观赏的自然景物,而且更主要的是将水作为娱乐的主题和资源,可让人们从中获得观赏性和参与性的双重乐趣。正因为如此,水上乐园一经面世即倍受公众喜爱,并获得了迅速发展。自1970年美国佛罗里达奥兰多创建世界第一个水上乐园以来,至今水上乐园已遍布世界各地。90年代以来,我国许多大型游乐园也都附设了"水上世界"、"水上娱乐中心"、"梦幻乐园"等同类设施,大型独立建造的水上乐园也已出现,如苏州太湖水上乐园、深圳蛇口海洋世界,以及香港海洋公园等等。

(一)水上乐园的类型和组成

1. 设施类型

以水域性质可分为利用天然水体的和全依靠人工水体规划设计的两种类型;如以用地的归属性质,则有独立设置和附属于大型游乐园设置的区别;如再以主体活动空间的环境特性区分,还可分为室外和室内两种设施类型。

2. 功能组成

水上乐园用地一般由休憩区和嬉水区组成。大型乐园尚可包括供海洋动物表演的水上剧场和供观赏的水族馆等组成的附属设施区。休憩区大多布置在岸上,由精心布置的休息场地和服务设施组成,人们在此可以休息、就餐,同时观赏水上活动的场景。嬉水区是水上乐园的核心功能区,它主要由各式滑道和水池组成。

(1)滑道:它是供游人随水流滑行冲入水池的有坡度的轨道。人们可在滑行过程中体验惊险、刺激和充满挑战性的乐趣。典型的滑道一般包括一系列经过精心安排的转弯、隧道和飞跃平台,最后以"冲断面"结束。一个完整的滑道系统应由准备平台、滑道、水池和返回步道组成(图5-13)。滑道通常用玻璃钢作结构材料,且可饰以各种鲜艳色彩。滑道断面形状可有管状、槽状和混合状等不同形式,其宽度和深度一般在1~2.7m之间,同时设有升高的防溅水栏。滑行的载体形式也可有木船、飞船、海盗船和橡皮圈等多种选择。为创造不同的滑行感受,常见滑道种类有如下几种:

1) 架空变速滑道:这是一种呈螺旋状造型的全封闭半透明的管状滑道。在此管中滑行似穿肠而过,具有忽然重见天日的快感。

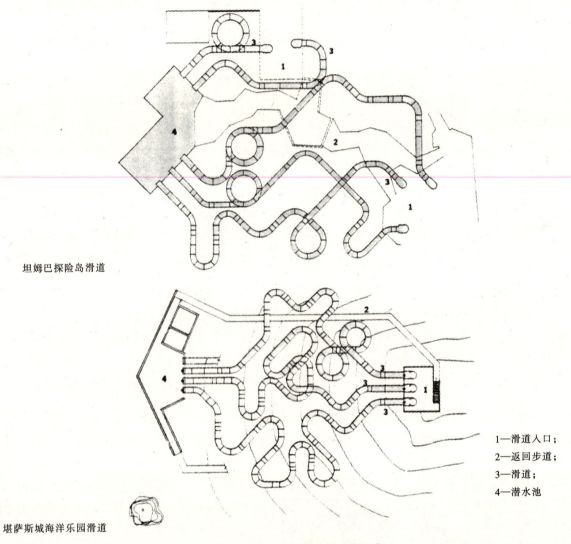

坦姆巴探险岛滑道

堪萨斯城海洋乐园滑道

1—滑道入口;
2—返回步道;
3—滑道;
4—潜水池

图5-13 水上乐园滑道系统组成

2) 高台变速滑道:这是由若干不同高度和坡度的架空槽形滑道组成的滑行设施,供游人随水流徐徐下滑,并经多次变速,最后缓缓停在滑道末端。

3) 滑板滑道:供游人乘坐滑板迅速下滑之用,滑板是可在入水后再冲浪滑行数十米的下滑装置,其宽度较大者可供数人同时滑行。

4) 摇滚滑道:国外也叫迪斯科滑道,一般由两根高架滑道组成,游人乘坐橡皮圈在强劲的水流冲击旋转下,随波逐流而下,极富刺激感。

5) 漂流滑道:其坡度较平缓,一般为9%~12%,游客可乘坐橡皮筏滑行、旋转,悠然漂流而下。

(2) 嬉水池:这是供游人嬉水玩耍的水池,按其使用特点可分为造波池、探险池、按摩池、儿童池、喷泉池、跳水池及潜水池等等多种功能组合方式。

1) 造波池:也称造浪池,是在人工水池内用机械装置模拟自然水体波浪的效果。池中浪高一般为

0.6~1.0m,波长14~18m,周期为4~5s。造波池平面常为梯形或扇形,其窄端宽度一般为12.5~25.0m,是造浪机水流发射端。池底由浅至深,最深处可达1.2~1.6m,池底坡度一般为6%~8%(图5-14)。

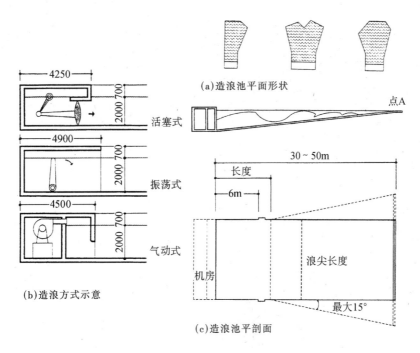

图5-14 造浪池形式

2)探险池:池面设有各种嬉水设施供游人玩耍取乐,常见的有:
- 炮筒滑道——游人可从炮筒状滑道内弹射到水池中。
- 滑行缆索——游人采取手拉双环悬挂下滑入水。
- 浮动独木桥——这是由一端用链条锚定的救生圈铺设而成的浮动通道,供游人踩踏过池取乐。
- 空中缆车——可供游人滑行、观景或跳水入池使用。

3)按摩池:池内水流由不同方向和角度射入旋转,对人体具有按摩保健作用。

4)儿童池:该池较浅,并设有供儿童游戏的设备,如滑梯、秋千、小喷泉及攀缘架等等。其池周应设供家长照看孩子玩耍的场地。

5)跳水池:又称泡泡池,即为防止跳水过猛而受伤,池水设有可形成气泡软垫的装置。游人可从空中缆车或平台上跳入池中。

(3)其他辅助设施:可包括入口管理和服务、游人更衣室、淋浴室、厕所、动力机房和水处理设备用房。

(二)水上乐园设计要点

1. 平面布局

水上乐园的平面布局随地形和活动项目特点而有多种方式,其中最基本和最常见的布局形式有两类——中心放射状布局和线性序列状布局:

(1)中心放射状布局:平面布局呈现明显的向心感,所有辅助活动区和设施都通向中心区,其中心区可以是主要嬉水区,也可以是主要休憩区。如美国奥兰多威顿威尔特乐园即以嬉水区造波池为中心,向四周发散布置五个嬉水池,并分别在湖滨和造波池周围地段布置两个大休憩区。而坦姆巴"探险岛"水上乐园(图5-15)和日本神户市新神户水上乐园则皆以休憩区为中心(图5-16),其园内各种滑道和嬉水设施皆由中心向四周呈放射状布置。

(2)线性序列状布局:其各功能区域沿线性关系依次排列,无明显的中心区。其休憩区和嬉水区一般以活动项目组织,分散布置。如香港水上世界(图5-17)其由入口过渡(包括门廊、更衣室和小卖部等)经桥廊跨越主嬉水池,然后进入滑道区,最后以造波池为活动序列终点,而其他嬉水活动区和休憩区皆分散布

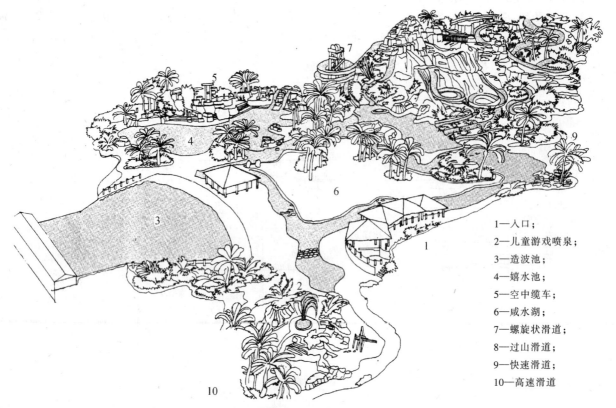

图 5-15 坦姆巴探险岛水上乐园鸟瞰图

1—入口；
2—儿童游戏喷泉；
3—造波池；
4—嬉水池；
5—空中缆车；
6—咸水湖；
7—螺旋状滑道；
8—过山滑道；
9—快速滑道；
10—高速滑道

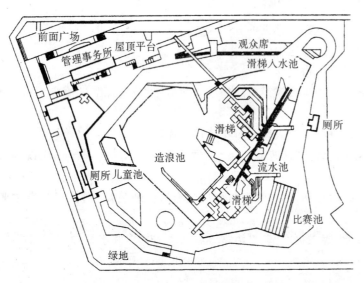

图 5-16 日本神户 新神户水上乐园平面

置于主嬉水池和造波池四周。

2. 空间造型

水上乐园空间造型与其平面布局方式密切相关，影响其总体造型特征的有三类实体构成要素：一是建筑（或建筑群），其特点是具有一定的高度、体量和形态的三维构成元素；二是水池、湖面、沙滩和休息场，这是水平展开的二维构成元素；三是由滑道、喷泉、瀑布与地形结合形成的实体，这是具有较大高度，形态多变和色彩丰富的多维构成元素。此三类构成元素的组合方式不同，就可以使乐园的整体空间造型展示不同的个性特征和视觉吸引力。仍以上述三个水上乐园为例："探险岛"水上乐园，其平面以休憩区为中心，中部自然平坦开敞，其余三面围以建筑、树林、岩体和高架滑道系统，形成外高内低的整体空间造型特征。新神户水上乐园则以中心岛的滑道系统为制高点，其四周以平坦的水池围绕，形成内高外低的总体空间造型。香港水上世界乐园由于平面布局呈线性序列状，因而总体空间造型形成中高两侧低的特征。由此可见，平面布局与地形特征的有机结合，视觉趣味中心与主体活动设施的关联统一，造型构成元素配置与空间组合序列的相互协调，是水上乐园空间造型设计的基本原则。

3. 环境设计

水上乐园是通过各种嬉水设施和休憩设施为游客提供体育娱乐活动的场所，因而其水区环境和岸区环境的设计尤为重要，设计应具创造性、想像力，以增强环境的吸引力。水区环境设计主要包括水体平面形态、水池功能结构和水面游戏设施及小品等。岸区环境设计主要应包括地面铺装、休息餐饮设施、环境绿化、园林艺术小品和其他辅助服务设施。

(三)室内嬉水乐园设计特点

由于室外露天水上乐园的使用受气候条件限制,为满足人们能终年享受夏日海滨嬉水的乐趣,首先在北美、北欧寒冷地区出现了室内水上乐园的建设,然后在世界各地迅速获得了发展(图5-18)。我国随着经

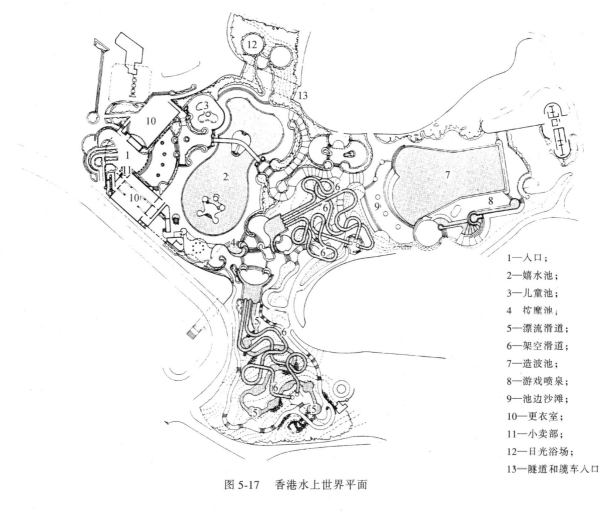

1—入口;
2—嬉水池;
3—儿童池;
4—按摩池;
5—漂流滑道;
6—架空滑道;
7—造波池;
8—游戏喷泉;
9—池边沙滩;
10—更衣室;
11—小卖部;
12—日光浴场;
13—隧道和缆车入口

图 5-17 香港水上世界平面

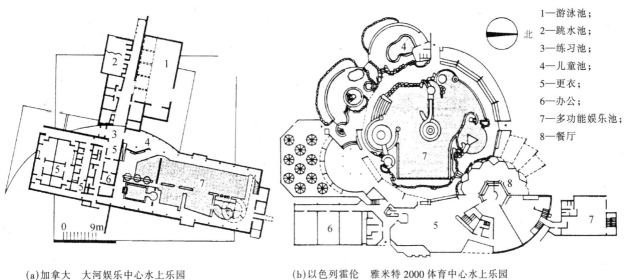

1—游泳池;
2—跳水池;
3—练习池;
4—儿童池;
5—更衣;
6—办公;
7—多功能娱乐池;
8—餐厅

(a)加拿大 大河娱乐中心水上乐园　　(b)以色列霍伦 雅米特2000体育中心水上乐园

图 5-18 室内嬉水乐园平面实例

67

济的发展,大跨度结构技术的进步和城市能源条件的改善,也首先在北方城市开始兴建室内嬉水乐园,如北京康乐宫水上乐园(图 5-19)、沈阳市夏宫、哈尔滨梦幻乐园、长春格林梦水乡和大庆市龙宫等等,继而在武汉、南京等冬季低温阴冷的南方中心城市也正在建设中(表 5-1)。

国内部分室内嬉水乐园建设规模一览表　　　　　　　　表 5-1

项目 \ 设施名称	哈尔滨千手佛休闲俱乐部	沈阳夏宫水上乐园	大庆龙宫水上乐园	哈尔滨梦幻乐园	长春格林梦水乡	哈尔滨太阳湾室内海滨公园	武汉蓝天嬉水乐园	南京太阳宫广场
总建筑面积(m²)	10000	23800	33000	34000	22000	138400	16000	48000
戏水大厅面积(m²)	1000	7800	10000	8000	4500	45000	4000	5000
客流量(人次/天)	50~300	500~3000	200~800	300~1000	300~2000	拟建	在建	竣工

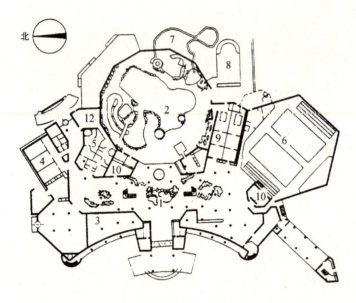

1—门厅；
2—戏水乐园；
3—商店；
4—壁球；
5—桑那浴；
6—多功能厅；
7—滑道；
8—室外游泳池；
9—更衣；
10—厕所

图 5-19　北京　康乐宫水上乐园

室内嬉水乐园与露天水上乐园在活动设施构成和空间功能分区等方面基本相似,构成滨水环境的元素同样包括水池、沙滩、绿化和建筑小品等,只因室内空间尺度的限制,所以在设计中仍具有下述显著的特点：

1. 平面布局紧凑

以 1995 年 5 月开业的沈阳夏宫水上乐园为例（图 5-20），其总建筑面积 2.38 万 m²,戏水大厅面积 7800m²,戏水池面积仅 3000m² 左右,却设有冲浪、滑道、探险、环流、跳水、按摩及儿童 7 个水池。池间以栈桥、步道间隔,四周设置各类滑道系统和休憩区,各种娱乐设施一应俱全,平面布局体现了集中紧凑的特点。

2. 空间融汇互通

为在室内环境中获得室外露天滨水的空间效果,一般将多种休憩、娱乐、餐饮空间集中置于一个室内大厅空间中,大厅均采用大跨度玻璃屋盖,以使室内阳光充足,绿树水池相映成趣,使人具有犹在室外自然环境中的感受。大厅空间组合常用近似共享空间的处理手法,如沈阳夏宫戏水大厅四周设有两层环形走廊,沿走廊分别布置风味餐厅、健身房、游艺厅和"儿童世界"等辅助活动和服务空间。从二层走廊内透过玻璃可看到整个嬉水区的活动情景,使整个大厅充满了活泼欢乐的气氛。

3. 空间利用灵活可变

通敞的嬉水大厅空间为适应活动功能可能发生的变化,在空间的分隔上和活动设施的配置上都应具有足够的灵活性和可变性。为此,在结构材料的选择和构造设计中都需采取相应的措施。

4. 技术要求复杂

为保证室内形成良好的人造气候环境,嬉水大厅的环境控制设计最为复杂。对其屋盖结构和墙体构造都应采用保温和防结露措施,同时对室内照明、空调、绿化配置和消防安全技术等多方面提出了较高的要求,为此设施内需采用大量现代高新技术的成果。

二、高尔夫球俱乐部

现代高尔夫球运动起源于苏格兰,距今已有 500 余年的历史。它在西方国家相当盛行,近代随殖民地文化传至东方,但长期以来一直是属于富豪阶层的健身娱乐活动,一般平民无缘享用。因而新中国成立后,

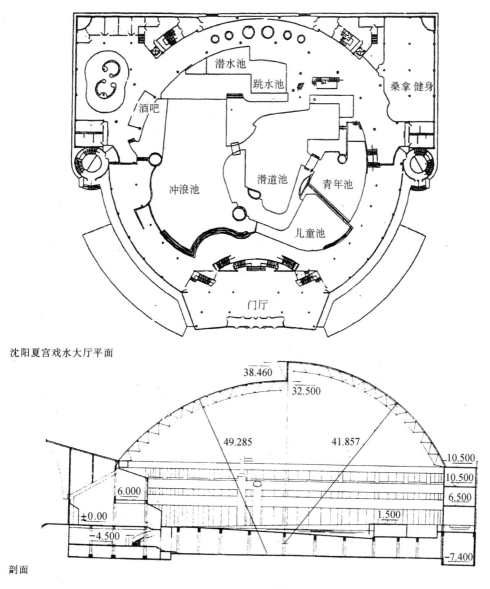

图 5-20 沈阳夏宫水上乐园

这项运动在国内已消踪匿迹。80年以后，随着改革开放又重新引进了这项健身娱乐项目，特别在沿海开放城市已相继建成了一批高尔夫球场，主要供外资企业的高级职员和部分高薪白领阶层使用。但可以预期，随着我国人民生活水平的进一步提高和城乡环境的根本改善，这项运动也会像保龄球运动一样进入普通平民阶层的休闲生活。

高尔夫球俱乐部一般由球场和会馆建筑两部分组成。球场是俱乐部会员进行运动的场地，会馆建筑则是为会员提供更衣、淋浴、餐饮、交流和宴会的服务空间。会馆建筑标准通常相当于四星级或五星级的宾馆。由于高尔夫球运动是我国近年才刚从国外引进的新兴体育娱乐活动项目，其场地和会馆建筑设计又都具有特殊的专项技术，因而国内已建的设施基本皆由国外建筑师主持设计。在此仅能对其一般性设计问题作简要阐述，以便读者结合实践进一步研究掌握全部相关的设计技巧。

(一)高尔夫球场地设计要点

(1)用地应满足高尔夫球娱乐活动的特点和技术要求，应选择交通便利、环境优美、绿色植被充裕茂盛和无污染的地段。

(2)高尔夫球场除主赛球场外，一般还应包括练习场地、俱乐部会馆、后勤服务、管理办公、停车场等，需要时还可附设度假居住设施、游泳池和其他娱乐设施等等(图5-21)。

(3)高尔夫球场需有较开阔的草坪，一般宜利用丘陵缓坡地带设置，占地约65~70hm²，球道处地面起

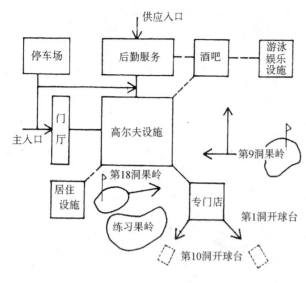

图 5-21 高尔夫球场组成

伏高差 10～20m 为宜。

(4) 正规球场应划分为 18 个大小不一、形状各异的场地，每块场地均由开球台、球道、果岭和球洞组成。由开球台到球洞的间距为 91m 至 548m 不等。标准球场的总长为 5943m 至 6400m，宽度不定。球场四周应有界线标志，关键地段设置界桩。每个分场地占地 3～3.5hm²。

(5) 开球台即是开球用的草坪，台上有两个球状标记，相距 4.5m 左右，两个标记之间的连线即称开球线。开球台一般面积 30～150m²，较其周围地表高约 0.3～1.0m，表面为修剪过的短草，有一定坚硬度且表面平滑。一般每个洞的开球台设两个，分别供男女选手使用。如供正式比赛使用，还需增设第三个开球台。球洞应高出开球台，但不宜超过 20m（图 5-22a）。

(6) 果岭为球洞所处的区域，其平面多呈近似圆形或椭圆形的自由形状，表面种植优质草坪，并经修剪和碾压密实，略有缓坡起伏，使球能在场地上无阻碍地滚动（图 5-22b）。

(7) 由开球台到果岭和球洞间为平坦球道，其宽度最小 30m，一般 40～50m，植以剪短的草皮。球道外为粗糙地带。靠近球道为宽 2～3m 的轻度粗糙区，即植有剪短的野草，其外侧为重度粗糙区，即为自然草丛或树林等，其间出球有较大难度。场地内可有意设置沙坑、水塘、小溪等形成障碍物地带，以增加击球的趣味和丰富场地的景观（图 5-22c）。

(8) 高尔夫球的基本器材包括球、球杆和球座（图 5-22d）。球为胶质材料制作，直径不小于 4.16cm，重 45.93g。击球杆分木杆和铁杆两种，其长度分别有 5 种和 9 种型号。球杆由杆头、杆基、杆把三部分组成，长度 0.91～1.29m。出球方式及所需空间尺寸可见图 5-22e。

(9) 合理布置不同长度的球道，球道长度一般按标准杆数计算，男子为 3～5 杆，女子为 3～6 杆。通常场内设 3 杆洞 4 个，4 杆洞 10 个，5 杆洞 4 个（表 5-2）。

球道长度　　　表 5-2

标准杆	男子	女子
3	228m 以下	192m 以下
4	229～429m	193～366m
5	430m 以上	367～526m
6		527m 以上

根据上述设计要点，便可在标有等高线的地形图上绘制球场的设计草图（图 5-23a）。首先可绘出球道主轴线及开球台和果岭的大致位置，然后在球道主轴线上安排球道长度，经反复调整确定后，再根据地形、地貌和绿化情况决定球道宽度和转折，最后决定粗糙地带和障碍区的位置和大小（图 5-23b）。

(二) 高尔夫俱乐部会馆设计要点

(1) 俱乐部会馆建筑应建于接近球场入口和停车场附近地段，并应与球场第一洞与第十洞的开球台或第九洞与第十八洞的果岭接近，也就是要位于球道起始点与返回点附近，以便于来馆会员出发和返回。

(2) 会馆建筑是整个高尔夫俱乐部的主体人工景观，它应成为球场区域内最醒目的建筑标志，因此它应布置在场地内地势较高的地段上，以便会员在会馆内就可以全览整个球场的风光，同时使每个球道上也能远眺会馆建筑，以便随时确认出球点所处的方位。

(3) 会馆建筑内部空间基本由三个功能分区组成（图 5-24）。一是会员活动区，包括入口大堂、更衣室、浴室、休息厅、商店、咖啡厅、餐厅、VIP 室、宴会厅等；二是服务区（直接为来馆会员服务的设施），包括球具存放间、前台、出发管理室（杆第长室）、干燥室、餐饮服务室和球具保管间等；三是内部管理区，包括办公室、车具库、杆第更衣和休息室，职工更衣休息室、职工食堂和厨房等等。各功能区之间的联系既要简捷紧密，又不能相互干扰。

(4) 男女会员进场准备流线应与球具准备、服务流线严格分开，避免相互交叉干扰。并且，两条流线最

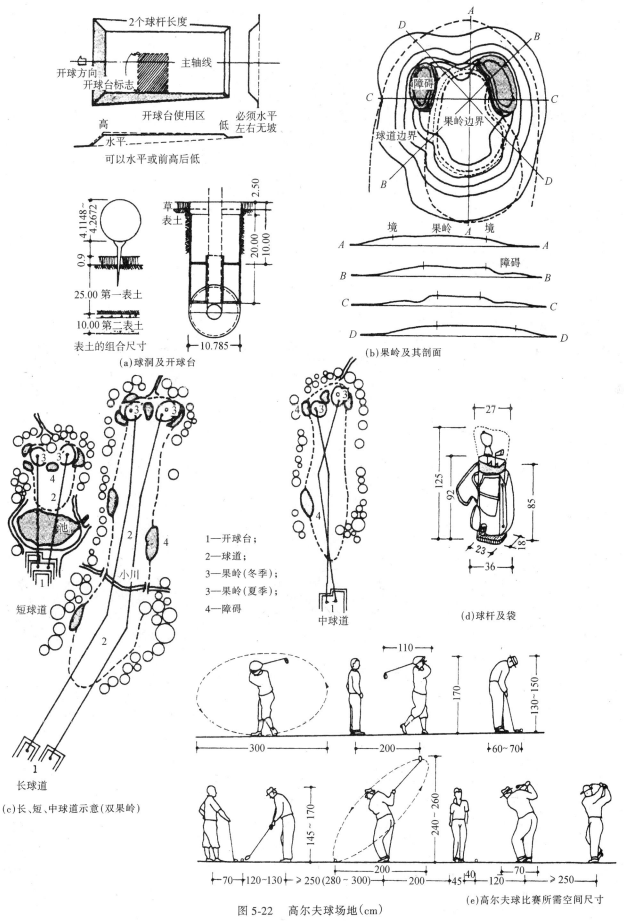

图 5-22 高尔夫球场地（cm）

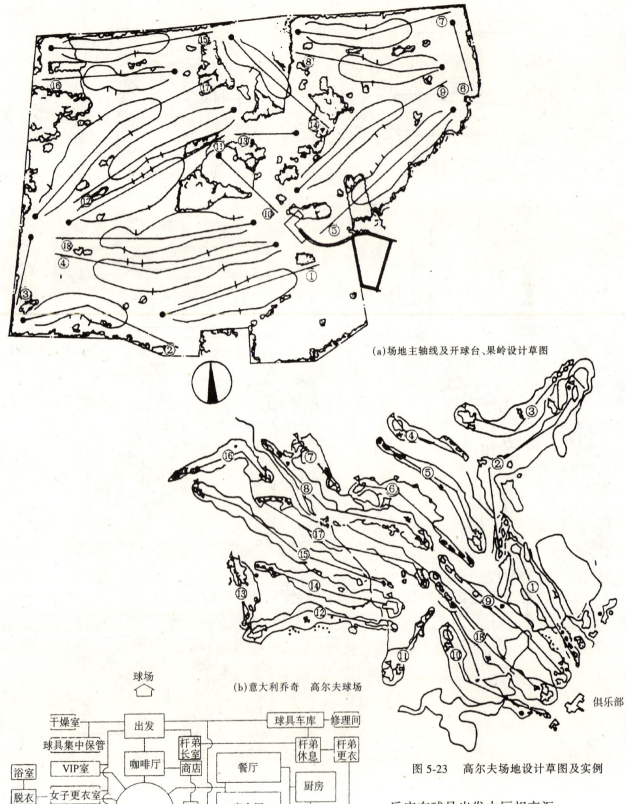

(a) 场地主轴线及开球台、果岭设计草图

(b) 意大利乔奇 高尔夫球场

图 5-23 高尔夫场地设计草图及实例

图 5-24 高尔夫俱乐部会馆功能分析图

后应在球员出发大厅相交汇。

(5) 会馆建筑造型应与自然景色相融合，其室内空间布局应充分利用自然采光和通风。会员活动区主要厅室内应有良好的室外景观。会馆建筑高度一般宜用 2 层。

根据上述设计要点,分析对照书后所附工程实例21和34,便可以进一步领会高尔夫俱乐部会馆设计的焦点——不仅要解决好内部功能流线的组织问题,而且还应解决建筑自身"看"与"被看"的景观设计问题。因此可以说,会馆建筑既具有现代宾馆建筑功能集中,流线分明的特点,又具有园林建筑注重内外建筑景观的特性。

三、网球俱乐部

网球运动作为一种高雅的休闲体育运动,正在逐步进入我国城市的普通居住社区。在此同时,一种以会员制形式组建的大众体育娱乐设施——网球俱乐部也已悄然兴起。它是以网球运动设施为主,兼可提供多种休闲娱乐活动项目和相应服务的大众娱乐消费性设施。网球俱乐部一般包括室外球场和俱乐部主体建筑两部分。俱乐部主体建筑可设置室内球场,也可不设室内球场。由于此类设施在我国方具雏形,建筑形制尚待进一步发展成熟。在此且可以福建省网球俱乐部为典型实例,对其主要设计特点作进一步的认识。

福建省网球俱乐部建于1995年,它是具有多种健身娱乐功能的会员制体育俱乐部,也是新兴的大众娱乐性体育设施。总建筑面积5350m²。

该俱乐部建筑基地选择在省体育中心西侧独立地段上,以适应商业经营活动的需要(图5-25)。基地西侧为城市干道,附属设施临街布置,可方便市民充分利用其各种商业性服务功能。

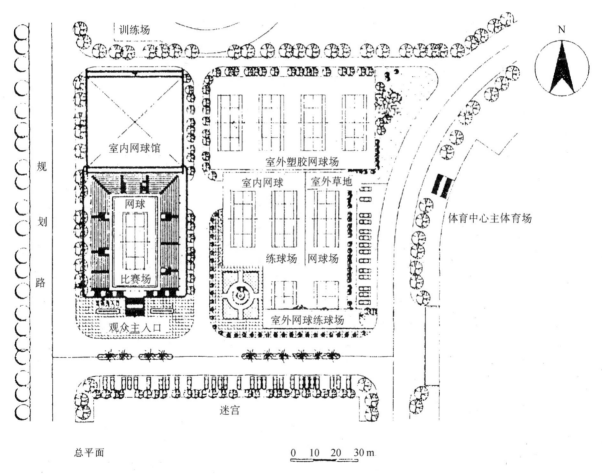

图5-25 福建省网球俱乐部总平面

俱乐部由场馆建筑与室外球场两部分组成。为避免大量观赛人员集散对城市交通的影响,场地主要人流集散广场面向南侧体育中心主入口道路,并在南侧广场内设有足够的停车泊位和广场绿化。沿西侧城市干道仅开设供其他室内娱乐活动项目使用的辅助出入口。

俱乐部主体建筑由室内训练馆和室外标准赛场构成。建筑底层设置其他娱乐活动和综合服务设施,其中包括游泳池、桑拿浴室、健身房、保龄球室和卡拉OK歌舞厅等,皆可满足俱乐部会员多样化的娱乐消费

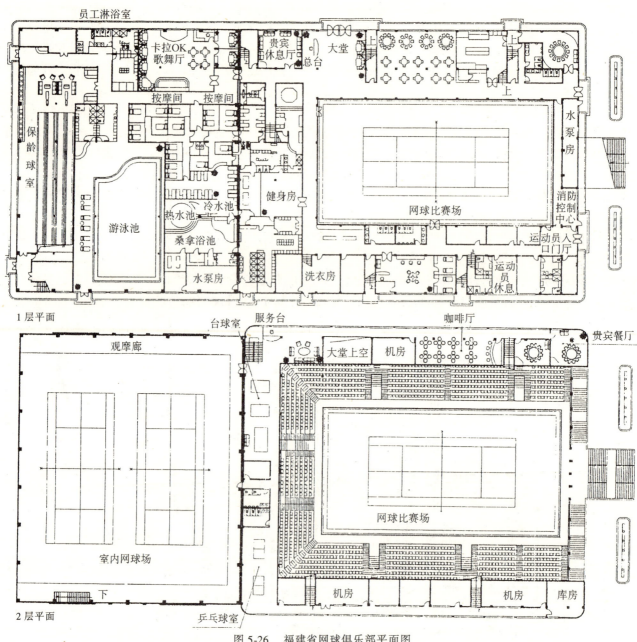

图 5-26 福建省网球俱乐部平面图

图 5-27 福建省网球俱乐部外景

需求(图 5-26)。建筑 2 层,其北半部为室内标准球场,室内环境设计采取了有效的防眩光、降噪音及自然通风措施;其南半部是室外标准比赛球场,周边设有观众席约 2000 座,最远视距 50m,最大俯视角 25°。

建筑结构形式为现浇钢筋混凝土框架结构。设计将室内球馆和室外赛场分成两个结构单元,以混凝土后浇带解决温度应力。室内球场屋盖为球节点钢网架,上覆彩色加芯隔热钢板屋面。

主体建筑在立面造型设计上,采用大尺度的曲线和直线构成,用大面积实墙面与透空的混凝土构架所形成的强烈虚实对比,强调了体育娱乐建筑的个性——富有力度、动感和时代精神。建筑主色调为蓝色、白色,在蓝天白云的衬托下清新明快,在绿荫环抱的自然环境中,形成俱乐部亲切宜人、朝气蓬勃的氛围(图 5-27)。

第三节 游乐园设施

旅游业的兴盛带动了游乐园设施和其他服务设施的迅速发展。1955 年美国人沃尔特·迪斯尼在南加州洛杉矶建成迪斯尼乐园,开创了世界上主题游乐园建设的先河,而今它已成为美国著名的旅游景点和美国文化的重要象征(图 5-28)。1989 年我国深圳市"锦绣中华"建成开业,其构思策划者香港中旅集团总经理马志民也可谓中国主题游乐园建设的首创人。据国家旅游局统计,目前全国大中型游乐园设施已超过 1000 项,反映了我国旅游文化的巨大飞跃。游乐园作为新兴的大众娱乐消费设施,在国内外已积累了丰富的实践经验,在此就其与规划设计有关的问题,一并择要汇集简述如下。

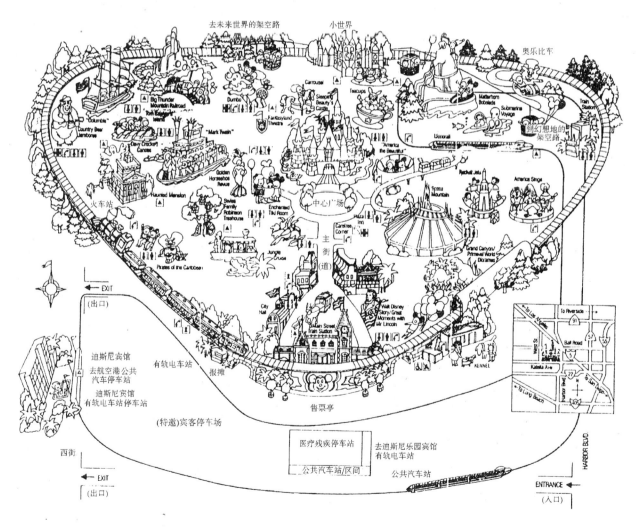

图 5-28 洛杉矶迪斯尼乐园平面示意

一、游乐园设施类型

游乐园所包括的活动和服务内容十分广泛,应该说它是一种多行业集成、具有综合服务功能的地区性大众娱乐设施。按其主要区别,尚可作一定分类。如就游乐园基地位置的区别,可分为:

(1)位于城市郊区的大型游乐园。

(2)位于城市中心区的游乐园(其中包括室内游乐园、室外游乐园或两者结合)。

(3)附属于旅馆、商场等城市商业设施的游乐园。

如果就游乐园的活动内容区别,则可分为:

(1)一般性游乐园:其中包括以大型游艺机械为主的和以特色娱乐项目组合的游乐园。特色娱乐项目可包括游艺、影视、休闲体育和博览活动。

(2)专用性游乐园:包括为儿童专用的儿童乐园、专为青年恋人服务的情侣园和其他特定服务对象的专用设施。

(3)主题性游乐园:其主题内容可为娱乐特色、历史故事、地理环境、野营狩猎等不同活动题材。

二、建园基础条件

游乐园建设尤其是大型主题游乐园的建设,是一项耗费大量人力物力、土地资源和一次性投资巨大的工程。如北京"世界公园"、"中华民族风情园"、"大观园"等(图5-29及图5-30)9个大中型主题游乐园,其投资皆在亿元以上,平均占地20hm²,最多达50hm²以上。因此在工程策划立项之初,必须慎重组织有关建园基础条件的调研,调查内容主要应包括下述几项:

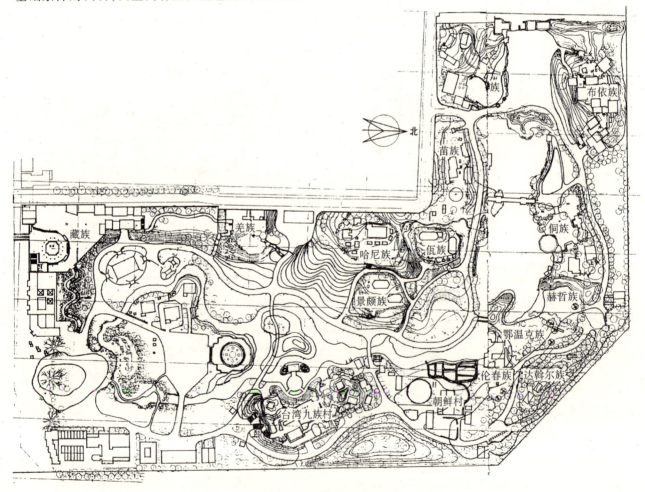

图5-29 北京中华民族风情园

(一)客源调查

确保游乐园开业后能有常年不断的游客来访,是设施良性运营和生存的基础。因此客源调查是工程立

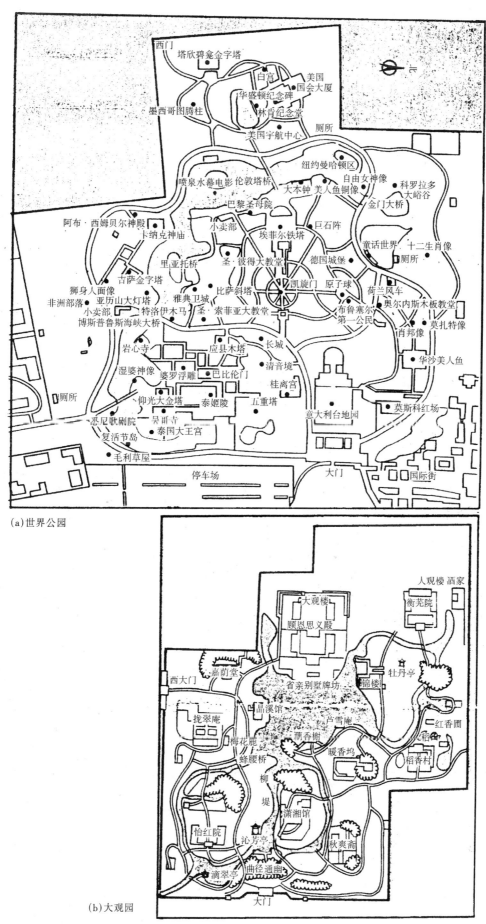

(a) 世界公园

(b) 大观园

图 5-30 北京世界公园及大观园总平面

项最重要的依据,其调查包括:

(1)游客主要来源:是国外游客为主,还是国内游客?主要客流住地?由于游乐园的重游率较低,因而此项内容调查有助了解设施周边地区的人口流动、交通状况和消费能力,用以预测消费需求和估计接待能力。

(2)游客的组成结构(年龄、同伴关系)、兴趣特点和园中停留时间。这些因素都直接影响园内服务设施的内容和规划布局。

据若干游乐园的统计资料显示,来访游人的组成一般以家庭或亲友关系结伴同游者为主(表5-3)。因此活动空间和服务需求应以此类群体为主。游人在园内停留时间同样也影响服务设施的配置,据统计,一般游乐园为3~4小时,大型游乐园则至少要5~6小时,特大型的(如美国奥兰多迪斯尼世界)可达3~5天,因此游乐园的规模还应考虑主要客源的休假特点。

游客组成关系　　　　　　　　　表5-3

组成方式	单人	家庭	伴亲戚	陪朋友	团体组织	其他	总计
比例%	2.7	47.3	6.1	25.6	17.1	1.2	100

(二)选址调查

游乐园用地本身并无严格要求,重要的是园址交通环境的选择,因为这关系到能否把更多的游客吸引到这里来。由于游乐园的用地较大,一般皆建在城市远郊区,因而与城市中心必需具备高效快捷的交通联系,以便于大量游客的集中与疏散。一般认为,从游乐园到城市中心的交通路程应在1小时之内最为有利。地区性超大型游乐园的基地还应尽量接近客源集中或便于集中的地方。如美国奥兰多迪斯尼世界(图5-31),其周邻的奥兰多地区本身就是佛罗里达州的度假区,是国内主要旅游基地,每年可吸引游客2500万人以上,于是该游乐园也就成为游客必到的游览胜地;又如东京迪斯尼乐园(图5-32),其常年游客中只有10%来自国外,63%来自国内关东地区,其中45%游客乘用地铁和公共汽车,55%乘用小轿车和旅游车。总之超大型游乐园也应有更为集中可靠客源保证。据美国的经验,在美国目前的交通条件下兴建大型主题游乐园的理想地点,一般认为应在该地半径320km的范围内是80%游客的集中地。下列国外一些大型游乐园的用地和交通情况可作选址研究参考(表5-4)。

国外部分游乐园用地和交通情况　　　　表5-4

游乐园名称	建成年代	用地规模(hm²)		主要交通方式	与城市中心距离
日本东京半岛园	1966	33		铁路、公路	距东京池袋副中心铁路12分钟
日本东京后乐园	1955	2.3		地铁、铁路、公路	距地铁车站1分钟
美国洛杉矶"迪斯尼乐园"	1955	76		高速公路	距洛杉矶市中心40km
美国奥兰多"迪斯尼世界"	1971 摩术王国	1133	109	高速公路、水路	距奥兰多约40km
	1982 未来世界雏形		222		
加拿大多伦多安大略游乐园	1971	21		公路	距安大略约35km
日本大阪纪念公园游乐园	1972	264(公园总用地)		铁路、公路	距大阪市中心25分(铁路)钟
		20(其中游乐园)			距京都30分钟,奈良40分钟
美国弗吉尼亚国王乐园	1976	526		高速公路	
日本神户人工岛游乐园	1981	4.7		公路、单轨铁路	距神户市中心4.5km,乘单轨铁路10分钟
日本姬路中央公园	1983	190(部分国有森林)		铁路、公路	距姬路县15分钟(汽车),大阪90分钟
日本东京"迪斯尼乐园"	1983	82.6		地铁、铁路、公路	距银座10km,乘地铁16分

(三)可行性调查

国内外游乐园建设成功或失败的经验教训指出,调查研究适合本地区旅游业特点和经济发展水平的游乐园发展取向(活动主题、设施规模),是确保投资社会经济效益和实施可行性的基本条件。其中游乐园活动主题的正确选择是决定自身生存命运的首要问题。如北京两家主题游乐园,由于主题选择之差,其经营情况形成了强烈对比。北京世界公园开业一年半即收回了全部投资,而老北京微缩景园却人迹寥寥,难

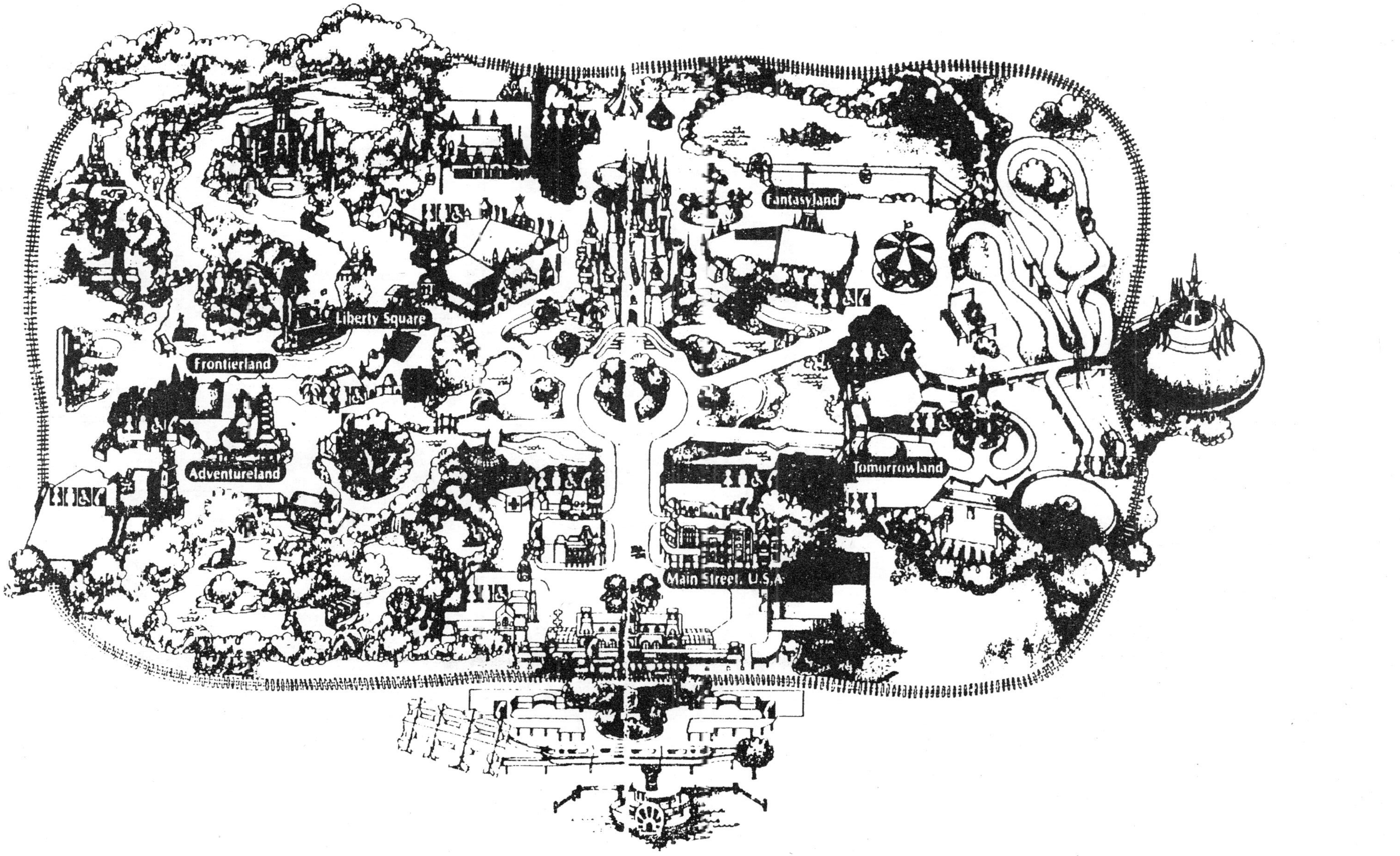

图 5-31 奥兰多迪斯尼世界魔术王国平面示意

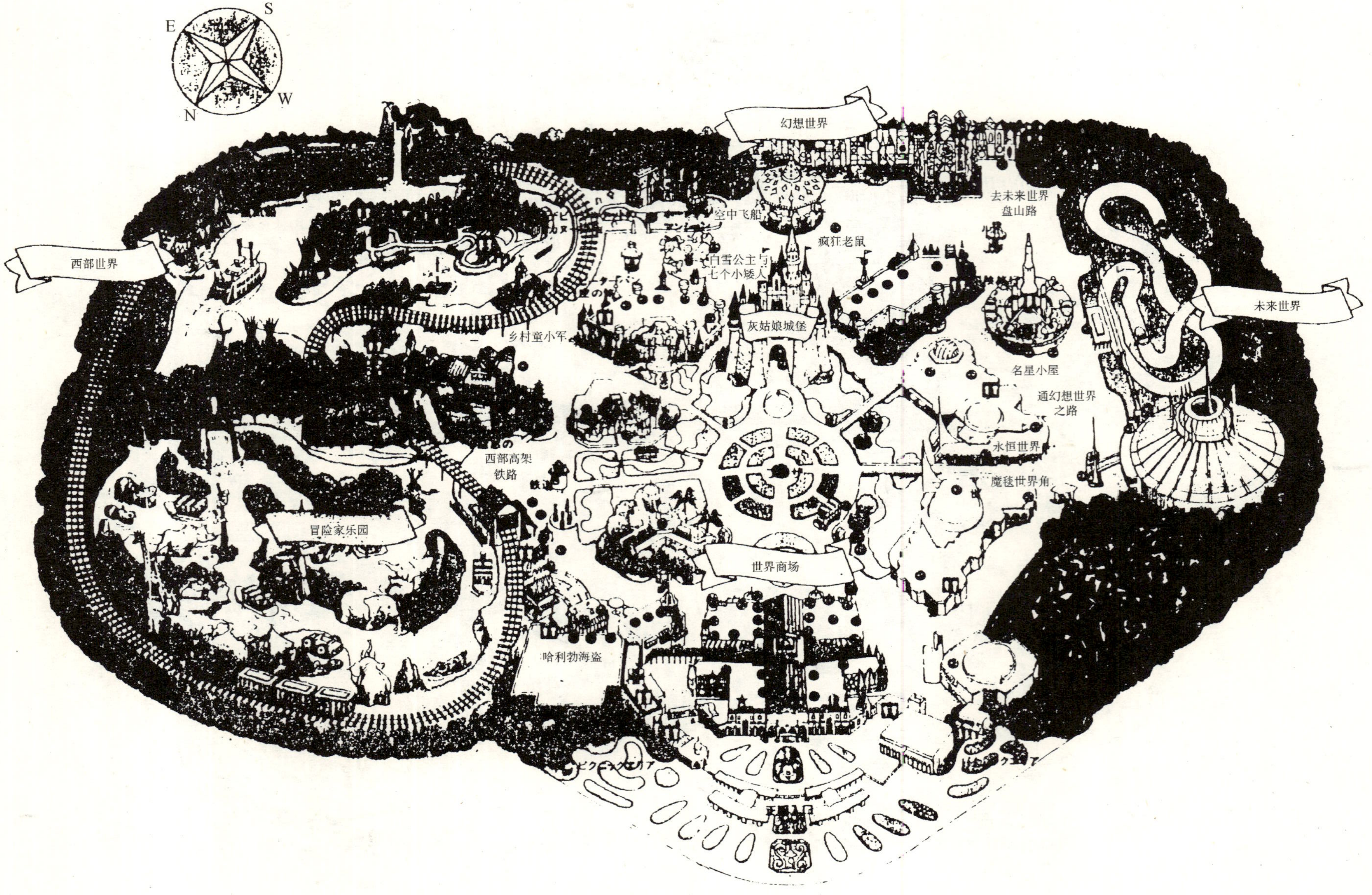

图 5-32 东京迪斯尼乐园平面示意

以为继。分析其原因可以说明,地方文脉和游人需求心理是决定游乐园主题选择的首要因素。北京世界公园的成功在于大胆地将异域文化引入北京的固有"文脉",顺应了来京游人对异国风情文化观赏兴趣的需求。而老北京微缩景园建在货真价实的"真迹"遍布的古都环境中,却违背了人们探真求实旅游心理,忽视了与城市文脉相关的固有旅游形象对游乐园主题选择的决定性影响。同样,深圳华侨城三大主题游乐园的成功则得益于深圳地区无论传统民族文化,还是异国文化都相对欠缺的城市环境。

其次,游乐园建设规模应与地区经济发展水平相适应,这是验证实施可行性的重要方面。据调查统计,目前我国大型主题游乐园比较成功的都在沿海经济发达地区,如同时兴建开业的深圳民俗文化村与昆明民俗文化村,投资规模相当,但经营收入深圳是昆明的20倍,其重要原因之一,即是居民收入和消费能力的差距,原因之二是人口状况不同,深圳所处的珠江三角洲总人口达2000余万,而且流动人口特别多。而昆明附近地区人口仅300余万,同时因经济发展相对迟缓,外来流动人口也很少。因此设施规模与地区经济发展水平的适度平衡,也是决定实施可行性的重要依据。一般认为,正常情况下,设施投资的回收期约在5年左右较为合理。

三、主题游乐园设施构成

主题游乐园的设施构成和配置一般都是围绕一个或几个活动主题展开,用以创造出一种与日常熟悉的生活绝然不同的新奇的氛围和环境,使人们能在身心各方面得到休息、调整和满足。

(一)主题内容分类

迪斯尼乐园是世界上最早出现的主题游乐园形式,它是一种"万花筒式的奇妙娱乐形式",它的主题构思就如迪斯尼本人所言"让人们忘掉每日的忧虑,使他们沉浸在童话和冒险、昨天和未来的欢乐之中。"其设计的一个重要原则就是,应明确表现每一个区域的活动主题,每个区域的主题又构成全园的主题和总体形象,并应根据主题采取叙事性的环境设计,使游客能以参与者的身份投入活动。从几个著名的迪斯尼乐园的主题安排中可以看出,米老鼠动画电影故事、美国开拓历史和世界科技发展可称为迪斯尼乐园主题构成的三大支柱(表5-5)。其各区域性主题展示的内容也大致如此:

三个著名迪斯尼乐园的主题区内容　　　　　表5-5

	美国洛杉矶迪斯尼乐园	美国奥兰多迪斯尼世界魔术王国	日本东京迪斯尼乐园
1	美国主要大街	美国主要大街	世界市场
2	冒险乐园	冒险乐园	冒险乐园
3	新奥尔良广场	自由广场	
4	熊国	自由广场	
5	开拓乐园	开拓乐园	西部乐园
6	童话乐园	童话乐园	童话乐园
7	未来乐园	未来乐园	未来乐园

(1)美国主要大街——表现美国1890~1910年处于历史转折的时代。给人以美好的回忆,让年轻游客能感受到祖辈年轻时代的奇遇。

(2)冒险乐园——主要是根据迪斯尼最受欢迎的冒险影片内容设计的,在亚洲或非洲丛林中的冒险经历。

(3)开拓乐园——反映美国边远地区开拓者的事迹,展现代表"美国精神"之一的创业历史场景。

(4)童话乐园——使人们能仿佛生活在迪斯尼动画所塑造的环境和人物形象之中。如高大的灰姑娘城堡、白雪公主、米老鼠和唐老鸭等等。

(5)未来乐园——以故事的形式展望未来的神奇发展,用奇妙的娱乐项目使人们感受未来生活的蓝图。

迪斯尼乐园的成功经验表明,主题的选择应符合地区的历史背景和社会经济发展的客观需求。在它的启发下世界各地争相效仿,并根据本国条件,创造了各具特色的主题游乐园,使主题游乐园的内容构成有了新的发展。我国目前已建较为成功的大型游乐园,主题内容有如下几种类型:

(1) 以地区人文景观为主题：如深圳的世界之窗、民俗文化村、锦绣中华；无锡的欧洲城、亚洲城等等。

(2) 以文学历史故事为主题：如无锡太湖的三国城、唐城和水浒城；北京的大观园，杭州的宋城，以及西厢记、白蛇传等主题景园。

(3) 以科幻游艺活动为主题：海洋世界、梦幻乐园、未来世界和太空时代等等，遍布各地。

在总的主题下，一般游乐园还设有分区主题。如深圳的世界之窗，园内还以各大洲分区设了8个主题区：世界广场、亚洲区、欧洲区、大洋洲区、非洲区、美洲区、雕塑区和国际街区，使主题展开呈多层次和多角度的特点（彩图114）。

（二）活动设施构成

主题游乐园中，游人的活动过程一般都是由观看、参与和休息三种方式交替进行的，因而园内活动设施的配置也宜依照活动方式交替的规律，结合主题内容安排适当的活动功能，以利游人在身心感受上得到自然的调适。为配合游园活动方式有节奏地交替变换，各分区主题建筑设施的功能可以是组织表演、展示活动的场馆，也可以是吸引游人参与的游艺活动设施或为游人提供休憩消费服务的辅助设施。为增进经营效益，辅助服务设施在游乐园中的比重，近年来有不断增加的发展趋势。

无锡中视影视基地是集影视拍摄和文化旅游两大功能为一体的主题游乐园。位于太湖之滨、占地 10.65hm²，拥有三国城、唐城和水浒城三大景区，分别体现了盛唐金碧辉煌、三国雄浑刚劲和北宋精巧华丽的建筑景观特色。以建筑景观为环境背景，园内还组织了《贵妃册封》、《三英战吕布》、《义取高唐州》等场面宏大的戏剧性演出活动，还向游人提供"动感电影"、"跑马"和"古战船游乐"等参与性娱乐活动。配合各种观赏、游览、娱乐和休憩活动，设置了相应的建筑景点、演展场地、游艺设备和多种休憩服务设施（彩图59～彩图62）。其中水浒城是该游乐园内最大的景区，它又分为四个分景区，共设有建筑景点40个。服务设施包括售票处、停车场、服务点、餐厅、茶室和博物馆等等。此外，配合影视制作功能还设有演播、摄影和供剧组工作和人员食宿所需的建筑设施。

四、游乐园规划设计要点

（一）活动内容和调适措施

(1) 一般游乐园中除规划主题景观、大型游艺机、餐厅、商店和其他服务设施外，还宜酌情设置有利吸引具有不同兴趣的游客的非主题活动内容和相应设施，如体育竞技、文艺演出或科技博览等等。

(2) 为充分发挥园内场地和设施的利用效益，宜为组织安排富有吸引力的临时或定期活动提供方便条件，包括组织传统节日活动、应时主题活动、名人或名牌团体的演艺和展示活动等等。

(3) 采取优惠措施，适时调整活动内容，吸引非节假日游客。因为游客流量受季节和时间性影响较大，据统计，如以节假日游客量为100%，那么周末是30%，平时仅为20%。活动内容的适时调节，对提高非节假日设施的利用率是必需的，规划中应予相应考虑。

（二）空间布局和交通组织

1. 空间布局结构

园内空间布局应与活动功能相协调，形成具有一定层次、序列和导向性的整体组织结构。

(1) 空间层次设计：园区整体空间环境一般应由入口区、过渡区和游乐区三个层次组成：

1) 入口区，包括票房、大门、停车场、商店和其他商业服务设施。它是游客入园前与城市交通系统相连接的空间。

2) 过渡区，这是游客入园后人流集散的空间，也是园内各种交通系统的起讫点。此区空间可采取广场、林荫道和商业街等多种形式，其间可布置大型雕塑、标志物或标志性建筑，用以展示该游乐园的象征性主题，渲染环境气氛和提供综合性服务。

3) 游乐区，它是游乐园空间环境的主体。区内游乐活动空间应具有明快开朗和疏密相间的特征，形成层次丰富而清晰的空间结构，以创造景物交相辉映和曲折多变的环境景观。

(2) 空间序列设计：现代游乐园环境的空间序列应能以最佳的程序向游人传送更多的环境信息。因此空间序列的安排必须符合游客娱乐心理和生理变化的规律，有节奏地安排环境景物和活动场所。对于吸引力较强，能引发游客参与激情的活动空间，应从全园范围统筹考虑、均衡设置。

(3)空间导向设计:空间导向设计的目的是为了帮助游人最便捷地到达目的空间。其方法之一是通过合理的环境布置和清晰的流线结构来提供导向信息,如设置空间标志物、变换道路铺装、绿化配置和水体形态等等。方法之二是设置导向设施,如问询处、标志牌、导游图等等。

2. 人流组织结构

(1)组织原则:游乐园是人流最为集中的公共活动场所。统计资料显示,一般游乐园每年可接纳数百万游客,国内游乐园的最大客流密度平均可超过1000人/hm²。实际上,在旅游旺季或节假日游客更为集中,因此,确保游园人流集散的安全,是活动流线组织的基本原则。

(2)规划措施:

1)总体规划结构应分区明确,主题鲜明,方位感强和路线简捷,有助于游客能迅速认知全园布局概貌,避免错道、漏项或徒劳往返。

2)各主题区活动方式的安排,应注意在趣味性和吸引力方面的平衡,避免在某一区域,特别是在临近出入口区域人流过分集中。

3)用地分配应为游客安排足够的开放空间,包括道路、广场和绿地。一般情况下,这些开放空间可供游客休息、野餐或排队等候活动使用。发生意外情况时,则可作安全疏散的调节空间。

4)协调组织交通设施,使活动人流能始终处于可调控的状态,以确保人流均匀流动,使各项活动能定时定向、安全有序地进行,避免产生中途滞留和人流阻塞现象。这对设有大型游艺机或机动交通设施的区域尤为重要。

(3)结构模式:常见步行交通路线的组织结构模式大致可分成下述五种。

1)环形结构——园内各区主要活动流线以环路相连,如深圳的世界之窗,珠海的珍珠乐园,广州的东方乐园,北京石景山游乐园等等。

2)线形结构——园区主流线的起点与终点不在同一位置,如南京玄武湖游乐园等。

3)放射形结构——由中心广场向四周轴射道路,如美国洛杉矶迪斯尼乐园、日本东京迪斯尼乐园。

4)树枝形结构——由主流线以树枝状分出若干支流线,如上海锦江乐园、丹麦梯伏里乐园等。

5)复合形结构——由环形结构与其他三种结构形式结合组成,这是实际使用最为普遍的形式。如无锡中视影视基地游乐园、深圳中国娱乐城、昆明民俗文化村、日本大阪纪念公园游乐园等。

3. 公共交通系统

大型主题游乐园一般都设有多样化的公共交通系统。它不仅可以节省游客的步行时间,为各区间的联系提供方便,而且也可增加游乐园空间环境的趣味性和欢乐气氛。各类交通系统应相互衔接,形成便捷的立体交通网。园中常设公共交通系统有下列几种:

(1)仿古人力或兽力交通:如人力车、三轮车、马车等。由于这种交通工具速度低、视野开敞,一般用于从游乐园大门经中轴步行街到中央交通广场的短距离交通联系,也有助营造游乐氛围。

(2)无轨轻便交通:包括小型公共汽车、电瓶拖车等无污染的机动交通工具,其速度可控度较大,行车线路灵活,适用于园内各主题区间的交通联系。

(3)有轨快速交通:包括高架单轨列车和架空索道缆车。可用于园内和园外的长距离交通联系。高架单轨列车系统具有快速浏览全园景点和装点全园景观的双重作用,因而其轨线规划应重视俯瞰园景的视觉形象(图5-33)。架空索道交通对加强地形复杂的主题游乐园的竖向联系具有特殊功用。

(4)水面游船交通:这在河流、湖泊、水网密集的游乐园中发挥着重要作用,游船动力设备应避免对水体环境的污染。

(三)活动环境和建筑形象

(1)适应游客的心理特点,创造新奇、刺激和引人入胜的环境气氛,是游乐园赖以生存的基本条件。由于游乐园的主题大多是充满幻想、梦境和冒险的题材,这需要通过飞速变换的场景、光怪陆离的色彩和非同尘世的仙境般的建筑形象来表达,使人们能在游玩中除了亲身体验那些惊险刺激的娱乐活动之外,还能对鲜明夺目的活动环境和建筑形象留下深刻的印象和记忆。美国迪斯尼乐园的环境与建筑形象成功地发挥了这样的作用。

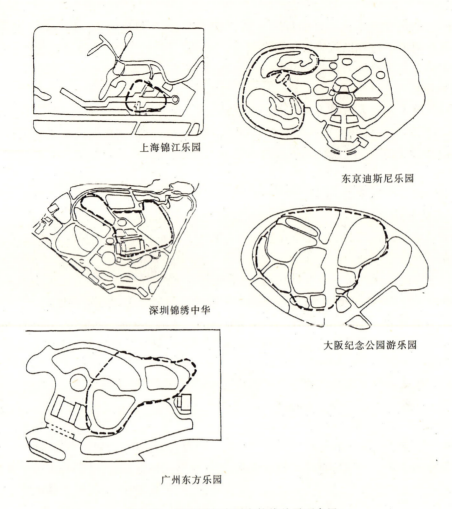

上海锦江乐园　　东京迪斯尼乐园
深圳锦绣中华　　大阪纪念公园游乐园
广州东方乐园

图 5-33　游乐园空中列车轨线总平面布置

(2) 创造独特的象征性标志物是建筑形象创造的焦点。不仅整个游乐园应有重点象征性建筑，而且每一个主题区也应有自己代表性的建筑或标志。如美国迪斯尼乐园中面对中央广场的高 23m 的法国式和巴伐利亚式的灰姑娘城堡（彩图 142）；日本大阪纪念公园游乐园中，由举办国际博览会时留下来的太阳神纪念塔和高 127m 的展望塔；以及深圳世界之窗的埃菲尔铁塔等，都同样是引人注目的标志物，构成了全园主题的象征性建筑形象。

(3) 园内环境设施和色彩处理，应紧密围绕主题，充分发挥环境氛围的烘托与陪衬作用。如环境绿化和建筑小品也可结合主题意象采用不同手法：在"童话"主题区中，绿树可修剪成各种可爱的动物形象，而在"冒险"主题区中，则可采取奇特怪异的树形配置，以营造热带丛林神秘而险恶的环境气氛；小品设计也可同样考虑处置。环境色彩一般都宜采用鲜艳、明亮的色调，给人以强烈振奋的视觉感受。

(4) 由于游乐园设有多种交通系统，游客的观赏视点的多变性，园内建筑造型设计应注重多角度的"立面"设计。包括在各种交通线路上的动态景观和空中俯视的视觉效果。

(四) 设施配套和发展用地

(1) 园内辅助设施应与主体活动设施配套建设，并与总体发展规划相协调。其中直接为游客服务的辅助设施一般应与游客主要活动流线相配合，均衡设置，并形成网络，以方便使用（图 5-34）。此外，还必须配套设置用于后勤供应和技术保障的辅助设施，包括邮电、银行、医护急救、汽车修理、供应仓库、污水和垃圾处理、动力供应、信息监控以及旅宿服务和职工用房等设施。

(2) 主题游乐园总体规划必须全面考虑长远发展的需要，应为远期发展留有充分的余地。因为从国内外的实践来看，游乐园的建设从来没有是一次性完成的，而往往是始终处于不断的补充和完善的发展过程中。如世界首创的大型游乐园——美国洛杉矶迪斯尼乐园，从它 1955 年开业时的 6 项主题活动，已发展到

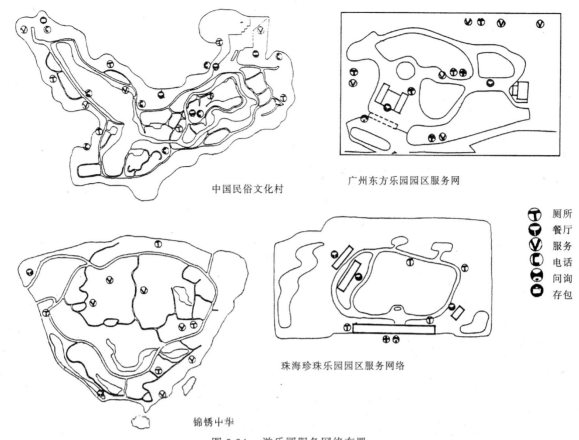

图 5-34 游乐园服务网络布置

目前的 20 项主题活动,几乎年年在进行扩建改造。这与游乐活动需要不断创新,以保持新奇感的时尚性特点相关,也与当代高科技在娱乐业中的创造性应用密切相关。总体规划在为今后发展留有充分余地的同时,也应重视节约我国有限的土地资源,应避免占用优质农田,避免预留用地长期闲置。

第四节 商业娱乐综合设施

适应现代生活方式变革的需要,大型购物中心已在世界范围中取得了迅速的发展。80 年代后,其经营模式更日趋多样化和综合化。实践表明,"购物+娱乐"的组合模式已被商业建筑普遍采用,使现代商业建筑变成了能包罗万象的建筑综合体。这种使建筑类型概念变得模糊化的综合体建筑模式,在当今城市更新和扩展过程中显示了强大的发展潜力,究其原因主要有两方面:其一是商业建筑的娱乐化是当今商业经营的重要发展策略。犹如美国最大的媒体与娱乐业顾问机构创办人迈克尔·沃尔特所言,娱乐因素已成为产品与服务的重要竞争手段,21 世纪将是娱乐经济的时代;其二是城市迅速向郊外扩展,新城区建设的购物中心不仅用于满足居民的日常生活供应,而且需要发挥社区中心的作用,兼具休闲娱乐、集会和举办各种社区活动的综合功能。因此,把商业和娱乐功能结合在一起的综合性建筑设施展现了广阔的发展前景,并将逐步取代各种功能单一的商业建筑,成为城市娱乐消费设施发展的新趋向。根据设施提供的娱乐方式和空间特征,当今国内外采用的商业娱乐综合设施基本有三种形式:一般娱乐型综合体,体育娱乐型综合体和城市游乐型综合体。

一、一般娱乐型综合体

这是商业娱乐综合体的基本形式,它把人们日常购物活动与休闲娱乐生活自然地融合在一起。由于娱乐功能占有相当的比重,使人们购物活动变得更加有趣好玩,从而达到促进综合消费的商业目的。其提供的娱乐方式主要是大众化的室内娱乐项目,如影视厅(室)、歌舞厅、电子游艺厅(室)等。其空间特征是经常采取步行商业街(室内或室外)的形式,将专营娱乐场所与各种专营商店组合在同一街区或综合建筑中。较早出现的典型实例是1985年建成的美国圣迭戈市的霍顿广场(图5-35)。霍顿广场实际上是一个设有开敞式步行商业街的购物娱乐综合体。其沿街两侧布置了各种特色专营商店和一般的休闲娱乐设施。利用地段的自然坡度巧妙地布置了斜向步行街,有意打破圣迭戈市方格状的街道网络,取得了对传统空间的突破性效果。步行街由两个弧形广场连接构成,广场主层高出街道地面之上,夸大了地段的特点,增加了广场的立体感。露天设置的电梯、自动扶梯、楼梯及残疾人使用的坡道等垂直交通设施,则使广场充满了动感和活力。丰富的建筑色彩和形式多样的建筑外观,更使广场、街道充满了节日欢快的气氛(彩图132)。人们来此不仅是为了购物,而且更多的是为了感受其富有情趣的休闲环境。广场每年吸引了2500万的来访者,获得了巨大的成功。

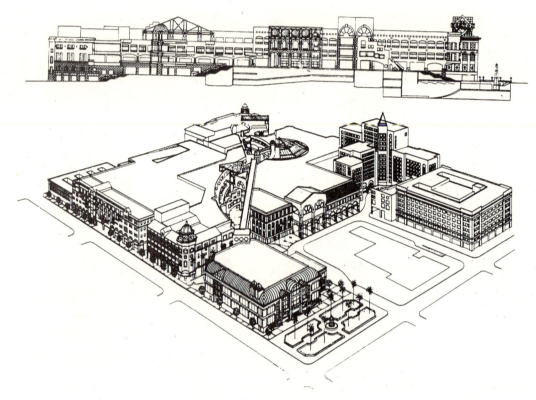

图5-35 美国圣迭戈市霍顿广场

一般娱乐型综合体的建筑模式,在城市中心区大规模的更新开发中也得到了广泛的运用。日本福冈博多水城于1996年建成开业,为此提供了成功的范例。它是日本历史上最大的私营房地产开发项目,业主宣称,在这项综合开发中把商业零售业与娱乐业结合的作法源于美国圣迭戈市霍顿广场的启示(图5-36)。该开发项目总建筑面积约232300m²,占地3.64hm²。它是一系列不同功能组成的建筑综合体,功能包括购物、文化、休闲娱乐、商务中心和旅馆。建筑空间围绕一条"水街"展开,设计的基本理念是营造一个充满欢乐的场所,以提高人们在此场所中体验的生活品质。这个原则贯穿于博多水城设计的各个方面,体现了首先为人,其次才是为商业的设计理念。

博多水城商业娱乐综合体(图5-37),以蜿蜒流过的弓形水面为空间中枢,临水设计了内部公共大街,连接着五个主要室外空间,它们分别以星星、月亮、太阳、地球和海洋命名,并以不同的几何形态,表现了各自的环境特色。滨水大街也将四个主体建筑:福冈剧场、DMP百货公司、海德大旅馆和水城商务中心联结成整体(图5-38)。

为使综合体内各栋建筑在保持统一的前提下,又能表现出各自的个性,在色彩处理中,设计者把它们想象为一个斑马族群,使每栋建筑具有既统一又各不相同的精细条纹。斑马群般的横向条纹还含有把自然作为设计主题的隐喻,它隐喻建筑空间中的河流是大地经过漫长的自然侵蚀历程而形成的峡谷(彩图

215)。关联自然的设计主题赋于博多水城以迷人的环境特色,使其在开业最初的8个月内,竟接待了1.2亿个来访者,取得了惊人的成功。

二、体育娱乐型综合体

商业娱乐综合设施中,如果主要娱乐项目是各种富有娱乐性的休闲体育活动,可以称为体育娱乐型综合体。由于体育活动设施所具有的庞大室内活动空间,往往构成了综合体建筑空间的基本特征。其商业活动空间一般围绕体育娱乐活动的主体空间展开。由于这类设施的空间规模庞大,技术复杂,目前建成开业的尚为数不多。采取这类综合体开发模式的大多数出于节约城市用地的考虑。

较早出现的体育娱乐型综合体是美国休斯顿的加勒里亚购物中心,它是以大型室内滑冰场为中心构成的商业娱乐综合设施。其后世界各地相继仿效。1996年建成使用的韩国汉城乐天世界可说是当今世界上规模最大的体育娱乐型综合体

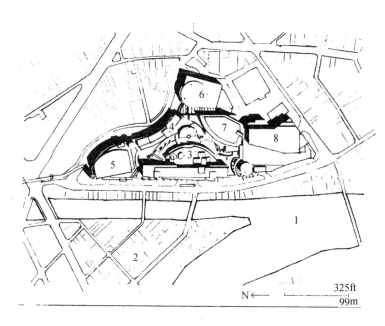

图5-36 日本福岗博多水城总平面

1—博多河; 4—商务旅馆; 7—影视城;
2—福岗市区; 5—演艺中心; 8—停车场(位于商场上部);
3—格兰特旅馆; 6—写字楼; 9—人行天桥(连接地铁站)

建筑(图5-39)。该建筑综合体总用地12.8hm²,总建筑面积达56万余m²。其中包容了体育娱乐中心、乐天宾馆、专业商店、会议及宴会设施、商务办公、综合医院和民族村游乐园等等,几乎具有商业经营活动的城市公共设施都包括在内。其中以"乐天冒险世界"命名的体育娱乐中心,是一个以室内滑冰场为中心的多层大跨度建筑,在滑冰场空间四周设多层回廊,连接各休闲体育活动空间。乐天宾馆高33层,拥有客房533间,用于商务及娱乐游客接待。主体建筑东侧为湖面,湖心设有民族村游乐园,它以桥廊与主体建筑相连。人们来此购物消费的同时,可兼得室内外休闲娱乐环境提供的乐趣(彩图220)。

三、城市游乐型综合体

这是商业娱乐综合体最新的发展模式,其休闲娱乐的功能变得更加丰富多彩,使人们在城市商业中心可兼得购物的方便和郊外游乐园特有的新奇与欢乐。游乐型综合体常建在城市中心区,其游乐功能一般占有支配地位,但由于城区用地条件限制,游乐设施必需充分利用室内场地和城市空间。特别是大型游艺机械的设置,对建筑空间设计和技术要求较之一般郊外型游乐园更为复杂。

美国是迪斯尼游乐园的故乡,游乐园的休闲娱乐方式自然也很快被引入城市商业中心。早在80年代,芝加哥市把一个休眠停用的海军码头改建成具有多种娱乐和展示功能的商业综合体,1995年又再次扩充改建。改建后的该海军码头占地2hm²、全长960m(彩图133及134),建筑综合体由家庭馆、水晶宫和节日大厅等组成。家庭馆和水晶宫位于码头入口处,宫内包含有芝加哥儿童博物馆、可放映大型立体电影的影剧院、充满娱乐性的零售商店和餐馆等设施,还附设了室外游乐场。游乐场内设有高约45m的大型观览车、旋转木马、冬季可改作滑冰场的水池和1500座的露天剧场节日大厅拥有近1.6万m²的展示空间和众多的聚会大厅。重建后的芝加哥海军码头综合体,汇集了购物、游乐观演,展示和餐饮服务等多种功能,迅速成为地域性的标志,每年吸引了约400多万的来访者。

日本在效仿美国迪斯尼模式发展游乐园的同时,也引入了这种游乐园型的商业综合体建筑。1997年大阪市浪速区利用废弃的电力设施场地,约4hm²,兴建了名为欢乐门的城市游乐型综合体(图5-40)。从策划、设计、施工到开业使用整整花了十年。这是一个设有立体型游乐园的城市综合商业设施,有着令人惊喜

1—门厅;
2—星星院;
3—月亮街;
4—太阳广场;
5—地球街;
6—海洋动物表演场;
7—商店;
8—餐厅;
9—展厅;
10—百货公司

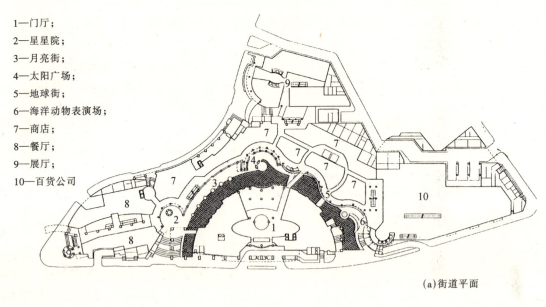

(a)街道平面

1—旅馆宴会厅;
2—商店;
3—娱乐中心;
4—电影院;
5—餐厅;
6—办公大厅;
7—展厅;
8—百货公司

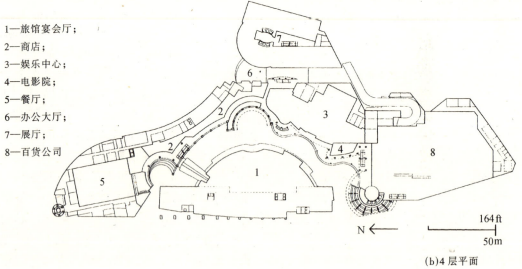

(b)4层平面

图 5-37 (日)福岗博多水城平面图

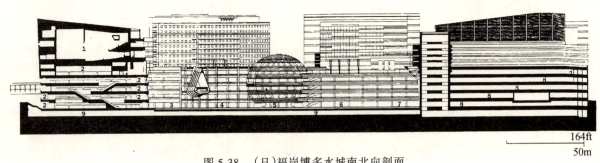

图 5-38 (日)福岗博多水城南北向剖面

1—剧场;   4—月亮街;   7—海洋动物表演场;
2—商店;   5—太阳广场; 8—百货公司;
3—星星院; 6—地球街;   9—地下车库

的建筑外观(彩图 207~210)。

　　欢乐门基地位于大阪历史名胜通天阁南侧,天王寺动物园西侧,其西、南两侧有地铁和高速公路干线通过,交通极为便利(图 5-40)。该综合体主入口设在基地西南角,与地铁新今宫站相接,北侧设有面向通天阁的入口，连接南北入口的通道和4层高的室内广场将建筑分为A与B两个区域。A区为立体式游乐园区，B区为室内嬉水娱乐区。A区设有各种商店、餐厅、室内游艺机、影视录像和屋顶游乐园。B区设有室内嬉水乐园、温泉浴室、室内健身用房、餐厅、宴会厅和旅馆客房。游乐园的空中列车轨道从其西南角大门上空穿越而过，成为该综合体引人注目的象征性标志（图5-41及图5-42）。

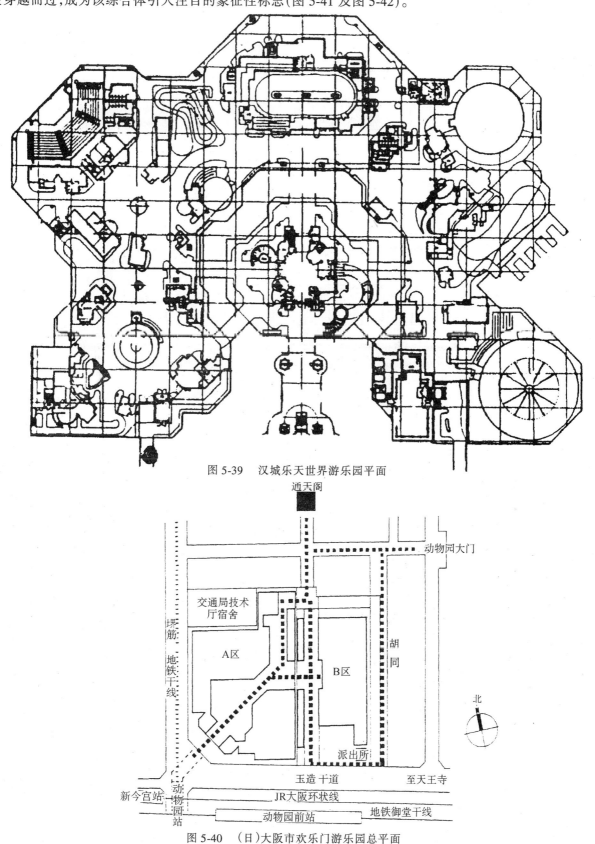

图5-39 汉城乐天世界游乐园平面

图5-40 （日）大阪市欢乐门游乐园总平面

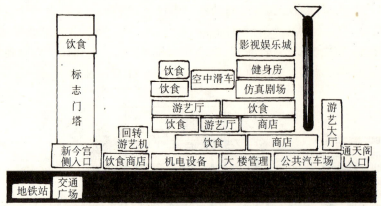

A 区空间构成图

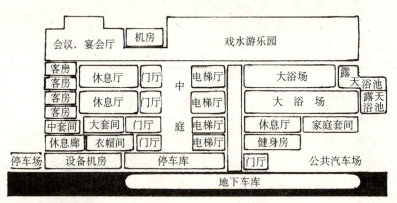

B 区空间构成图

图 5-41　欢乐门游乐园空间构成示意

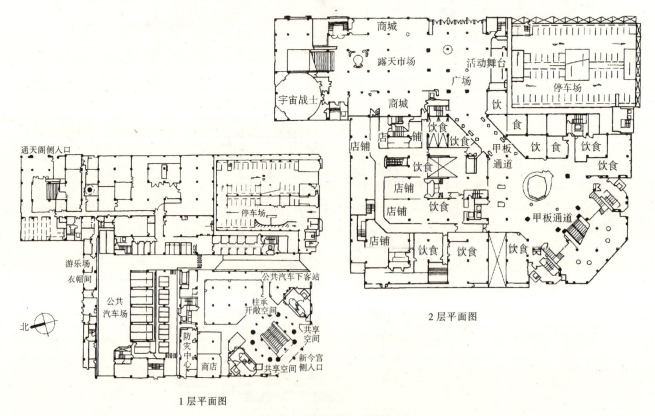

图 5-42　欢乐门游乐园平面（1）

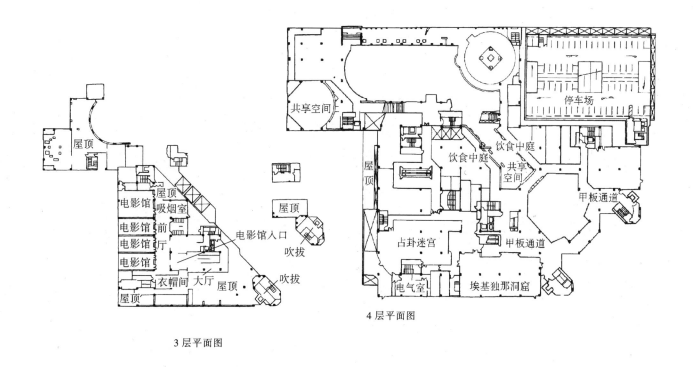

图 5-42 欢乐门游乐园平面（2）

第五节 其他娱乐消费设施

现代城市生活的喧闹与紧张，城市视觉空间的局促与压抑，以及城市生态环境的日趋恶化，促使人们更加向往郊野、山林或海滨等自然环境。于是利用节假日离开城市到环境宜人的游览胜地去度假与娱乐，寻求满足身心放松和快乐的需要，已逐渐成为城市休闲娱乐生活的时尚。为满足人们这种需求，新兴的旅游度假区或度假娱乐中心在世界范围内迅速发展起来。它既是旅游产业也是娱乐产业，可以认为是一种与旅游业相结合的、包容性更强、规模更大的复合型娱乐消费设施。其功能可包括演艺、会议、博览、游乐、购物、食宿、游览等所有休闲娱乐消费活动。

80 年代中期，随着经济特区的建设，我国南方城市首先引进了这种复合型娱乐消费设施的开发建设。1984 年，我国深圳特区香蜜湖度假村是最早建成开业的度假娱乐复合设施，也是目前我国最大的娱乐城。它素有东方迪斯尼的美誉，其服务功能集食、宿、娱乐、购物和交通旅行于一体，成为国内外宾客旅游、度假、娱乐和进行商务活动的理想之地。它的成功也带动了各地度假娱乐设施的兴建，极大地丰富了我国人民的休闲娱乐生活。

尽管复合性娱乐消费设施规模庞大，比大型游乐园的规划设计更为复杂，但如果能正确地把握其核心问题的研究，也不难找到切合实际的规划设计方案。分析世界各地著名的度假胜地可以发现，保持其长久不衰魅力的基本条件就是要造就具有鲜明个性的娱乐文化主题。因此，有关度假娱乐区规划设计应把握的核心问题主要有两个方面：首要问题是要充分掌握该地游客的消费心态和当地可利用的资源条件，研究创造构思独特、内容新奇的娱乐题材。其次是要在总体规划结构中突出度假区的休闲娱乐功能，娱乐项目的设置应充分表现主题特色，充分满足个性化和多样化的需求。唯有正确把握规划设计的核心问题，才能创造设施的特色和效益。如美国佛罗里达的迪斯尼度假娱乐中心，它以海滨水上娱乐文化为主题，主要休闲娱乐功能由海滨俱乐部、游艇俱乐部和会展中心构成。其设施规模虽然不大，但特色鲜明，对游客产生了强

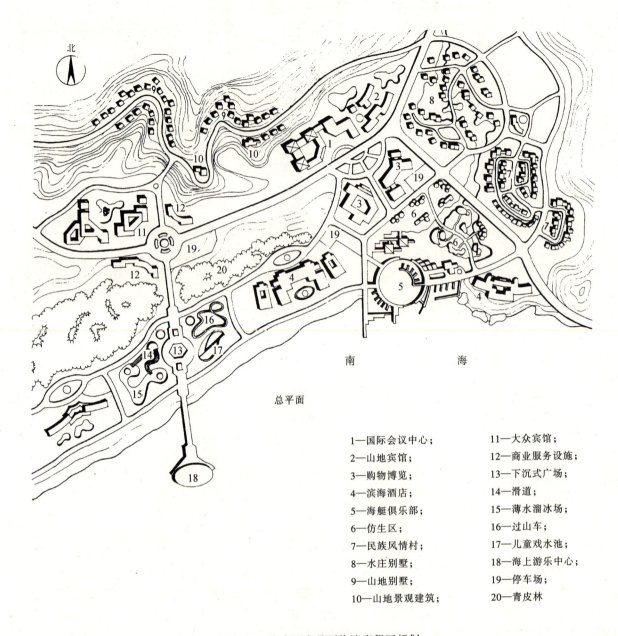

1—国际会议中心；
2—山地宾馆；
3—购物博览；
4—滨海酒店；
5—海艇俱乐部；
6—仿生区；
7—民族风情村；
8—水庄别墅；
9—山地别墅；
10—山地景观建筑；
11—大众宾馆；
12—商业服务设施；
13—下沉式广场；
14—滑道；
15—薄水溜冰场；
16—过山车；
17—儿童戏水池；
18—海上游乐中心；
19—停车场；
20—青皮林

图 5-43 海南万宁县石梅湾度假区规划

大的吸引力(图 3-26)。又如在我国海南省热带滨海度假中心的建设中，由于善于创造性地发挥东方文化主题的魅力，使其在国际旅游市场的竞争中独具感召力。海南万宁县石梅湾度假区的规划构思是其中较为典型的优秀实例(图 5-43)，也体现了度假娱乐区规划设计的一般原理。

石梅湾度假区地处海南省万宁县东南海滨，临近兴隆温泉、南湾猴岛、神州半岛等著名景区。属热带季风型气候，四季无冬，海滨沙滩开阔、砂质细白洁净，是极好的海水浴场。区内还有大片世界仅存的海滨珍稀林木，列为国家级自然保护区。经过对该地自然与人文资源、客源与消费心态的周密调研，制定了长期发展战略和近期可行的开发规划。石梅湾度假区规划设计方案也是在总结国内滨海度假区开发经验的基础上制定的。它充分利用当地资源特点，创造性地以仿生景观和地区情侣文化为娱乐文化的主题，填补了国内度假娱乐市场的空缺。度假区内以文化主题为中心，分成若干功能组团区，其中包括仿生景观区、民俗风情、海上游乐区、购物博览、大众宾馆区、水庄及山地别墅区和国际会议中心等等。主要特色游乐设施包括海底世界、沙滩排球、过山列车、戏水乐园、薄水溜冰场和秋千采槟榔等等。该度假区的规划构思体现了具有指导性的设计理念：道法自然、因地制宜、独出心裁、别开生面。

城市娱乐消费设施由功能单一的专营娱乐场所发展到规模宏大、功能无所不包的复合型度假娱乐设施，反映了城市娱乐消费设施形制多变的特性。可以预期，随着社会进步和生活方式的变革，人们的休闲娱乐方式将会继续发生变化，新型的娱乐消费设施仍将不断涌现。其发展趋势将呈现时尚化、多样化和综合化的特征。因为时尚化是信息化社会文化消费的基本属性，多样化是中外文化交流、高科技广泛运用和消费个性化的必然结果，综合化则是社会生活节奏加速和商业经营方式变革的客观要求。但是，无论如何更新变化，满足人们休闲娱乐多样化的需求始终是其发展的根本目标。为此，我们应关注社会需求的变化，不断研究新问题，改进规划设计方法。

第六章 建筑造型与设计技法

第一节 建筑造型的概念和特性

所谓建筑造型就是指构成建筑外部形态的美学形式，也可以说是能被人们直观感知的建筑空间的外部物化形式。再说建筑外部形态的美学形式也是专指建筑设计中的建筑艺术形象，而不是泛指仅按一定实用功能和技术经济等物质条件设计生成的一般建筑实体。因此，建筑造型应该既是指建筑艺术的创作过程，又是建筑艺术形象的表达形式。建筑造型与其他艺术造型相比，有如下显著的特性：

(1) 建筑造型是受内外多种因素制约的艺术。它既受其所处的外部城市空间环境的制约，又受其内部功能决定的空间场（包括空间容量和形式）的制约。因而建筑造型不可能像其他艺术造型那样自由，德国哲学家和美学家黑格尔也因此把建筑造型艺术称为"羁绊的艺术"。

(2) 建筑造型是多维的时空艺术。它不仅因为具有庞大的三维立体形态而属于空间艺术，而且因为建筑造型的观赏需要在视点移动的状态下完成，即伴随时间的推移才能完成对建筑造型整体的观赏过程。因而包含了时间的因素，具有四维动态空间的特征，所以也可称为时空艺术。如果从社会、历史、文化、心理和生态等因素的演进作多层次的考察，那么建筑造型更具有多维元素构成的特征。

(3) 建筑造型在表现形式上是具有抽象的象征特征的艺术。"抽象"之词是相对"具象"而言的，它是把许多事物所具有的共同因素分离出来，并用以阐明事物间相互关系的心理过程。因而抽象包含着对复杂事物的高度概括、综合和简化。由于建筑形式通常是由几何形体构成的，因而在表达某种理念或情感时无法像绘画或雕塑那样具体、写实，而只能用抽象的方法。这方面与音乐艺术极为相似，也因此建筑造型常被人们称为"凝固的音乐"。实践表明，建筑造型艺术总是通过各种造型要素的适当运用，如立体形态的组合、空间虚实的配置、色彩光影的处理等抽象的形式构成，来创造某种抽象的心理感受的，从而给人以庄重、肃穆、轻快、明朗、朴实、高雅等感觉。建筑造型艺术一般不能、也不应采用具象的形式来比喻何种事物或思想，这是人们审美经验已证实的规律，体闲娱乐建筑的造型设计也无例外。

第二节 休闲娱乐建筑的造型特点

充分了解休闲娱乐建筑的造型特点，对正确把握其造型设计的规律十分必要。在城市各类公共建筑中，休闲娱乐建筑往往是造型最为丰富多彩和形象最具表现力的建筑类型。由它特有的社会职能和服务功能所生成的外观视觉形象，在艺术表现和审美情趣上，不仅有着建筑造型艺术的一般性特征，而且显示了如下鲜明的个性特点：

一、愉悦性

人们的休闲方式尽管千差万别，各有所好，但是期望从积极的休闲娱乐活动中享受生活乐趣的需求是相同的。为满足人们求乐的需求，休闲娱乐建筑不仅需要提供多样化的活动项目，而且需要营造适宜的空间环境和环境氛围，用以激发人们参与的热情，并从中获得愉快的心境。因此休闲娱乐建筑的造型无论在外观视觉形象上或活动空间环境上，都应首先能给人以愉悦性的感受。愉悦性感受包括目悦、耳悦和心悦。目悦和耳悦来自对建筑形象和环境氛围的直觉感知，心悦则是通过联想和想象所取得的对直觉感知的进一步理解和把握。从愉悦性的感受中，人们可以强烈地意识到所观赏的建筑环境确实是个可观、可游和可乐的休闲活动场所。

休闲娱乐建筑造型的愉悦性美感,在表现形式上可呈现为优美型和喜剧型两种形式。优美型美感表现为优雅、舒适、轻松、洒脱、平和、惬意等多种传统高雅文化所具有的审美情趣;喜剧型美感则表现为欢快、亢奋、惊喜、刺激、幽默、滑稽等多种现代流行文化所具有的审美情趣。在我们熟悉的城市娱乐设施中可以发现,不同设施类型的建筑造型所表现的愉悦性美感,在审美取向上存在着明显的差异。

比较而言,政府主办的社会公益性休闲娱乐设施因属公共文化事业,其公共投资的性质和所应承担的社会教化职能,往往使其具有"官式"建筑的特点,建筑造型更倾向于优美感的表现,反映着传统的审美情趣。如北京民族文化宫富有中国民族特色的建筑造型(彩图1及彩图2),表现了庄重、高雅和令人神往的文化境界和审美意象;同样,北京官园青年宫表现了端庄、舒展和热情的愉悦性美感(彩图12)。然而民间商业性娱乐消费设施,其私人投资的性质和市场经营的目标从根本上影响着它的建筑造型设计,往往表现了具有商业性广告性格的外观造型和喜剧型的审美趣味。如城市商业区中最为常见的专营娱乐设施(卡拉OK歌舞厅、健美俱乐部、台球厅或保龄球馆等),它们的临街门面设计如同其他商店门面一样,都表现着耀眼夺目的广告色彩(彩图96),又如游乐园(场)广场和它的园门建筑所展现的独特建筑形象,也注重表现着节日般狂欢快乐的氛围,具有喜剧型的审美意象(彩图207)。

二、时尚性

在现代社会生活中,文化消费已是人们日常消费活动的重要组成部分,休闲娱乐又是大众文化消费活动的主要形式。消费热点随时间转移变化的特性即表现为"时尚"。大众休闲娱乐消费同样也显示着时尚性变化的特点,表现为某种特定的娱乐方式或审美趣味常会成为一定时期公众参与或欣赏的热点,从而极大地影响着建筑功能和外观形象的时尚性变化。如我国在20世纪80年代初,大众自助式娱乐活动的兴起,带来了卡拉OK歌厅、迪斯科舞厅、音乐茶座等城市娱乐设施的迅速发展。90年代以健身健美活动为时尚的消费需求,又推动了体育娱乐型设施的大规模兴建,高尔夫俱乐部、保龄球馆、水上乐园和其他健身健美休闲设施相继涌现。同时,假日休闲活动的需求也促进了各种大型游乐园和度假娱乐设施的蓬勃发展。新兴娱乐消费设施不断出现,不仅反映着休闲娱乐方式的时尚性变化,而且明显地表现了休闲娱乐建筑造型的时尚性审美特点。

建筑造型的时尚性特点具体表现为外观形象的求新、出奇和流动更替。以新奇引人注目,以更替保持新奇和吸引消费,因而时尚化的建筑形象往往表现为喜剧性的审美品味。其不断更替翻新的建筑外观形式与其他流行艺术一样,很少具有艺术创新的意义,而一般只是现有各种建筑空间模式、结构形式或装饰式样的复制、仿造、拼凑和重组,以便于建筑造型灵活适应时尚变化。

建筑造型的时尚性,在商业性娱乐消费设施中尤为明显。如迪斯尼乐园在世界范围的流行和发展,使它的空间模式也同样表现在我国主题乐园的规划建设中。各地兴建的唐城、宋城、明城以及欧洲城等主题游乐园,其规划结构基本仿效了迪斯尼乐园内景区空间的组织模式。其建筑布局和造型设计也吸取了迪斯尼乐园中"蒙太奇"式的造景手法(彩图60~彩图62)。同时,我们还可以发现,迪斯尼乐园中"童话世界"的许多建筑造型语言(如城堡式的屋顶、卡通式的窗户和色彩)也常被移植于国内外许多青少年使用的文化娱乐建筑中,成了一种流行的装饰式样(彩图29)。建筑结构形式的复制和仿造也是建筑造型时尚性的表现形式,如深圳南山文体活动中心的屋盖结构,是仿造伦敦斯坦特德机场候机楼屋盖的树状结构形式;深圳大学学生活动中心敞开式楼梯的屋盖结构则是效仿了英国埃塞克斯购物广场的悬挂式屋盖结构形式。在此,结构形式的力学意义已被淡化,高技派的大跨度结构形式被当作流行的建筑式样移植到休闲娱乐建筑的造型表现上,呈现了"波普"艺术所具有的时尚性特征,反映了具有反叛、简约和回归(传统和自然)意识的现代时尚观念。

三、地区性

当今现代主义仍然主导着建筑创作领域,"国际式"建筑仍然在世界范围大行其道,成为全球通用的建筑模式。尤其在代表现代生活方式的大部分城市公共建筑中,如写字楼、银行、旅馆、商场、医院、车站、码头、航空港以及工业建筑等等,都普遍显示着这种全球趋同化的倾向,建筑文化的个性特征(包括民族性、地区性)受到了严重的忽视和压抑。然而,唯独在文化娱乐类建筑中,却始终不乏具有鲜明个性的作品,顽强地表现着建筑的地区性特色。究其原因，主要是因为人们的休闲娱乐方式往往与该地区的社会生活方式有着最为直接的联系，其建筑形象自然会带有当地自然环境和社会环境影响的印记，显示着自生的地区性特色。建筑形象的地区性特色不仅包含着民族或地区的情感，可以赢得当地公众的情感共鸣和认同，而且还可博得外地来访者浓厚的兴趣，从而成为该地区重要的文化旅游资源。特别是地区性大型娱乐设施的建筑造型，其鲜明的地区性特色对设施的长期良性运营与发展有着重要意义。建筑造型的地区性特色是一个广义的概念，它主要表现了当地的地理环境、社会文化和经济技术三方面的影响。

(一)地理环境的影响

关于地理环境的影响可包括基地区位、地形、气候、植被和水文地质条件等因素。其中气候条件的影响最为明显和普遍，比较清华大学和深圳大学两个学生活动中心即可发现，它们虽建于同一年代，内部功能基本相似，但是绝然不同的气候条件对各自的空间组织形态和建筑造型产生了直观的影响。前者表现了适合北方大陆性气候所需的封闭性空间组织和建筑造型(彩图22)；后者则表现了南方亚热带海洋性气候所需的开敞性空间组织和建筑造型(彩图105~彩图108)。其室外半开敞空间的利用和表现已成为深圳地区公共建筑造型的重要地区性特色。这一地区性特色也同样表现在华夏艺术中心(彩图93)和南山文体活动中心(彩图81~彩图84)等建筑造型中。

(二)社会文化的影响

关于社会文化的影响，主要反映在当地文化习俗、民间艺术和宗教信仰诸方面对建筑造型、地区性特色的重要作用。如国际建筑大师矶崎新设计的日本武藏丘陵乡村俱乐部(彩图182)，其入口大厅上空采光所用方塔造型，反映了日本乡土文化和风水观念的深层影响。意大利阿维热诺文化中心仿似废墟般的建筑造型，含蓄地表现了古罗马建筑文化辉煌的印迹(彩图149)。从芬兰的考斯丁纳民间艺术活动中心，还可以发现地方民间艺术在建筑造型中潜在渗入的作用(彩图173及彩图174)；还有冰岛哈佛那居杜尔教区活动中心所特有的建筑形象，反映了宗教信仰对当地居民休闲娱乐活动方式的决定性影响(彩图175)。

(三)经济技术条件

经济技术条件是建筑造型的物质基础，它具体表现在地区性建筑材料和结构技术对建筑造型的直观影响。如上述日本武藏丘陵乡村俱乐部，以粗石木柱结构的形式表现了乡野粗犷的建筑形象；而芬兰考斯丁纳民间艺术活动中心，则以原木拼板墙结构表现了当地林区建筑独具的芬芳气息和朴实的建筑形象。

四、标志性

休闲娱乐建筑已是现代城市生活不可缺少的活动场所，也是人们文化艺术生活的精神殿堂，因而其建筑造型往往成为城市或社区引人关注的景观，并以其整体形象、局部形式、环境设施或装饰色彩的独特个性形成人们观赏的视觉焦点，显示了特有的标志性意义。休闲娱乐建筑的标志性具有表达地区文化特点、场所特性、设施区位等多层次审美意义的视觉效果。

(一)表现地区及民族文化特点

具有表现地区或民族文化特点的建筑造型的标志性，并不只是当地传统建筑形式简单的再现，而是反映时代精神的再创造。这是因为休闲娱乐建筑自身形象就具有展现现代文化精神的象征意义。如迪斯尼乐园的建筑形象常被作为美国现代文化的标志，而不是欧洲殖民主义的传统建筑形象。因为由其五花八门的大型游艺设备与新奇的建筑形式混合组成的景观，以及五彩缤纷的环境色彩所构成的整体形象，显示着美国现代高科技和高消费文化的综合影响(彩图147)。同理，我们从巴黎蓬皮杜文化中心的翻肠倒肚的奇特造型中，可以感悟到法国传统艺术的浪漫主义色彩在现代建筑艺术中的深层影响(彩图159)。然而，日本湘南台文化中心所显示的标志性特色，却更多地反映着日本传统园林艺术与现代科技文化的交融与结合(彩图195)，显示了日本文化富于包容性的特点。

(二)表达场所特性

具有表达场所特性的建筑标志性，一般表现着建筑特有的活动功能所产生的外部形式特征。如高大的观览车和盘旋曲折的高架过山车道，可以作为辨认城市游乐园的标志(彩图207)；具有欧洲古典庄园建筑特点的灰姑娘城堡，往往作为迪斯尼乐园"童话世界"的景区标志；具有银白色半球形屋顶的天象厅，也常常作为我国青少年宫建筑形象的熟悉标志(彩图89)。这些建筑的标志性特征也都直观地表现了内部特有的活动功能。

(三)表达设施区位

建筑的标志性用于表达设施区位意义时,其造型更加强调其环境的标识作用,并具有明显区别于其他建筑背景的视觉特征。如居住区内文化馆(站)的建筑造型特征,可以成为不同居住社区的重要区位标志;文化宫、青少年宫的造型特点往往可以成为不同城市和城市中心区的区位标志;然而高尔夫俱乐部会馆建筑的造型不仅是俱乐部区位的标志,而且是高尔夫场地内球员定位的标志(彩图128)。

第三节 造型设计的立意与构思

单纯就建筑造型形式与环境的关系而论,同其他造型艺术一样,建筑造型也有着自身形式创作的内在规律。实践证明,优秀的建筑造型首先来自于巧妙的构思,构思成功的首要问题又是要有正确、良好的设计立意。所立之"意"既需出自建筑师个人主观的意念,又需受制于各种社会客观条件。因此高品位立意的产生,绝不是主观随心所欲的产物,而是各种主客观条件通过设计者的创造性思维求得高度统一的结果。所谓创造性思维,就是要在前人经验和成果的基础上有所突破和有所创新。在现实生活中,人们思维中的"意"可以用语言直接来表达,然而在建筑造型艺术中,作品所立之"意"则必须通过一定的"建筑语言"来表达。建筑语言是一种形式语言,即依托于一定的形象,这就是建筑的意象,也就是英国美学家克莱夫·贝尔所指的"有意味的形象"。创作意象是本着"立象以尽意"的原则,并通过具象与抽象融合的造象过程而产生的。因此,建筑造型构思的过程应是始发于设计立意,并最终表现于意象造型的艺术创作过程,其创作的发展过程可表示为图6-1所示的逻辑模式。它说明优秀的建筑造型基于完美的造型意象,而造型意象的完美构思又产生于正确的设计立意,若要获得社会肯定的评价,还应考虑创作意象与社会审美意象的和谐统一。由此可见,造型设计中,立意与构思的动力和资源根本来自设计者的创造性思维。在创作实践中,联想性思维是创造性思维最为常见和有效的思维模式。联想性思维的构思方法往往根据设计者的艺术观念和艺术追求,采取下述三种主要形式和路径。

一、景物意象的比拟联想

通过联想性思维方式所产生的设计立意,常采取对自然景物(山、水、动植物等)、人造景物(建筑或构筑物外形)的模仿或拟人化手法来构成建筑造型的意象,并以此意象使建筑造型获得所比拟景物的联觉性美感,也使作品能获得预期的审美效果和肯定的社会评价。如澳大利亚悉尼歌剧院独一无二的建筑造型,是根据其所处港湾的特殊环境,以港湾景物为比拟对象所作的大胆

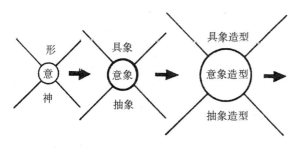

图6-1 意象造型创作过程

立意和创造性构思。它的意象造型可使人联想到海港归帆般富有诗情画意的优美景色,获得与白色船帆相比拟的联觉性美感(图6-2)。而德国柏林爱乐音乐厅的立面造型(图6-3),其设计立意来自与本身使用功能相关的事物,造型意象模拟钢琴、管乐器和弦乐器的外形特征,从而能给人以"声音容器"的联想和审美意象,使人获得与优雅悦耳的音乐相关的联觉性美感。同样,我们从广西南宁剧场的立面造型,可以感受到设计者刻意比拟当年电子管收音机或电视机造型的设计立意(图6-4),但由于所比拟的事物具有商品时尚性的特点,因而其建筑造型所表现的美感也随着电子产品更替换代而显得陈旧过时了。

二、艺术因借的类比联想

各种艺术形式之间是具有类同相通的创作原理和表现特征的。因而创作构思过程中,时常会发生相互启迪和借鉴的情况,这就是各种艺术形式间的因借关系。由此产生的艺术形象也就具有了各种艺术属性相互渗透的美感,这就是艺术形式间类比性联想所产生的美感。

由于建筑造型艺术是一种综合性的多维时空艺术,有着宽广的艺术包容性,因而它与其他种类艺术间

图6-2 悉尼歌剧院,其形象给人以港湾归帆的联想

图6-3 柏林爱乐音乐厅,其形象似乐器的容器

图6-4 广西南宁剧场立面造型似收音机

更具相互融通和借鉴的关系。建筑造型中,往往可表现出或具音乐性,或具雕塑性,或具绘画性的美感。在造型设计构思中,也常因设计者不同的艺术倾向而选择不同的设计立意,使建筑造型与其他艺术属性发生不同的因借和类比关系,并赋予其相关艺术属性所具有的美感。于是,有的建筑造型着意表现音乐性美感所具有的节奏感,有的着意表现雕塑性美感所具有的立体感,还有的可立意表现绘画性美感在建筑立面构图上所具有的形式感和装饰感。如德国柏林的爱乐音乐厅造型不仅可使人联想到各种造型优美的乐器,而且其侧立面造型可使人感觉到音乐艺术所具有的优美节奏感。同样,从加拿大多伦多的汤姆逊音乐厅的建筑造型,不仅可使人联想到交响乐团使用的定音鼓,而且从其大厅鼓形的玻璃幕墙上可以领悟到幕墙分划线所具有的音乐性节奏变化的美感(图6-5)。然而澳大利亚悉尼歌剧院的建筑造型,其设计立意更多的是要表现"雕塑性"的美感,其富有空间立体感的造型轮廓可以激起观赏者丰富的联想。实践显示,现代建筑的造型构思大多倾向于雕塑性美感的表现。这是因为建筑自身所具有的几何抽象性和空间性特征,使其造型意象在现代建筑理论的导引与制约下,自然更易与现代抽象雕塑的造型发生相互融通和因借的联系,并表现出雕塑艺术的类比性美感(图6-6)。

在现代游乐园和其他景观性娱乐设施中,其园景和建筑造型的构思常因借绘画艺术的二维构图表现手法,向游人展示特定的故事场景或建筑环境所组成的连续画面。如美国迪斯尼乐园的主题景观和建筑造型,常借用电影动画艺术片提供的画面和表现手法,使游人能在游赏过程中亲临电影画面所展现的梦幻般的童话世界(图6-7)。近年我国兴建的许多历史性主题游乐园,则常常因借中国古典园林的造景置境手法,使人们在游赏中能体验到中国传统长卷山水画所具有的美感(图6-8和彩图60、彩图61)。因借中国古典园林的绘画性美感的造型手法也常被用于具有景观性意义的小型娱乐设施中,如常州红梅新村文化站临水而建,其建筑造型着意表现江南古典园林所特有的美感。其建筑规模虽不大,但它以曲折长廊跨水相连的空间组合形式,使建筑与整个水面景色融为一体,丰富了建筑景观,并构成了连续的长卷画面。该文化站

图 6-5 加拿大多伦多汤姆逊音乐厅造型

图 6-6 珠海国际海员俱乐部　　　　图 6-7 迪斯尼乐园梦幻般的场景

的造型特色使其成为该居住小区的标志性景观(见工程实例 20 及彩图 53)。

三、形式构成的自由联想

在建筑造型艺术中，"构成"是指对无定形的材料进行加工和组合，并创造出具有形式美的艺术形象的造型构思方法。这种创作构思方法注重于形体、色彩、光影等造型构成元素的研究，并运用平面和立体构图的艺术形式表情达意，以取得预期的审美意象。由于构成形式的高度抽象性，其造型意象一般具有概括性、多义性和模糊性的特点。正因如此，这类造型为不同的观赏者提供了广阔的自由联想空间，从而使其获得了内涵丰富的抽象性美感。以形式构成生成的造型意象，具有表现建筑平面和形体组合的空间效果和构图技巧的特点，常利用建筑形体组合中的自由穿插和融合、切削和叠加、扭转和倾斜，以及自由展开和叠合等等造型技巧，充分表现艺术的自由本质。

图 6-8　我国古典园林具有国画长卷山水的美感

从造型构思的意义而言,现代建筑思潮中的构成主义和解构主义作品并无本质上的区别,都可以认为是运用形式构成的一种途径,两者的差异可以理解为运用逻辑和审美取向上的不同倾向。构成主义作品强调艺术形象的完整性,而解构主义作品则强调艺术形象的离散性,然而它们的造型意象都同样表现了追求几何抽象性美感和崇尚自由联想审美意义的倾向,其作品意义的生成皆完全有赖于观赏者的不同读解。如著名的日本建筑大师矶崎新设计的富士乡村俱乐部,可说是一个纯粹的构成主义作品。它的完美、平稳,缓延曲折的拱顶,从山上俯视可看到其总平面形式是个疑问号(图6-9)。于是,这个大问号引来了众多的理解和解释。为解其真意,最后还是请矶崎新自己解释了这个问题:"我是想问,为什么东方的日本人爱好

图 6-9　日本富士见乡村俱乐部

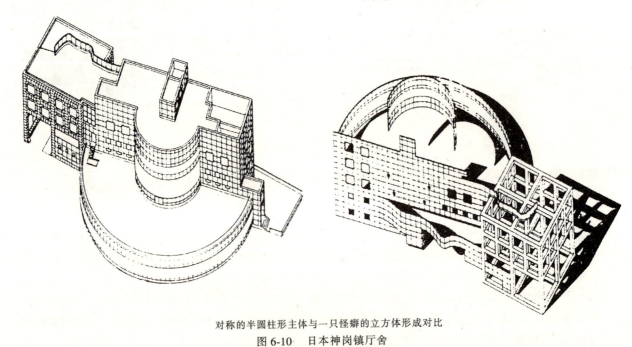

对称的半圆柱形主体与一只怪癖的立方体形成对比

图 6-10　日本神岗镇厅舍

西方的高尔夫曲棍球运动？"。如果没有设计者权威的说明,那么这个疑问号形式的屋顶将永远是个谜,留给观赏者的也只能是永无边际的猜测和自由联想空间。神岗镇厅舍是矶畸新的又一个形式构成的作品(图6-10)。作品将若干个基本几何形体交错结合在一起,其建筑表面饰以闪闪发亮的铝板,所构成的建筑形象使人联想万千,捉摸不定。其造型在矿山四周灰暗的建筑衬托下,给人的印象仿佛是一个突然从天而降的宇宙飞船或是别的什么天外来物。矶畸新的构成主义作品,其造型构思强调表现了建筑形象的完整性,但解构主义建筑大师弗兰克·盖里设计的法国巴黎拉维莱特公园音乐娱乐城,其总体造型强调的则是各种绝然不同的形态构成元素和分隔离散的建筑形象（图6-11）。

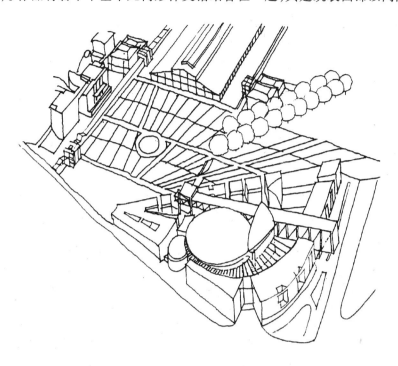

图 6-11　法国巴黎拉维莱特公园音乐城

上述三种造型构思的联想思维形式,是当前设计实践中较为常用的创作思路和造型意象。随着现代社会生活的变迁、建筑技术的进步和审美情趣的变化,人们对建筑造型的创造性也将要求越来越高。充分运用和发挥联想思维的作用,是提高创造性构思能力的重要途径。积极调动大脑中贮存的大量信息,实现纵横贯通,并达到由此及彼、举一反三和互动递增的效果,是联想性思维的特点。学会这种思维方法,将有助于设计者充分发挥艺术创造的想象力。

第四节　造型设计的表达和造型语言

优秀的建筑造型不仅来自巧妙的设计立意和构思,而且也来自娴熟的造型设计表达技巧,两者缺一不可,且常具互补共济的意义。造型设计的表达技巧即是正确运用建筑造型的形式语言(以下简称造型语言)表情达意的方式。精良的造型语言技巧是提高造型设计水平的重要基础,这对造型要求较高的休闲娱乐建筑来说尤为需要。为此设计者对造型语言构成和运用的一般规律应有足够的了解,以满足休闲娱乐建筑造型多样化、高水平和不断创新的实际需求。造型语言的运用是任何类型建筑共有的设计课题,它所涉及的一般形式美的创作问题已在相关的构图理论著述中有所论及,无须在此重复再述。本节仅结合休闲娱乐建筑需要特别关注的几个造型语言运用问题择要论述,以便读者结合实践迅速把握有关设计要领,并逐步深入提高。

一、造型语言的基本构成

所谓语言,通常是指以语音或文字为物质载体,以词汇为构筑材料,并以语法为组织结构而构成的语言或文字信息体系,它是人们用以交流思想、相互沟通的工具,也称为自然语言,其表达方式尚可采用不同的语言体裁。而建筑造型语言则是一种专用形式语言,它是以视觉图像为物质载体,以形态要素为构成素材,并以构图技法为组织结构的图像信息体系。同时随审美理念的差别,其表达方式也可呈现为不同的形式体裁。如将两者比照,对造型语言可作这样简单的理解:造型构成的形态要素即是造型语言的基本词汇,形态组织的构图技法即可比作造型语言的语法结构,设计表达的审美理念即为造型语言采用的形式体裁。可以认为,这三部分是造型语言的基本构成,也是学习造型语言运用技巧应不断研究掌握的三个基本方面(表6-1)。

造型语言基本构成　　　　　　　　　　　　　　　表6-1

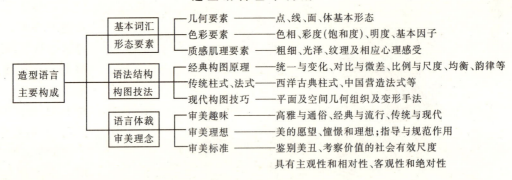

(一)研究形态要素的造型特性是掌握造型语言运用的基础

因为形态要素是构成建筑视觉形象和表达设计意匠的基本物质手段,任何建筑的造型设计都离不开各种形态要素的综合运用。形态要素主要包括几何要素、色彩要素和质感肌理要素。其中几何要素由点、线、面、体(块)四种基本形态构成;色彩要素由色相、彩度(饱和度)和明度三种色彩变化因子构成;质感肌理要素则是由建筑材料外表面的视觉特征(粗细、光泽、纹理等)所表达的触觉特性和心理感受(毛糙与厚重、精细与轻薄等)组成。上述形态要素在整体造型中发挥的作用既各不相同,又相辅相成。比较而言,几何要素一般具有核心主导作用,而色彩和质感肌理要素则往往表现为辅助修饰的作用。形态要素造型特性的研究应包括它的建筑表象、构图作用和造型处理等方面的设计运用方式。以几何要素为例,设计者应研究掌握的主要造型特性应包括表6-2中所列各项内容。其中形体要素在现代建筑造型中占有主导地位,读者应予特别关注,可根据需要研读相关构图理论专著作更多的了解。

几何要素主要造型特性比较　　　　　　　　　　　　　　　表6-2

基本形态 \ 特性	建筑表象	造型构图作用	造型处理技法
点	·总平面——点状(塔式)建筑 ·平面——柱、墩 ·立面——窗洞、装饰点	·强调位置 ·形成视觉中心 ·点群组合表情运用	·强化处理(加强独立性背景对比度) ·弱化处理(点的线化与面化) ·表现次序感、韵律感、聚集感、运动感
线	·总平面——条形(板式)建筑 ·平面——墙体、地面分划 ·立面——天际线、轮廓线、材料分划线,装饰线 ·平立面设计控制线——轴线、关联线、构图解析线	·表现视觉情态: 　直线的表现(粗、细水平、垂直、倾斜) 　曲线的表现(圆弧、抛物、双曲、自由) ·形态的几何组织关系	·主次感处理(粗细、密度变化突出主线) ·方向感处理(以主导方向取得统一感和整体感) ·节韵感处理(曲线可表现节奏的生动流畅) ·面化处理(线的弱化、丰富立面) ·经典构图关系 ·现代构图关系
面	·建筑外立面、屋面、墙面 ·室内地面、天花、构件表面 ·面状形体(板式形体)	·平面图像二维构图 ·建筑形体三维构图	·平面形态加工(外形剪裁、平面挖孔、曲面切削) ·平面视域调控 ·平面图像的图底关系
体(块)	·建筑立体空间外形	·建筑形体构成单元 ·整体构成的基本几何形态 ·表现三维空间视觉特性(体量感、重量感、充实感、方位感等)	·体量感处理(增强或减弱) ·方位感处理(垂直、水平、倾斜) ·形体组合和加工变形

(二)研究形态组织的构图技法是掌握造型语言运用一般规律和手法的重要途径

建筑造型与一般艺术造型具有相似之处,因而一般造型艺术构图中的形式规律和手法,如统一与变化、对比与微差、比例与尺度以及均衡、韵律等基本概念,同样也适用于建筑造型构图的运用。有关这些基本构图概念的造型运用,在早期经典的建筑构图原理著作中已有论述,学习掌握它们有助于理解建筑造型艺术的一般规律,避免造型设计中的盲目性、随意性和神秘化。然而,构图理论毕竟是从大量建筑创作实践中总结出来的规律。随着社会生活、生产和建筑技术的发展变化,构图技法也在不断发展与变化。因此,学习掌握构图技法不仅应包括经典的构图理论、传统的建筑柱式或法式,而且更应重视当代建筑实践中所创造的构图新形式和新手法,并善于在自己的设计实践中不断探索和总结。

(三)研究造型语言表达的审美理念是丰富造型艺术体裁、提高造型语言技巧的理论基础

因为现代建筑造型多样化发展的趋势反映了不同审美理念共存的客观需求,然而审美理念是随着社会政治经济、文化艺术、自然条件和地区、民族传统的变化而取向各异的。若要使建筑艺术作品获得社会公认的肯定评价,就必然要求建筑造型语言的表达符合当时、当地社会认同的审美理念。所谓审美理念即包括审美趣味、审美理想和审美标准的综合考察。其中:

审美趣味是指人们在美的欣赏和判断中,对某些对象或对象的某些方面所表现的特殊喜好和偏爱。在美学上,审美趣味常被视为审美能力发展水平的标志。

审美理想是指审美意识高度发展的产物,它是人们对美的一种完善形态的追求、憧憬和理想。审美理想对一定时代、一定民族和一定社会群体的艺术欣赏和创造起着能动的指导和规范作用。

审美标准是指审美评价中人们在衡量审美对象时,自觉或不自觉地运用的某种相对固定的尺度。它既是鉴别美丑的标准,也是考量对象审美价值高低的尺码。审美标准既具主观性和相对性,又具有客观性和绝对性。

实践证明,只有在完整的审美理念支配下,才能使建筑造型语言的运用主题明确、逻辑清晰,才能创造出个性鲜明的建筑形象。

上述建筑造型语言构成的三个基本方面所涉及的内容很多,除了应学习相关理论著作外,更重要的还是应结合设计实践逐步深化理解和掌握运用。休闲娱乐建筑造型的特点也明显地表现在造型语言运用的特色上,它们较为注重形体要素和色彩要素的表现力,并较为重视形式构图技法的创造性和艺术体裁的新奇感。因此特别需要对休闲娱乐建筑造型语言运用的特色方面再略加分析论述。

二、形体要素的造型运用

本书第四章已经阐明:建筑形体是内部功能空间的外在视觉表现,并受外部环境和审美要求的制约。建筑造型设计即是以视觉形象体现主客观审美要求的过程。在实际设计过程中,建筑造型的考虑往往是与建筑内部功能组织和空间布局同时交互进行的。首先,在进行功能分区的同时,设计可将建筑空间归纳为若干个功能(体)块作为造型设计的基本空间素材。对于拟建的建筑来说,其功能(体)块的组成和规模大小是由设计任务决定的不变因素。但是其布局、形状和造型处理却可完全不同。正因如此,建筑造型设计在满足内部功能和技术要求的前提下,可以采取多方案的选择与比较。从功能分区时功能体块的形体选择,到空间布局中结合造型意匠对形体关系的调整,直至最后为完善形体的功能和审美意义对其造型进一步的加工,这就是形体要素在建筑造型设计运用中逐步演进的完整过程。这一过程用框图表示即:

(一)功能空间的形体选择

反映建筑使用功能的空间体块应选择空间形式合宜、并符合造型设计要求的形体。由于建筑是需要耗费大量人力与物力的工程施工产品,从工程经济技术的角度考虑,一般采用外形简单、规则或几何关系明确的建筑形体。简单规则的单一几何形体,在工程实践中最常使用。特别是基本几何形体,不仅便于工程实

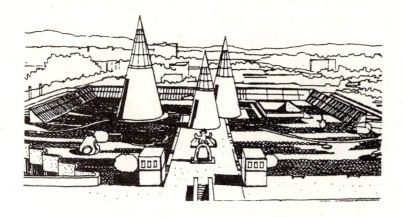

图 6-12　日本某游乐园建筑使用简单几何形体

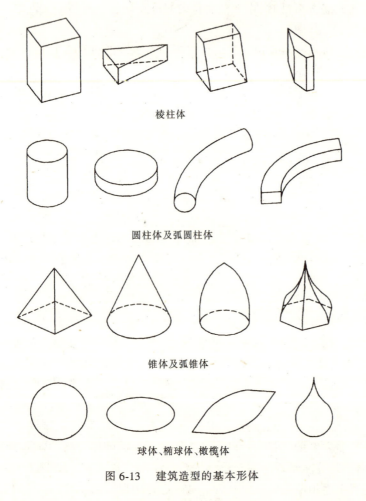

图 6-13　建筑造型的基本形体

施，而且在视觉效果上也具有较强的表现力，因而在休闲娱乐建筑造型中也较多采用，以充分展现引人注目的场所特征和建筑个性（图6-12）。建筑常用的基本几何形体可以立方体和圆球体为原形，分为平面体系列和曲面体系列两大类。前者包括方盒体、棱柱体和角锥体，后者包括圆柱体、圆锥体和球面体（图6-13）。各种基本几何形体都显示着特有的视觉特性，选用时应予充分考虑。由两种、三种或多种基本几何形体构成的复合形体仍具有明确的几何组合关系，它也是工程实践中最常使用的建筑形体，具有丰富多姿和灵活多变的组合造型，可以充分表达建筑使用功能的内涵（图6-14）。美国洛杉矶迪斯尼世界科学宫的主体造型(图6-15)采用了巨型玻璃圆球，既给人以科学的神秘感，也表达了内部球幕电影大厅的使用功能。其基座部分采用圆柱形和圆台形组合形体，与圆球形主体构成协调统一的整体造型。

（二）形体选择的表情意义

建筑造型与其他艺术造型在表现形式上的主要区别之一，就是它在表现内容和意义上的象征性，并且主要借助于抽象的几何形象来表达某种抽象的情感概念和环境气氛，诸如庄严、雄伟、宏大、坚实或轻盈、明快、活泼、潇洒等等。因而无论选择单一几何形体或选择多元复合形体，都可以表达这类抽象的情感概念和设计意象。形体造型意象的表达主要是借助于形体自身的体量感、方向或方位感的视觉效果来实现的。

1. 体量感

体量感是形体要素视觉表现的基本特征，造型设计经常利用体量感来表达宏伟、庄重和沉稳的情态意义，表达对自然力和人类力量的赞美，以唤起人们崇敬和仰慕之情。影响建筑形体体量感表现的主要因素是其体形、尺度和比例。实践表明，曲面形体比平面形体有较强的体量感，三向空间尺度越接近的形体具有越强的体量感。因而圆锥体比角锥体、圆柱体比棱柱体、球体比方盒体都具有较强的体量感。圆曲面体中，球形体具有最强的体量感。方盒体中，正方体比长方体或板状体具有更强的体量感。体量感是形体要素的客观存在，但休闲娱乐建筑在大多数情况下需要表现的是轻盈活泼和令人愉快的情态意义。因而常在确定的形体上采取减轻体量感的造型处理手法，以避免笨重、沉闷和压抑等不良视觉感受。如日本琦玉县北足

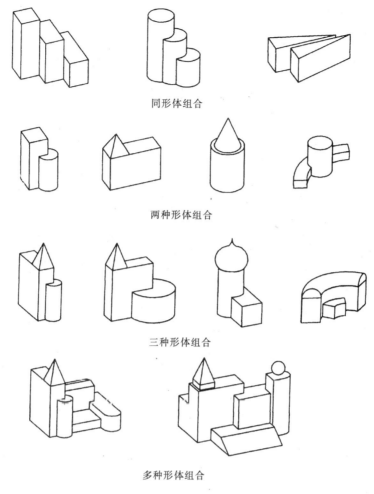

图 6-14　形体组合示例

图 6-15　洛杉矶迪斯尼世界科学宫

立郡县民活动中心（图 6-16）其外形封闭方正，为打破沉闷压抑的环境气氛，采取了在形体表面开设洞口，显示内部空间层次的处理手法。同样的处理手法也表现在日本长崎市儿童假日活动中心的形体处理上（彩图 184）。另外，体量感过强的形体也可用表面的图案、装饰吸引视线等方法来达到分割、减轻体量的目的。如美国佛罗里达州奥兰多迪斯尼总部大楼（图 6-17），其形体犹如积木式的拼装，显得有些简单粗笨，但

105

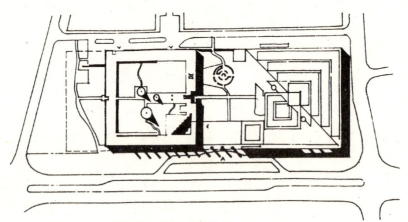

图 6-16　日本琦玉县北足立郡县民活动中心

娱乐建筑和旅游观赏性建筑的个性,可以体现在色彩上、造型上或怪异的(艺术的)形象上

图 6-17　美国佛罗里达州奥兰多迪斯尼总部大楼

形体表面材料与彩色处理的装饰性图案吸引了人们的注意力,形体的沉重感得到了相应的调整。同样的处理效果也表现在法国尚贝里安德烈·马尔罗文化中心的大片实墙面色彩分划手法的恰当运用中(彩图161)。

2. 方向感与方位感

形体的方向感和方位感也具有表达造型情态意义的作用。方向感的表情意义首先表现在形体沿不同方向增加体量会产生不同的视觉效果。如垂直向上生长的体量可表现崇高、敬仰的情态,水平伸展的体量可表现广阔、大度和平静的情态,纵深延伸的体量可表现深远、神秘的空间气氛。如格鲁吉亚第比利斯文化宫(图6-18)建在地势较高的山丘上,为表现其在城市景观中的标志性地位,其主入口上部选用了高耸的塔状形体,向上生长的形体与地形协调一致,表达了同样的设计意象。塔吉克斯坦文化中心(图6-19)的形体选用了水平伸展的体量,与临湖傍水建造的基地环境十分协调。又如日本冈山县仓敷市文化中心(图6-20)为在平整而缺乏环境特征的城市基地环境中营造一个具有空间层次感的活动环境,其建筑体量随功能流线沿中轴线纵向布局,表达了深沉而耐人寻味的设计意象。方向感的表情意义其次还表现在不同形体在视觉上的不同展示倾向,因而根据此项特性可将形体造型分为有方向感和无方向感的两类形体。平面形体中的正方体和曲面形体中的圆球体可以认为是无方向感的形体,其余形体皆具有一定的方向感。一般来说,无方向感的形体具有安定、稳重和朴实的情感。休闲娱乐建筑一般需要表现出轻快、活泼和生动有趣的情态特点,因而经常采用具有一定方向感的形体,使其在不同的方向上产生不同的视觉形象,并给人以变化丰富的动感。上述格鲁吉亚第比利斯文化宫的总体形态即采用了面向山下城市干道的富有动感的形体组合。同样,形体的方位变化也可以用来表达形体的情态意义。所谓方位变化是指形体基本轮廓与中垂线(或地平线)的相对位置变化。同样的形体,其方位的垂直、水平或正或斜可以产生不同的表情。如广州儿童活动中心的造型(彩图73)是由数个平截圆锥形体正置和倒置组合而成,其中正置者放在下层表现了稳定的静态表情,上层倒置,其上大下小的形体则表现了旋转上升的动态表情。两者相辅相成,使整体造型表现了童话般的环境气氛。又如深圳蛇口文化广场的角楼顶部屋面造型,将常见的筒拱形屋面反置,形成向上翘起的反弧形,使平板无奇的屋顶轮廓增添了些许动感和欢快的表情(彩图86)。

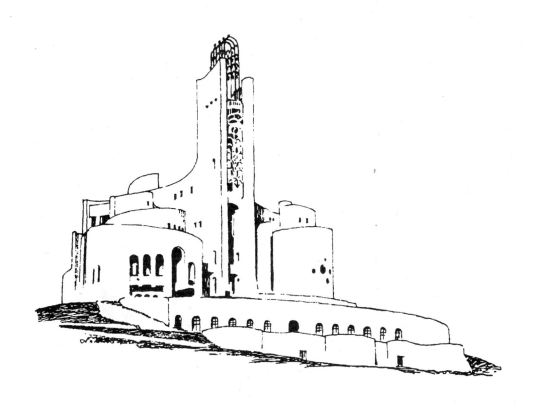

图6-18　格鲁吉亚第比利斯文化宫

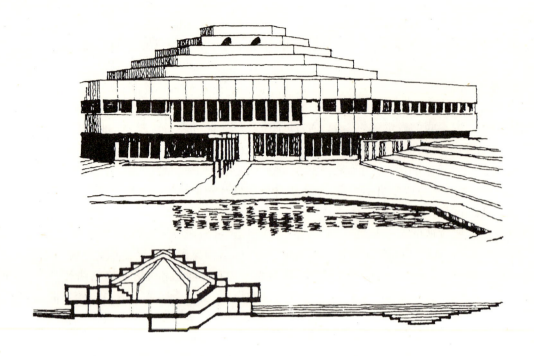

图 6-19 塔吉克斯坦文化中心

(三) 形体造型的加工处理

造型设计在基本形体选定后，为更好地满足内部使用功能和多样化的审美要求，经常需要对基本形体作进一步的加工处理。形体造型的加工处理手法在现代建筑的造型设计中占有重要地位。它已不只局限于二维立面处理，而更注重采用三维空间的处理手法。对单一几何形体的三维加工处理是常见的手法，其基本手法大致可归纳为如下几种：

1. 削减法

又称为减法，即是按照形式构图规律切削或挖去基本形体上的一部分体块，以达到修正形体视觉形象和创造富有造型细部的设计目标。这种手法在追求简洁、精巧美的现代建筑造型中最为多见。按其具体加工形式可有图 6-21 所示的数种手法。在实践运用中还有更为复杂的切削形体的方式。如日本爱知县艺术文化中心的造型是以立方形为基本形体，通过直线和曲面的多次切削和抠挖而生成的雕塑化的形体（图 6-22）。

2. 添加法

此法恰与减法相反，即是在建筑基本形体上添加附属形体，用以丰富和完善总体造型的手法。此法在日本琦玉县文化中心的形体处理中颇为典型（图 6-23），它在立方形的主体造型上添加

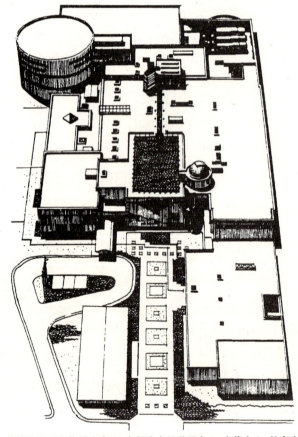

前端为地下文物展出中心，中部为市民学习中心、音像中心、教育中心，左侧为科学中心，右侧为能源中心

图 6-20 日本冈山县仓敷市文化中心

了圆柱形和角柱形的附属形体，丰富了形体造型的细部表现。香港赛马会沙田会所的造型（图 6-24），也采用了在方形基本形体上附加方锥形体量的处理手法，丰富了形体变化。

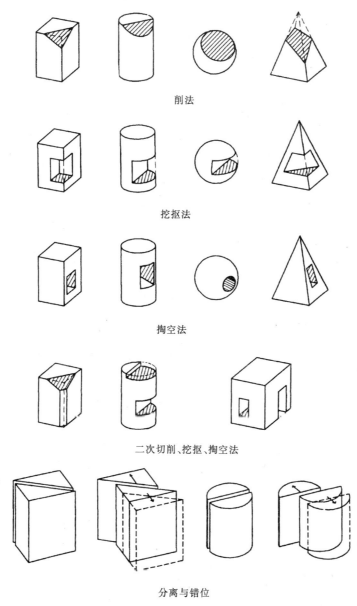

削法

挖抠法

掏空法

二次切削、挖抠、掏空法

分离与错位

图 6-21 形体的加工手法

实践表明,运用削减和添加的形体处理手法应注意如下几个要点:

(1) 应始终保持基本形体的完整性。削去或添加的形体应与主体保持明确的主从关系,避免过多削减或添加产生喧宾夺主的弊病。

(2) 形体处理手法应单纯统一,避免两种以上手法交错混用,以利充分展现形体加工处理的精巧技艺和工艺印迹。

(3) 为充分表现形体自身的雕塑性美感,形体外表不宜采用过多的质感和色彩变化处理,以充分突出形体光影和虚实变化的造型表现力。

3. 分割法

这是一种削弱形体的体量感,化整为零的处理手法。它可以增加形体的层次感,使单一形体变为多元组合形体,或用以改变形体的比例关系,调整尺度感,创造形体新的视觉形象。如突尼斯青年之家的方案(图 6-25),其总体造型是一个横卧的三角形棱柱体,设计将其整体从竖向分割为两部分,取得了新颖的造型效果。在高层建筑中常采用横向切割分段的手法。

4. 转换法

这是采用从一种形体过渡到另一种形体的渐变手法创造新形体的加工处理手法。构成形体转换的因

图 6-22 日本爱知县艺术文化中心采用了雕塑化形体语言

形体添加法处理

图 6-23 日本琦玉县某文化中心

形体添加法处理

图 6-24 香港赛马会沙田会所大楼 金字塔式形体

素包括形状、方向、大小、角度和曲率等几何要素。这种新形体因几何关系复杂,传统结构形式难以实施,当代建筑材料技术的进步,为其发展运用提供了广阔的前景。如 1999 年建成使用的杭州市健身娱乐中心,其屋顶采用的索膜结构造型即是由曲面形向长方形主体转换的一种形体,产生了富有动态感的新形象(彩图 70)。

三、色彩要素的造型运用

色彩要素在休闲娱乐建筑造型中的运用,较其他类型的建筑造型更为突出,充分表现了它在塑造建筑个性和营造环境氛围上的重要作用。色彩要素的造型运用总是服从造型语言整体意义的表达的,或是用于加强整体造型,或是用于组织、调节整体造型,使色彩要素与形体要素相辅相成,应避免喧宾夺主的色彩表现效果。色彩要素在配合形体要素的运用中,主要可发挥如下三方面

图 6-25　形体竖向分割——突尼斯青年之家

的造型作用:

(一)色彩强化作用的运用

在建筑造型设计中,通常利用色彩冷暖和明度的对比关系来增强建筑形体的立体感和空间感,从而达到加强形体表现力。为此,色彩处理的一般规律是在建筑形体需要着重表现的部分(如凸出的阳台、壁柱或门窗等)相对提高色彩的明度和对比度,在其余部分则相对降低其明度或对比度。同时可配合以色调冷暖的变化,使需要凸现部分的色调较暖,凹入部分的色调相对较冷,即可使建筑重点部位的造型和造型的表现力得以强化(彩图 18 及彩图 19)。

(二)色彩调节作用的运用

由于受经济技术和使用功能等多种客观因素的制约,有时建筑形体造型会显得过于简单粗笨,或显露出某些造型缺憾。为了弥补形体造型上的不足和欠缺,利用色彩的视觉调节作用是最为经济而有效的办法。通过色彩处理对形体造型中某些不利特征作非意向效果的改造或隐化处理,可使整体造型产生向完美或企望中的设计意象转变。例如对造型或环境气氛不利的大片实墙面的处理,采用色彩图案或壁画装饰可使其沉闷压抑的视觉形象变得轻快活泼起来(彩图 66);又如高耸的塔状建筑形体,可利用立面横向色带分划处理,使平板粗笨的建筑形体取得重叠向上的节律性美感(彩图 161);再如形体扁长低矮的建筑,可利用平面转折变化的自然区段,将形体进行竖向色彩分划,以调节形体比例尺度的缺陷(彩图 148)。

(三)色彩组织作用的运用

由于受基地条件、功能关系和经济技术条件的制约,建筑造型时常会出现形体过于复杂或群体关系过于松散的情况。为增强建筑整体统一的造型效果,常利用色彩的组织作用将复杂松散的形体关系转化为简单统一的构成关系。使用单纯统一的色彩组成是发挥色彩组织作用的常见处理手法。著名现代建筑大师理查德·迈耶的白色派作品,尽管形体复杂、立面构件多变,但它单纯统一的白色调使其显示了似雕刻艺术品般的优雅精致和整体感(彩图 154)。多色彩的运用,只要色彩组合形式统一,仍然具有极强的整体组织作用,如日本福冈博多水城商业娱乐综合体(彩图 214),其建筑群体复杂、规模宏大。虽然色彩丰富且多对比色,但由于色彩组合统一,仍取得了极为成功的整体感,正如作者所表述的设计意象那样,整个建筑群像一群条纹各异的斑马家族。

四、构图技法的造型运用

构图技法是建筑造型设计在空间形体组织、立面处理和细部装饰中,为取得理想的审美效果所采取的一般规律性手段。它在造型语言的构成中,发挥着形成语义核心骨架的作用。因而,相同的形态要素经采用不同的构图手法即可取得不同的造型效果,表达不同的审美理念。因此在当代建筑造型设计中,构图技法的运用受到了越来越多的重视。有关构图技法的经验总结通常称为建筑构图原理或理论,它是一定历史阶段建筑造型实践的经验总结。经典的构图原理是基于传统建筑实践的理论总结,其研究焦点主要是在建筑立面的二维平面构图关系上。现代社会审美理念的深刻变化开创了建筑造型语言多元化发展的局面,从而推动了构图技巧的迅速更新和发展,使构图技法从经典理论关注的二维平面关系发展为三维空间关系的研究,从只注重立面造型构图发展为更注重形体造型的构图。构图技法的发展同样也明显地表现在当代城

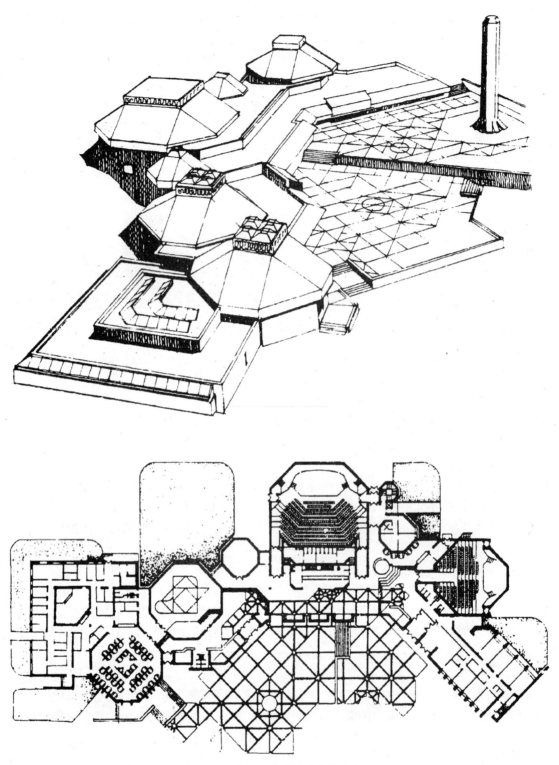

图 6-26 俄罗斯扎列诺市文化中心
(表现了八边形几何母题的形体造型效果)

市休闲娱乐建筑的造型运用中。从建筑形体的造型设计来看,其形体构图运用的手法大致可归纳为三种类型:

(一)轴线协调型

即依靠形体的几何轴线关系构成统一的整体造型。无论在建筑群体中或建筑单体中,皆可运用中心轴线形成形体的对称均衡、非对称均衡或反对称均衡的几何构图关系,取得协调统一的整体造型。采用对称构图的单体建筑形体具有造型端庄稳重的体态,如北京民族文化宫(彩图1)、北京宣园青年宫(见工程实例1)、云南昆明工人文化宫(见工程实例12)及日本富山县小杉町文化馆(见工程实例51)等等皆具有以中轴线协调组织建筑体量的对称构图手法。以中心轴线组织非对称均衡构图关系的实例更为常见，它可以创造既严谨又灵活的形体造型，如北京中日青年交流中心的造型构图（见工程实例2）是以连接东西两侧的桥廊为构图中心，并以桥廊中心线为构图中心轴线，构成非对称均衡的整体造型，创造了富于空间层次感的中心广场和形体变化丰富的群体造型。又如辽河油田青少年宫的群体造型（见工程实例8）也采用了类似的轴线协调的构图手法，创造了富有层次的院落空间和多样统一的建筑群体造型。

（二）几何网络型

这是以结构柱网或基本空间单元为协调网络，以单一几何形式为构成母题，组织建筑平面或形体的造型构图手法。这种形体构图手法采用的几何网络可以为三角形、方格形、六边形、八边形等多种形式，所构成的建筑形体造型可以突出表现各种几何形体的视觉特性。如无锡市文化馆采用三角形柱网表现了六边形空间单元组合的形体造型（图4-2）。南京南湖文化馆则以正方形空间单元为几何母题和组合网络（工程实例15）。南通市少年儿童活动中心完全采用六边形柱网和空间单元（工程实例22）。俄罗斯扎列诺市文化中心平面柱网和形体组合均充分表现了八边形几何网络构图的视觉效果（图6-26）。

（三）空间骨架型

建筑功能流线所经过的交通空间通常形成独立的空间系统，它具有把各个使用空间连接组成有机整体的空间骨架作用。建筑整体造型即可理解为在这个空间骨架上组合各种使用空间形体而形成的整体视觉形象。设计采用的同一功能流线组织模式，往往可以选用不同的交通空间组织形态和组合以不同的使用空间形体，从而取得形态各异的造型效果。交通空间系统一般由走廊（中廊、外廊、回廊等）、大厅（门厅、过厅、广厅等）、中庭、内部街和院落等空间有序连接构成。交通空间系统的构成形态对建筑总体造型具有决定性的影响。如以其系统空间形态的不同变化，可将建筑总体构图分为脊柱式、组团式、辐射式和院落式等多种形式。本书第四章有关建筑空间布局的基本形式（图4-6～图4-12），也同样显示了由功能流线形成的交通空间系统在塑造建筑总体造型中的空间骨架作用。

由于休闲娱乐建筑具有功能不断更新和造型较具时尚性的特点，因而格外重视构图技法在造型设计中的运用和创新。如果把上述通常使用的构图手法称为传统构图技法，那么近年来出现的许多新构图手法在形式构成的概念上表现了与传统构图技法的截然不同。如果传统构图手法的造型可用"组合"和"连接"的概念来诠释，那么以新的构图手法生成的造型则宜用"变异"和"重构"的概念来理解。与上述传统的三类构图手法相比较，新的构图手法也相应表现了如下三方面的特点：

（一）轴线意义的异化

在新的构图手法中，轴线承担的构图角色发生了很大的变化。首先，在传统的构图手法中，特别是在经典的构图理论中，总是将轴线关系奉为至尊，主宰着建筑造型格局的"对称"、"均衡"和"序列"的安排。然而当今新构图手法对轴线构图的运用作了大胆的扬弃和变革，崇尚无轴线而有序、非对称而均衡的造型格局。如后现代主义作品中常赋予轴线作为信息载体扮演更多的构图角色。解构主义作品中更将其转义、扭曲和分解，使其扮演了引导各构图要素对立和冲突的角色。

其次，传统构图手法中经常借重轴线关系作为造型构图分析的有效手段，但在新的构图手法中却可被赋予历史和文化的内涵，用以表达城市或地域文脉的意义，并借用方格网络表达不同的轴线关系。例如解构主义建筑大师彼得·艾森曼在美国俄亥俄州立大学视觉艺术中心的设计中，对校园空间的"深层结构"作了轴线转义的分析，提出了把它与该市街道轴线网格在校园中汇集于一处的设计方案（图6-27）。方案的实施使该中心建筑造型成为一个地理上象征性的焦点，表达了大学校园与城市文脉相关联的意象。尽管赋予轴线的新意义似乎有点似是而非，但毕竟借以创造了一个新奇独特的建筑艺术形象。

另外，新构图手法中轴线关系的运用也呈现了多向异化的趋势，具体表现为轴线关系整体松散而局部严整的特点，也就是整体的无序与局部的有序并存。这类新潮的设计作品表面上看来似乎杂乱无章，难觅明确的轴线关系，但其局部却仍可发现自成系统的轴线组织。如有解构主义代表人物之誉的英国建筑师哈迪德设计的香港顶峰俱乐部，运用了一种非理性的理性手法，如裂变、扭曲等构图手法的运用，使作品呈现了具有自律性的局部，在无序的整体中相互作用的审美趣味和轴线意义异化的设计意象（彩图119、彩图120）。

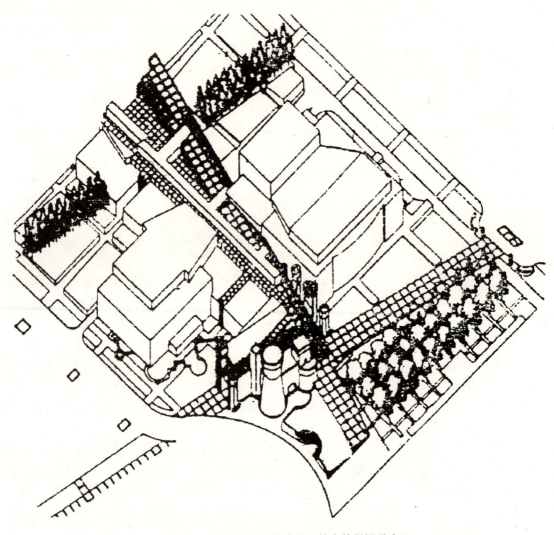

图 6-27　艾森曼的轴线转义　俄亥俄州视觉中心

(二)几何关系的畸变

在建筑形体的几何构成关系上,新构图手法对传统构图运用的几何网络进行了变形处理。采取了多种图形复合与变换技巧,使原有简单而确定的几何关系变得复杂而又多变,并导致建筑形体几何关系的畸变,借以生成新颖而奇特的形体造型。运用几何畸变关系的新构图手法经常表现为图形的旋转与叠合、穿插与交错、分解与移位、扭曲与变形等主要构图技巧的运用:

1. 旋转与叠合

平面图形的几何轴线在原几何中心位置旋转一个方位角,旋转后的图形与原图形叠合,形成新的平面,借以丰富形体几何关系,改变平板单调的造型。如突尼斯青年之家设计方案,其入口大厅空间与门廊形体随其几何中心旋转了一个与道路折角相等的方位角,有效地丰富了形体的几何关系,增进了造型表现力(图 6-28)。在其旋转生成的新平面图形中,由于存在两个成角的构图网络,不仅可以产生新的立面和形体造型,而且也使内部空间形态更为灵活多变,具有空间形体旋转产生的特殊视觉效果和趣味。为简化结构与室内空间组织,平面图形旋转的角度常采用几何关系较为简单的 30°、45°和 60°角。

2. 穿插与交错

这是采用两个或两个以上不同建筑平面图形,以任意角度相互交错叠合生成新图形的构图手法。其新生成的几何形态常显示出各图形间的主从次序关系,其形体造型意象具有强烈的雕塑感。如俄国某乡村俱乐部的设计,其平面显示了由两个顶角 30°等腰三角形相切的几何关系,设计以此几何关系线为骨架,采用了一个等腰梯形与细长的平行四边形穿插相交的平面构图形式(图 6-29),创造了一个由两个斜坡顶形体

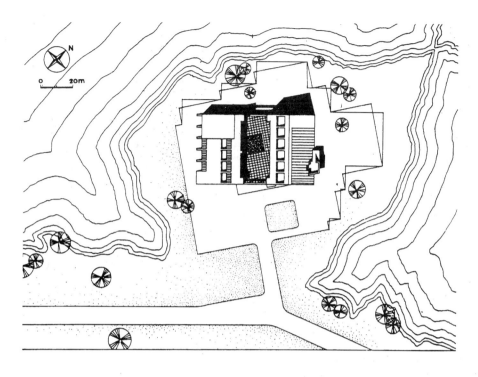

图 6-28　突尼斯青年之家的平面设计。采用旋转图形重叠的方式

相向交换的空间形态,成功地塑造了小俱乐部个性鲜明活泼的建筑形象。又如美国佐治亚州埃默里大学学生活动中心的平面构图,如一幅现代抽象画派的杰作(图 6-30),其平面图形由椭圆形、圆形、弧形、三角形和楔形等多种几何形态相互穿插、交错、叠合和相互作用而构成,使其室内空间和外观造型都充满了新奇有趣的动态性美感。再如香港顶峰俱乐部的平面构成可以认为是这种构图手法更为复杂的运用形式(彩图119、彩图 120)。

3. 分解与重组

这种造型构图手法是从解剖或分解既有的形式或意象造型着手,再从分解后的组成片断或关系中产生新形式的方法。由于既有的原型已被分割肢解,打破了常规或习常惯见的一般形式,并赋予了新形式在意义表达上的模糊性和多义性,为审美想像提供了更大的空间。同时,审美过程中"完形心理"的作用,新形式仍能启示部分原型的造型特征和建筑意义,因而人们自然不难理解新构图手法生成的造型新形象。如美国新译西州特伦顿大学学生活动中心的造型构图(图 6-31),可以理解为一个立方形形体被从对角线处切开分解,然后将其 1/2 体块与 1/4 体块重新相对组合成所需的新形体。因而新形体既保留了原立方体的特征,又获得了 45°直角三角形体块产生的新奇感。这种构图手法还可根据设计意象,采用分解并置、部分离异或整体断裂等不同重组方式,以取得不同的造型效果。山东青岛海上皇宫娱乐中心的造型构图,可以认为是半球体分解后多种重组方式的综合运用(图 6-32 及彩图 37)。

4. 扭曲与变形

这是在保持原型基本结构不变的情况下,利用图形的拓扑变换关系创造新形态的构图手法。正因为新形态有着与原型同构异形的血缘般关系,所以能鲜明地表现出新旧形态之间的异同特征,易于吸引人们的关注和读解。当今此法常被用于表达对历史、文化环境及类型特性等方向的理念和态度,并常隐含着某种诙谐、嬉谑和反叛的意味,因而在现代游乐园类建筑中较多运用。如美国佛罗里达州沃尔特迪斯尼世界主体建筑上方锥形尖塔和墙面门窗的造型(见彩图 143),似乎以一种嬉谑的意味表达了现代娱乐文化与当地土著文化的原型变换和喜剧性的融合。这种手法同样也表现在法国艾思贝斯游乐场的造型中(彩图 158),在具有古典柱式的圆形门廊顶部建造了一个高耸的圆锥形尖顶,形状与色彩酷似马戏团丑角的尖帽,似乎表达着对现代娱乐文化的诠释和嘲弄。当然,这种构图手法也可用来表达建筑文脉延续的意义,此时常采用置换、夸张、逆反和抽象处理的方法,突出表现由原型经扭曲变形产生的特殊视觉效果。如日本著名建筑

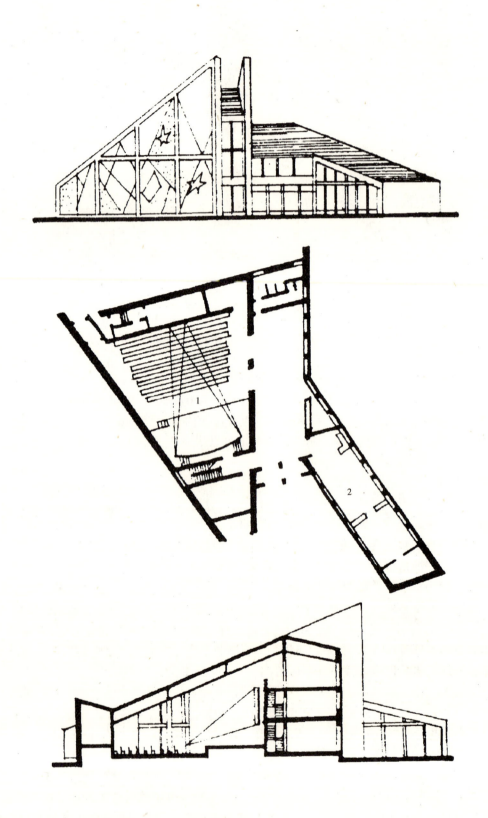

图 6-29　俄国某乡村俱乐部（图形穿插与交错）

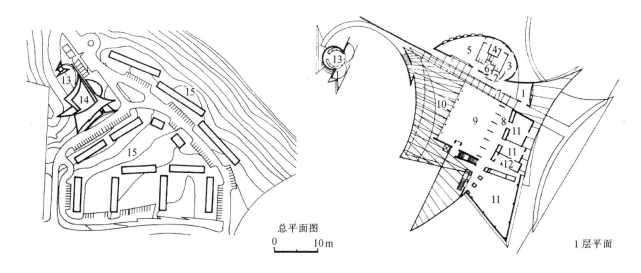

图 6-30　美国佐治亚州埃默里大学学生中心

1—入口；2—接待；3—休息；4—设备；5—阅览；6—办公；7—通道；8—走廊；9—活动厅；
10—露台；11—会议室；12—厨房；13—小教堂；14—学生中心；15—学生住宅

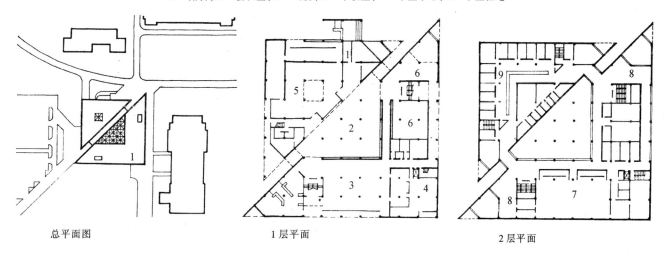

图 6-31　美国新泽西州立特伦顿大学学生中心

1—学生中心；2—大休息厅；3—快餐厅；4—厨房；5—书店；6—游艺厅；7—多功能厅；8—休息厅；9—办公室

大师矶崎新设计的日本武藏丘陵乡村俱乐部（见工程实例56，彩图182），其入口大厅顶部的方塔和活动室的天窗造型都鲜明地表现了该建筑造型与日本乡土文化的相互关联和由原型扭曲变形的设计意象。

当今，建筑造型设计中利用几何关系畸变的构图手法具有积极的创新意义，其运用方式正日趋丰富，除上述主要构图技巧的运用外，尚有许多未知的几何关系还有待进一步研究借鉴。

（三）骨架空间的变异

在传统的构图手法中，组织功能流线的交通空间系统发挥着组合整体建筑空间的骨架作用，主导着建筑形态的总体构成，但在建筑造型的表现上却往往处于被隐没和被忽视的地位。新的构图手法改变了这种惯常处理的手法，使被隐没在整体造型中的交通空间骨架发挥了造型表现的作用，甚至可"反串"成造型表现的主体。这种改变是通过原骨架空间功能与形式的变异来实现的，即将原来由交通空间系统单独构成的骨架空间变为由多功能灵活组合的主体空间，从而使骨架空间的功能定义模糊化，空间形式多样化，为形体造型提供更为宽广、灵活的创作空间。这种构图手法在当代建筑大师的作品中也不乏范例，如后现代建筑大师矶崎新的富士县乡村俱乐部（工程实例49），其由蛇形管状形体构成的造型主体综合了交通、休息、阅览、餐饮和娱乐等多种功能，同时也充分表现了室内交通空间的骨架形态。同样，在矶琦新另一个作品武藏陵乡村俱乐部的设计中，也着重表现了由门厅、坡道、连廊和过厅构成的交通空间的丰富造型，使原本隐没在建筑内部的骨架空间"反串"成为建筑造型的主体（工程实例56）。近年在我国建筑师的作品中也可看

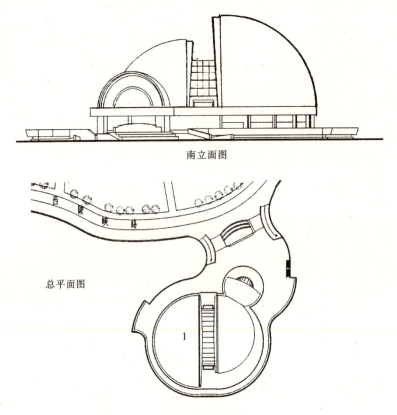

图6-32 山东青岛海上皇宫娱乐中心

到此类构图手法的运用,如新近建成使用的南京文化艺术中心(工程实例16),构成其造型主体的椭圆形和圆柱形形体中,综合了室内广场、门厅、多功能活动大厅和垂直交通空间等多种使用功能,室内空间交错融通、浑然一体,使通常被隐没的交通空间发挥了强劲的造型表现力。

骨架空间的造型表现除了上述以建筑实形态参与造型构图外,也可以空间虚形态参与构图,并表现为建筑造型的主体。如芬兰考斯丁纳民间艺术活动中心(工程实例44),其造型主体是各栋朝向随地形变化的建筑所围合的室外交通空间(包括踏步、平台、广场和隐藏在坡下的门厅空间),该交通骨架空间的造型在各栋建筑实体的反衬下得到了充分表现。

构图技法的运用在现代休闲娱乐建筑造型设计中具有格外重要的价值。除了应掌握上述三类主要形体构图手法外,同时也需要研究掌握有关立面和细部造型的构图技巧,因而造型构图技法是内容极为丰富的课题,不便在此一一详述。应在此提醒读者,造型构图技巧是当代建筑师必须不断提高的职业技能,否则难以满足当代社会对建筑艺术越来越高的要求。

五、抽象艺术的造型借鉴

由于建筑造型固有的抽象和象征性的艺术特性,现代抽象艺术以其新的审美理念对现代建筑运动产生过深刻的影响。现代建筑运动的先驱赖特、格罗皮乌斯、柯布西埃、密斯和阿尔托等大师在抽象艺术方面皆颇有造诣。据史料记述,抽象艺术大师蒙德里安的理论还是在赖特的建筑设计理论影响下形成的。勒·柯布西埃本人还是抽象的立体派画家。格罗皮乌斯曾把抽象艺术课程引入了包豪斯学院的教学体系,如此等等。可见抽象艺术与现代建筑在审美理念上有着难分难解的渊源关系。在学习建筑造型设计的同时,如能对抽象艺术有所了解,学会读解抽象艺术的造型语言,并能结合设计实践深入领会和借鉴运用,那么肯定会有助于激发艺术想象力,丰富建筑造型语言,并有助于设计能力的迅速提高。

所谓"抽象"即是与"具象"相对立的概念,也就是要求艺术表现的对象既来自原型,又异于原型。经常是采取把原型经过概括、综合、简化,而表现为具有几何倾向性的形态。如阿拉伯的抽象图案,其原型来自大自然中的花草植物,却又不同于花草植物的原型,因为它已被采取了几何化的抽象处理(图6-33)。

抽象艺术在20世纪初已得到了较大的发展,并且从理论上得到了肯定。正如美国著名美学理论家鲁

图 6-33 抽象的阿拉伯图案

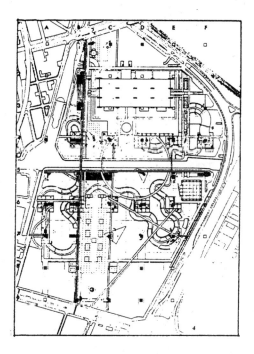 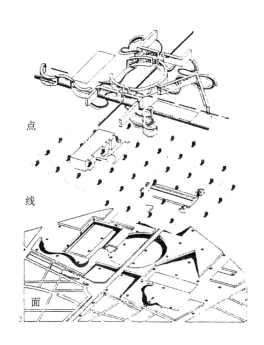

图 6-34 （法）巴黎拉维莱特公园（其名为"疯狂"的点状构图元素具有哲理的隐喻）

道夫·阿恩海姆在其专著《艺术与视知觉》中所言："我们无法知道艺术的将来会是什么样子，但可以肯定不会再是具象的艺术，因为它不是艺术发展的顶峰。然而抽象艺术肯定是观察世界的一种有效方式，也是只有站在神圣的顶峰上才能看到的景象"。建筑造型艺术的抽象特性必将使其成为未来艺术创造的最具魅力的胜地，同时也就要求建筑师对抽象艺术有更多的了解和修养。

抽象艺术并不意味着纯形式的构图游戏，它与传统的具象艺术一样，具有表达一定观念、情感和意义的艺术共性。鲁道夫·阿恩海姆认为："抽象艺术并不是由纯粹的形式构成的，即使它所包含的那些简单的线条也都蕴含着丰富的涵义"。同样，建筑造型中抽象的几何形体和形式构图，既蕴含着抽象的形式美，也表现着建筑的意蕴美。其所包含的各种抽象的形态要素，如体量和容积、线条和骨架、色彩和质感等等，一旦与建筑功能、技术和造型意匠相结合，就一定可以创造出如著名美学家克莱夫·贝尔所指的"有意味的形式"。因而从某种意义上说，建筑造型艺术的历史也是抽象艺术的历史。

在当代建筑造型设计中，抽象艺术表现了更加丰富的借鉴运用意义。美国著名建筑大师理查德·迈耶认为："抽象艺术在现代建筑发展中始终起着主导的作用，因为抽象艺术唤醒了人们去发掘和探索以几何形态组织现代社会的方式"。20世纪80年代，西方新构成主义和解构主义建筑思潮促进了抽象艺术与

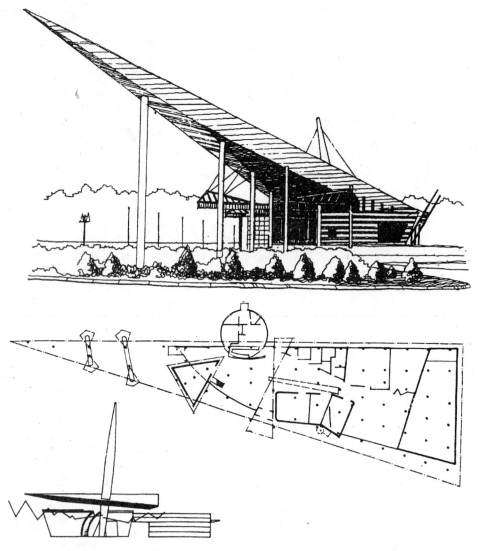

图 6-35　芬兰卡里利亚旅游中心抽象的平面构图手法和雕塑性造型

当代建筑艺术的融合。表现在造型构图中,抽象艺术常有的图形旋转、叠合、分解、移位、断裂、扭曲和变形等新构图手法的创新运用,这在前文已作了简介。同时还表现在造型意象的表达上,抽象艺术表意惯用的象征和隐喻手法也被广为借用,并创造了一批极具影响的作品。如被认为是当代解构主义代表作的法国巴黎拉维莱特公园,其规划布局形式和题为"疯狂"的景观建筑造型,从哲学角度隐喻了当今社会的矛盾和城市发展的种种问题。因为拉维莱特公园实际上并不是一个普通意义的绿地公园,而是建有剧场、音乐厅、健身运动中心和文化俱乐部的综合性休闲娱乐设施(图 6-34)。法国政府计划把它建成 21 世纪新型的城市公园和时代的标志,然而法国建筑师伯纳德·屈米把公园构思为大都会的投资开发模式,以当代西方哲学思潮中的"散构"和"分离"现象为构思依据,运用了"重叠"、"拼接"和"电影剪辑"等现代抽象艺术的手法,体现新的城市设计策略,创造了"世界上最庞大的间断性建筑"。屈米的设计方案中,用间距为 120m 的方格网将设计要求的众多文化娱乐设施组织在一起。在网格交点上,均匀安排了内容和造型完全不同的景观建筑。这些称之为"疯狂"的建筑小品又都以钢结构和大红色的搪瓷钢板建造,造型效果异常突出(彩图 165)。与其巨大规划网格布置成对比的是公园的道路、小径、走廊、斜坡和树木则按斜线和曲线的构图布置,形态自由、随心所欲。再将这些"点"、"线"和大片绿地构成的"面"三个各自独立的形式体系重叠在一起,便构成了整个公园规划的布局结构。其设计用意正如设计者在介绍方案时所言:"点、线、面三个系统被任意重叠时会出现各种奇特的和意想不到的效果,可表达所隐喻的"偶然"、"巧合"、"不协调"、"不连续"等抽象的设计概念,体现"分裂"和"解构"的哲学思想。

象征和隐喻的表意作用是通过人们的视知觉功能来实现的。视知觉不同于生理意义上的视觉功能。人们依靠视知觉的中介作用，可以从简单的形体联想到丰富的内涵。不同的人由于知识和经验构成不同，便会对相同的事物产生迥然不同的联想和感受。因而象征和隐喻手法的运用具有多义性、模糊性和暧昧性的特点。如悉尼歌剧院的造型设计表达了作者对周围环境景观的理解，但它抽象雕塑般的造型所具有的象征和隐喻意义，在澳大利亚居民中却有着截然不同的多种反响（图6-2）。有人说它像鸟的翅膀或贝壳，也有人说它像迎风高展的船帆，更有些学生用漫画讽刺它像海滩上交尾的群龟，这正反映了运用象征和隐喻手法多义性特点，也表现了抽象艺术的共性。

抽象艺术表现的特性不仅为建筑造型创作提供了许多新的形式语言（图6-35），而且也提供了一种开放的思维模式。它使设计者可以把自身积累的知识、经验和感受通过赋形、简化、提炼和抽象的处理，从而贯注到建筑造型艺术的创作中去。现代抽象艺术对于当代建筑造型设计所具有的借鉴意义还有待于我们在创作和观赏实践中不断深入体会和研究。在众多的建筑类型中，休闲娱乐建筑造型的变化最能反映当代审美理念的新变化，因而设计者应善于从现代抽象艺术中借鉴运用新的创作技巧、不断创造新的艺术体裁。

第七章 创作实践与佳作赏析

建筑设计具有艺术创作的一般属性,因而建筑设计也可称为建筑艺术创作。建筑艺术创作则是建筑师的主要职业技艺。若要掌握这种技艺,必须通过完成一定数量的课题或工程设计任务才能逐步实现。从建筑教学的课程设计、毕业设计,到青年建筑师的工程竞标、初步设计和施工图设计,就是培养这种职业技艺、提高创作能力的必经之路。这是一条不断实践,并不断从实践中总结提高,激发创造力,并逐步走向成熟的道路。

创作实践不仅包括设计的立意、构思和方案表现,而且也应包括设计作品的赏析和评价,这是创作实践活动的全过程。因而建筑设计竞赛和竞标活动的全过程是建筑专业学生和青年建筑师十分宝贵的创作实践机会。因为在争取荣誉的竞争活动中,全身心的投入不仅有助于促进创作思维活动更趋积极、活跃,表现技巧更趋严谨、成熟,而且作品成功或失败的经验也是最生动的教材,它将给参赛者留下最为深刻的教益。同时,竞赛获奖作品的赏析和评价也是非常有效的从实践中总结提高的方法。因此可以肯定,参加各项设计竞赛或方案竞标活动重在参与和交流,贵在促进和提高。据此共识,本章结合学习休闲娱乐建筑设计课题,从近年与本课题相关的建筑设计竞赛和竞标中获奖的优秀设计作品中精选数例作简要介绍和评析,以期发挥更为直接的启迪和观摩效果,同时也有助于读者了解当今我国建筑设计教学的现状和青年建筑师创作探索的轨迹。

第一节 全国建筑系学生1996年建筑设计竞赛,东南大学获奖作品介绍

该次设计竞赛的题目是"大学生活动中心"。其建筑基地位于北方某高校院内,基地东面为校园主干道,并与田径运动场相对,北面为4层学生宿舍楼,西面与南面为教学区,并在建设用地西邻有一栋单层小食堂及其后院,南部为绿地。用地内西南角的古树应予保留,用地东侧沿边的行道树则可结合设计适当增减。

全国大学生设计竞赛不同于社会公开举办的设计竞赛,它是密切结合教学进行的,而不是另行安排内容和时间,以免增加学生学业负担。因此设计竞赛的评选是根据三年级教学的基本要求和竞赛题目的"设计要求"进行的。东南大学三年级下学期后8周的课程设计教学即配合竞赛活动进行。最后按竞赛组织规定选送了1/10的学生作品参赛。其中三件作品分别获得了一、二、三等奖。

获奖作品表现了如下共同特点和优势:

(1) 重视设计创作的立意和构思,力求形成方案特色;(2) 紧密结合基地环境,把环境制约因素成功地转化为创造环境特色的有利因素;(3) 建筑造型处理手法运用适当、整体协调统一;(4) 较好地掌握了设计构思的表达方式,并具有较高的图面表达质量。

获奖作品的竞赛评语分别是:

■ **一等奖作品**(作者华晓宁,指导教师杨永龄):
- 构思有特点,建筑布局与古树关系良好,功能分区明确、布置紧凑,流线通畅,体量造型整体中求变化。
- 庭院绿地应设步行小路导向交谊广场,与食堂后院应有视线分隔,三层应设厕所,剖面标高不全,平面图不应画阴影。

■ **二等奖作品**(作者吴文煌,指导教师杨永龄):
- 功能分区明确,布局与古树关系较密切,造型简洁,能注意处理与食堂后院的视线分隔关系。

- 展室处理略显封闭,其南面通廊处理欠佳,广播站内部各房间有干扰,庭院西部通路与隔墙关系处理不良。

■ 三等奖作品(作者王正,指导教师冷嘉伟)。
- 平面布局集中紧凑,内部各部分联系便捷,立面造型简洁。
- 三层办公室应设厕所,剖面图应注明标高,与食堂后院缺乏视觉分隔。

有关详细资料如下:

全国建筑系学生1996年建筑设计竞赛

一、设计题目:"大学生活动中心"

我国北方某高校,为满足大学生课外活动的需要,提供大学生自我实践和社会参与的机会,并为校学生会及其主要文化社团提供相应的活动场所,拟建一座大学生活动中心。

二、基地

该工程拟建于北方某高校校园内,建筑红线内用地面积3900m^2。拟建地段用地平整,环境优美。北面毗连学生宿舍区,东面隔校园主干道与田径运动场相对,西面为教学区,南面为绿地。用地边沿行道树结合设计可适当减少,但基地中古树应予保留。

三、设计内容

总建筑面积:2500m^2(±10%)

(一)校学生会办公用房

1. 各部办公室:20m^2×6 = 120m^2
2. 小会议室:30~40m^2
3. 校广播站(含播音、录音室、编辑、机房):60m^2

(二)主要活动用房

1. 多功能厅:300m^2(小型集会、报告兼舞厅)
2. 展览:100m^2(也可结合门厅、休息厅布置)
3. 茶座:90m^2
4. 美术工作室:60m^2
5. 书法活动室:60m^2
6. 摄影工作室(含暗室)60~80m^2
7. 学生会期刊编辑部及文学创作室:90m^2
8. 音乐舞蹈工作室:60m^2
9. 排练厅(兼健身房):90m^2
10. 大会议室:60m^2

(三)辅助用房

1. 值班管理室:20~30m^2
2. 开水间:10~16m^2
3. 更衣室、淋浴室:60~70m^2
4. 门厅、休息厅、厕所和备品室、衣帽间和库房面积由设计者自定。

四、设计要求

1. 紧密结合基地环境,处理好校园环境与建筑的关系,处理好室内外环境。绿地面积不小于30%。
2. 要考虑所在地区的气候特征。
3. 要考虑并体现高校文化建筑的特点,体现当代大学生的精神风貌,与校园环境相互协调。
4. 功能合理、室内外空间组织合理、流线通畅,并满足使用人的行为要求。

5. 技术上合理、可行。
五、图纸要求
1. 规格

(1) 一号图纸(图边尺寸为594×840),数量不超过2张,不透明白纸墨线图(不得用彩色线与彩色渲染)。

(2) 模型照片不超过3张,每张尺寸不小于5×7寸,照片组合于图画中。(黑白照片、彩色照片均可)

(3) 房间名称不准用编号表示。

(4) 禁用外文字及中文繁体字。

(5) 不准复印、剪贴、计算机绘图、打字。

2. 内容

(1) 总平面:1:500

(2) 各层平面:1:200

(3) 立面:1:200(不少于2个)

(4) 剖面:1:200(不少于2个)

(5) 设计说明,主要技术经济指标,图示及模型照片等。

场所精神 大学生活动中心设计

学校之初,乃是一个人坐在大树下,当时他不知自己是老师,他与别人谈论他的知识,这些人也不知他们就是学生。
——路易斯·康

● 创造一个开放、亲切、可接近的聚会场所,是本设计的主题。
● 通过精心考察使用者的行为习惯与方式,建筑与环境融合超越了单纯形式的层面。
● 古树是场所精神之源,它被最大限度地纳入人们的视野、行为乃至心灵之中。

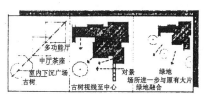

于是我知道了,丰富而条理明晰、谦逊而意味深长,正是我的追求。

96' 全国大学生设计竞赛

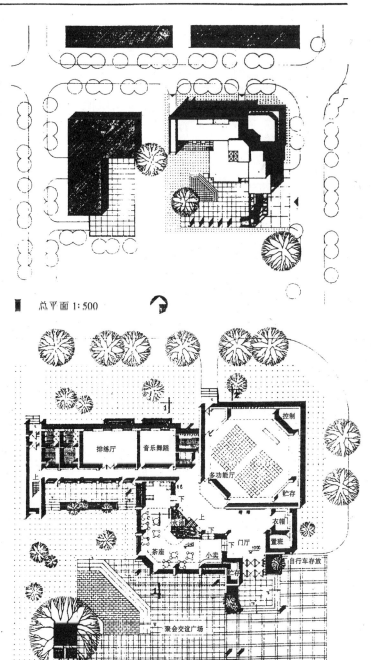

■ 总平面 1:500

■ 底层平面·公共活动区 1:200

一等奖 华晓宁 东南大学 指导教师 杨永龄

场所精神
大学生活动中心设计

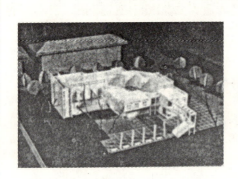

技术经济指标	
建筑占地面积	1142.5m²
建筑总面积	2723.2m²
绿地面积	1358.5m²
绿化率	34.8%

北立面 1:200

南立面 1:200

东立面 1:200

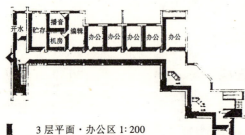

3层平面·办公区 1:200

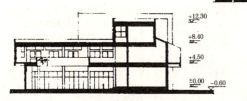

1-1 剖面 1:200

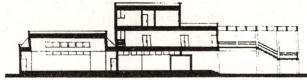

2-2 剖面 1:200

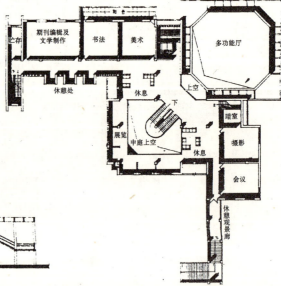

2层平面·专项活动区 1:200

一等奖　华晓宁　东南大学　　指导教师　杨永龄

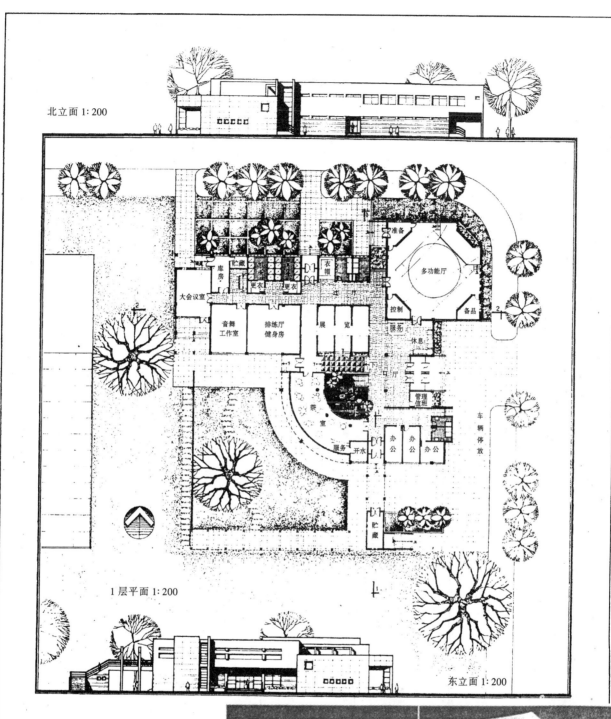

北立面 1:200

1 层平面 1:200

东立面 1:200

大学生活动中心
96'大学生建筑设计竞赛

二等奖　吴文煌　东南大学　指导教师　杨永龄

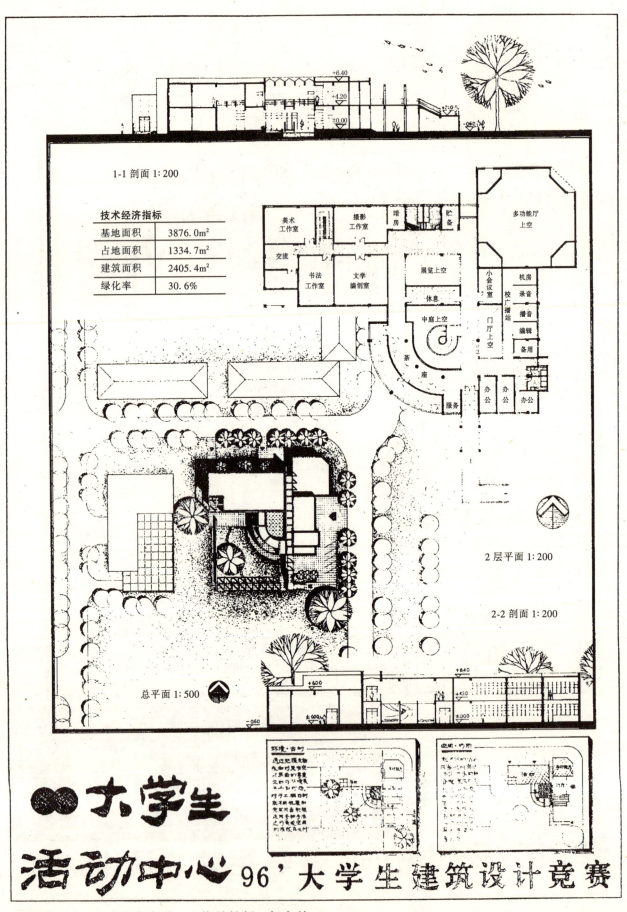

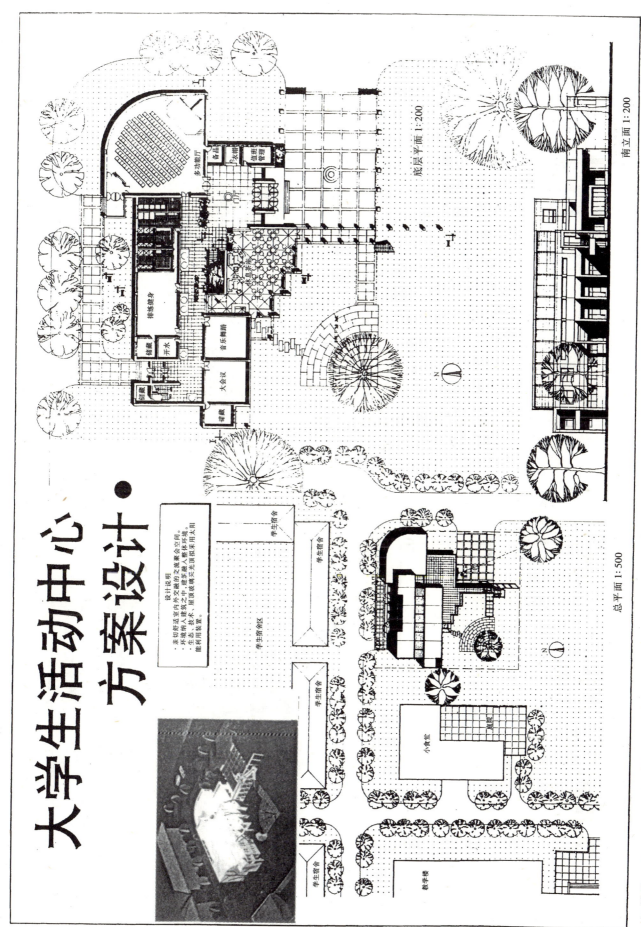

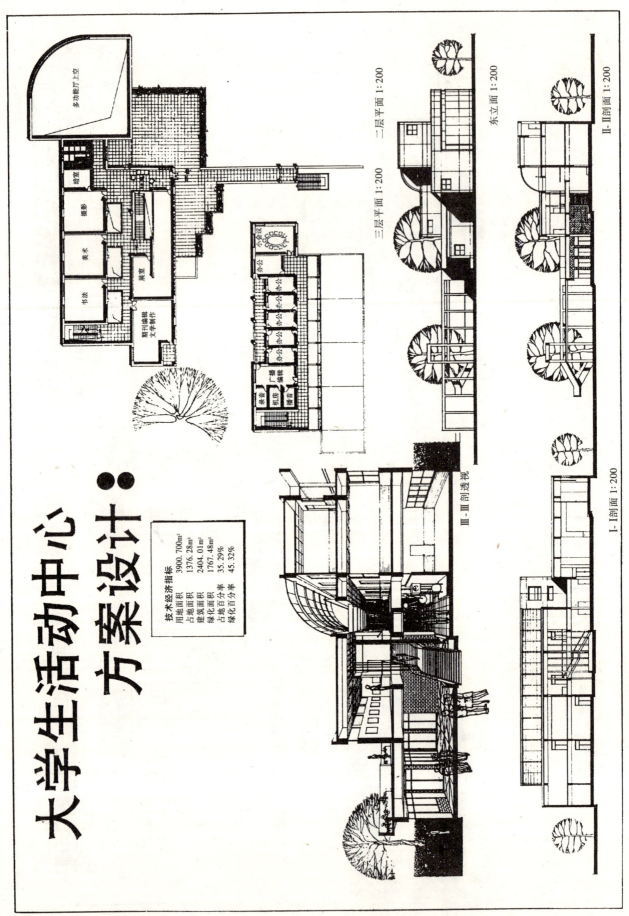

大学生活动中心方案设计

三等奖　王　正　东南大学　指导教师　冷嘉伟

第二节 东南大学 1997 届毕业设计优秀作品介绍

东南大学建筑系毕业设计结合实际工程设计竞标完成了深圳市少年宫建筑方案,取得了教、学、研相结合的积极成果。

根据设计任务要求,新建的市少年宫地处规划拟定的未来深圳新市中心区,皇岗公园北侧,是全市规模最大、设施最先进的青少年文化活动设施。其活动项目设置针对少年学生特点,强调知识性、娱乐性和可参与性,并强调形成自身特色,达到国内领先水平。计划总建筑面积约 30000m²,总用地面积 40335m²,建筑容积率≤0.75。内部功能及项目设置主要分为科技、艺术、团队活动、户外活动和行政管理等五大部分。具体功能及活动项目设置任务书在此从略,但可参见方案设计说明。

该竞标方案具有如下凸出的优点和特色:

(1) 充分利用基地环境条件,变不利的制约因素为有利的环境资源,创造了充足的室外活动场地和环境特色。方案利用北侧低洼地形成红领巾广场;南侧建筑主体与公园高坎间形成游戏场;西侧与相邻工业建筑间形成宽阔而独立的水上活动场地。

(2) 建筑空间适度集中,便于灵活分隔使用,具有较强的应变适应性。

(3) 结构体系先进、合理、可行性强。

(4) 建筑造型富有创意和时代感。

因此该方案获得了社会较高的评价,被评为工程竞标优胜方案,也被评为优秀毕业设计成果。

· 该方案参加毕业设计学生:张涤、吴江山、高宇、王韶宁。
· 设计指导教师:胡仁禄。

方案设计详细资料如下,其建筑造型表现图可见(彩图 109~111)。

深圳市少年宫方案设计说明

一、总平面设计

1. 基地环境分析及用地分配

该基地环境处于皇岗公园北侧低地,南侧开挖形成较陡的土坡,西侧临街面大部分被规划建筑占有,仅留较窄的临街豁口,因而北侧福民路与东侧小区路成为该基地与城市交通联系的主要通道。日常使用频率较高的人流主要来自益田路以东的居民区。据此分析,本方案将建筑用地集中于基地中段偏东部位,以形成北侧世纪广场,并留出南侧成片场地供组织多项室外活动,环境绿化和交通停车使用,同时也使建筑南侧有较开阔的视野和良好的景观。西侧以宽阔的水池将主体建筑与现有变电站高大的厂房保持足够的距离,也借以形成可以独立使用的水上活动区。独立组织水上活动时,该区可以从科技楼西端单独出入。南侧场地有基地内主干道贯通东西两端,西端临街设大门,东端设便门,东西两端分设停车场,共有泊位 55 辆。自行车停放集中于东侧小区路沿线,主要利用剧院和露天剧场看台下空间,可停放自行车 600 辆以上。

2. 室外空间布局特点及环境设计

本方案注重室外空间的多样化有效利用。结合使用功能形成多层次、多形态空间布局结构。北侧是与城市空间连接的主入口广场,供举行各种集会、仪式使用。为使开放性的广场空间具有较强的内聚力,本方案结合地形,采用了下沉式广场,其四周布置花坛、台阶和可供残疾儿童使用的坡道回廊。广场北侧设有火炬形售票亭和壁画短墙,作为广场的标志。东侧正对小区干道也布置了入口广场,并部分以玻璃敞棚覆盖,以供人流集散使用。建筑室外空间总体形态由大、中、小多层次的庭园空间组合而成。彼此以连廊分隔,并相互渗透,创造了丰富的庭园景观。建筑外围敞开的活动空间也都由相邻建筑和公园山坡围合成相对独立又相互联系的各个活动区域，方便各项活动独立自主的安排，互不干扰。由于活动项目的多样性也给室外各区空间环境带来了丰富多彩的景观特点。特别是在西大门入口区，本方案为体现21世纪青少年教育的超前性需要，增设了花鸟房和自然能源利用展示塔等绿色建筑，形成一个独立的生态环境教育基地，同时也为西大门入口区创造了独特优美的景观。

二、建筑平剖面设计

1. 设计主导原则

(1) 尽可能利用自然采光通风改善室内环境，以节约能源和日常经营费用。这符合21世纪人类持续发展目标和保护全球生态环境的需要。

(2) 结构采用大柱网，统一柱网，统一层高，统一荷载，以适应多功能灵活使用的要求，提高室内空间，特别是展览和活动空间的使用效率。

(3) 室内外空间使用功能力求相互关联，融通，以扩大室内活动空间的适应性。

(4) 功能组织力求为各项活动提供独立经营管理的可能性，以适应管理体制深化改革的需要。

2. 功能分区及流线组织

(1) 本方案总体上采用庭园式布局形式，由相对独立又紧密联系的四个功能区组成，包括科技、文艺、团队活动和行政办公四个部分。每个部分用房相对集中。行政办公部分位于科技楼与文艺楼之间的辅楼中。

(2) 北侧世纪广场是活动人流主要集散空间，主要来宫参观及活动人流可经由室外大楼梯进入二层主门厅，并由此通达上下各层，或经过宽大的通廊通向后部文艺活动和团队活动各部分。室外大楼梯下为底层辅助出入口，以方便百艺坊人流和货物车流的出入，也可供贵宾出入单独使用。

东侧由玻璃敞棚覆盖的入口广场，正对小区干道，主要可供剧院和露天剧场观众集散使用，其他部分活动人流也可由此经西门厅进入。内部管理人员和剧院演职人员则可由南门厅经庭园回廊通达各部。

团体参观及活动人流和车流还可由西大门经南侧通道和南门厅进入各活动区和内部庭园空间。

3. 各活动区主要用房配置及空间特点

(1) 科技活动部分：主体建筑高6层，天象馆局部为8层。底层作百艺坊各类用房，其西端设有少儿实习快餐厅，自制工艺品销售部和其他服务用房，南侧翼楼职工食堂与其毗邻，可共用东侧内院，设有单独货物出入口。主楼2~6层为敞开的中庭空间，人们乘自动扶梯或观景电梯可直达顶层天象厅，并同时浏览各层展示活动场景。科技楼顶部，结合采光天窗设计了大型悬挑式玻璃敞棚，可供室外天文科技活动使用。

(2) 文艺活动部分：以儿童剧院(1400座)为中心，在其北侧及西侧围绕庭园布置了剧院后台用房和各种文艺培训教育用房。儿童剧院观众入口设在玻璃敞棚覆盖的东广场内，其入口大厅内设有自动扶梯供楼座观众使用。舞台设计可满足各种演出活动的一般技术要求。

(3) 团队活动部分：楼高4层，多功能展厅设于底层，以方便分隔使用和人流集散。2层以上为各种团队活动用房。用房以功能分组，围绕三个采光中庭布置，具有庭园空间布局的特点。该部分平面层层后退形成台阶状屋顶活动平台，并进行屋顶绿化。

4. 建筑消防设计：本方案消防设计按高层民用建筑设计防火规范中低于32m的二类建筑标准执行。

三、建筑造型构思及表现

在满足各项使用功能的前提下，塑造独特新颖并具有时代感的建筑形象，赋予建筑造型以充分的艺术表现力，是本方案造型设计构思的基本出发点。设计上具体考虑如下：

(1) 为充分反映少年儿童身心发展的特点，总体造型结合功能组织，采用了具有动态感的非对称的自由形态和具有精巧组织结构的几何形体，用以表达少年儿童活泼好动、富于幻想的身心特点。同时运用建筑细部设计的表现力，在北侧主广场的坡道柱廊中采用了阶梯形的柱廊立面造型，简明的建筑语言意在表达少年儿童好学向上的心理特征，也寓以鼓励孩子们好好学习，天天向上的教化意义。

(2) 反映当今科技飞速发展的时代特征，也是本方案主体造型的基本构思。科技楼面向城市主要干道和广场，将展示出少年宫的主要风貌，因而它的形象设计是造型构思的焦点。本方案采用艺术象征的手法，使其建筑形象不仅能体现当代建筑技术的进步，而且还能与雏鹏展翅，振翅欲飞的寓意相关联。为此，从多方面加强了这个主题的表现。首先是科技楼在整体上采用具有动态感和方向感的非对称形体。东端圆柱形中庭形体突出于建筑主体上部，并在其上冠以天象馆银白色球体，形如雏鹏之首昂然远眺，主楼两侧曲面形玻璃幕墙犹如其羽毛初丰的翅膀，与屋顶天窗相结合的双曲面玻璃敞棚，不但表现了当代建筑技术的进步，更给人们以飘浮升空的动感。其次，考虑从皇岗公园坡地高处俯视少年宫的视觉效果，对儿童剧院和团队活动楼的屋顶形象(第五立面)作了精心的设计。方案将剧院观众厅和休息厅的屋架显露于屋面之上，棱形的屋架呈扇形展开，状如翅膀的羽毛，也同样想给人们以雏鹏展翅的联想。团队活动楼，结合南侧面对高坡的地形特点，将其屋顶作成层层后退的阶梯状，并进行屋面绿化，这不仅大大美化了活动环境，丰富了从公园高坡俯视少年宫的景观，而且加强了同一设计主题的表现。

（3）反映现代审美情趣和地区特色也是本方案造型构思的显著特点。设计中大量采用半室外开放空间，自由的建筑形态，简洁的建筑细部设计，以及自然清新的色彩处理，都表现了这一构思的特征。造型语言的多样统一，寓情于景，寓情于形，使建筑形象更富于艺术表现力也是本方案设计追求的目标。

四、主要技术经济指标

* 总用地面积 40335m²

* 建筑用地面积 9983m²

* 建筑覆盖率 24.75%

* 容积率 0.73

* 地面停车泊位 53 辆

* 总建筑面积 29556m²

* 分项建筑面积

  科技部分 16740m²

  文艺部分 5920m²

  团队活动部分 4636m²

  行政办公部分 2260m²

深圳市少年宫方案

一九九七.五

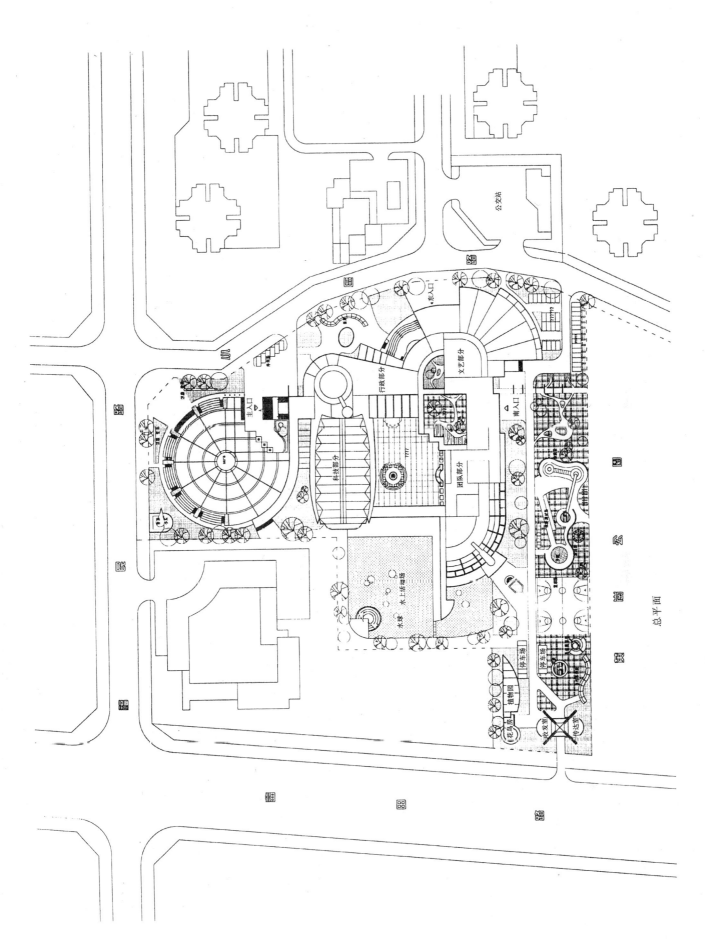

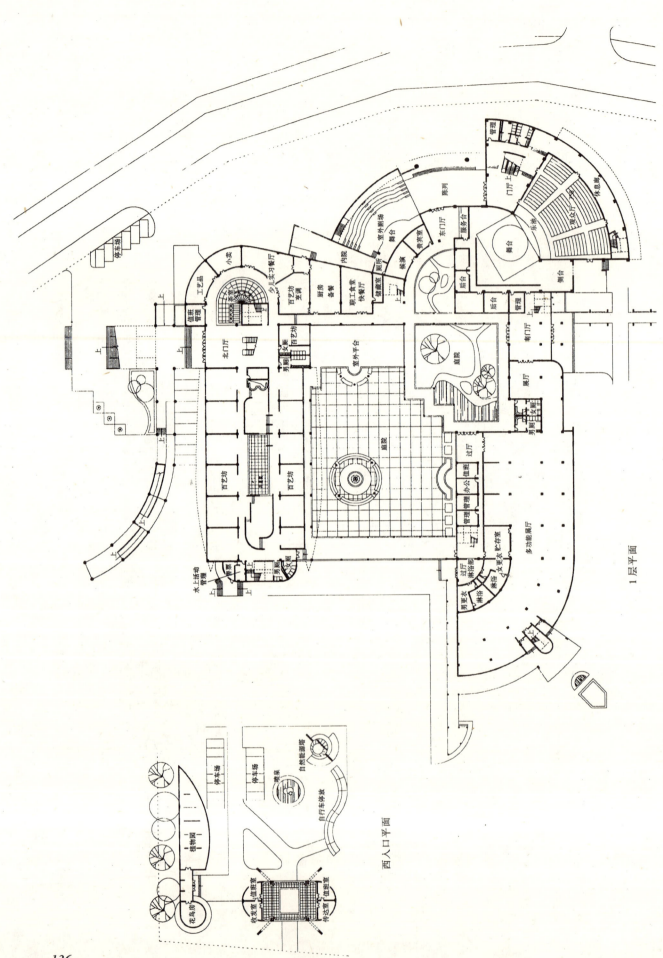

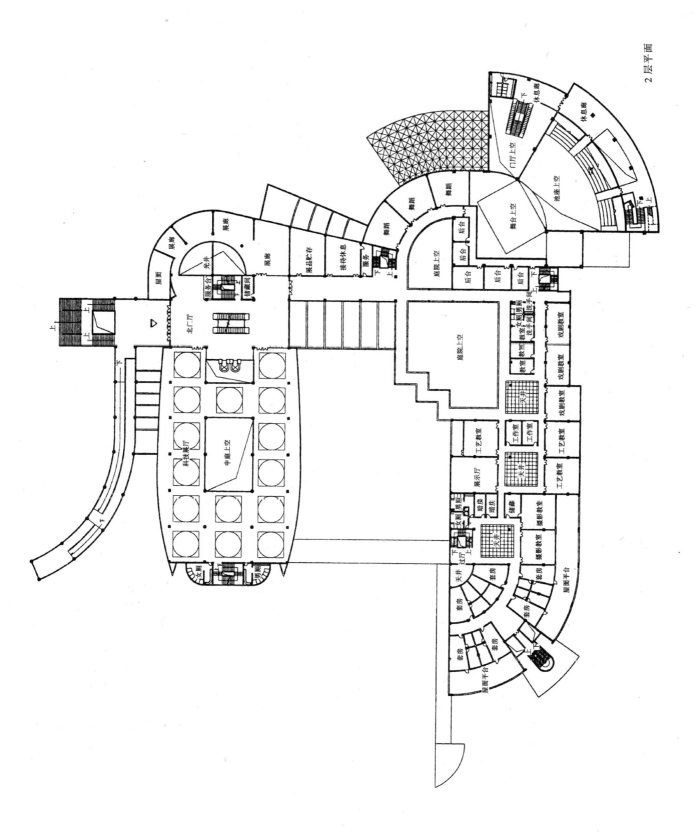

2层平面

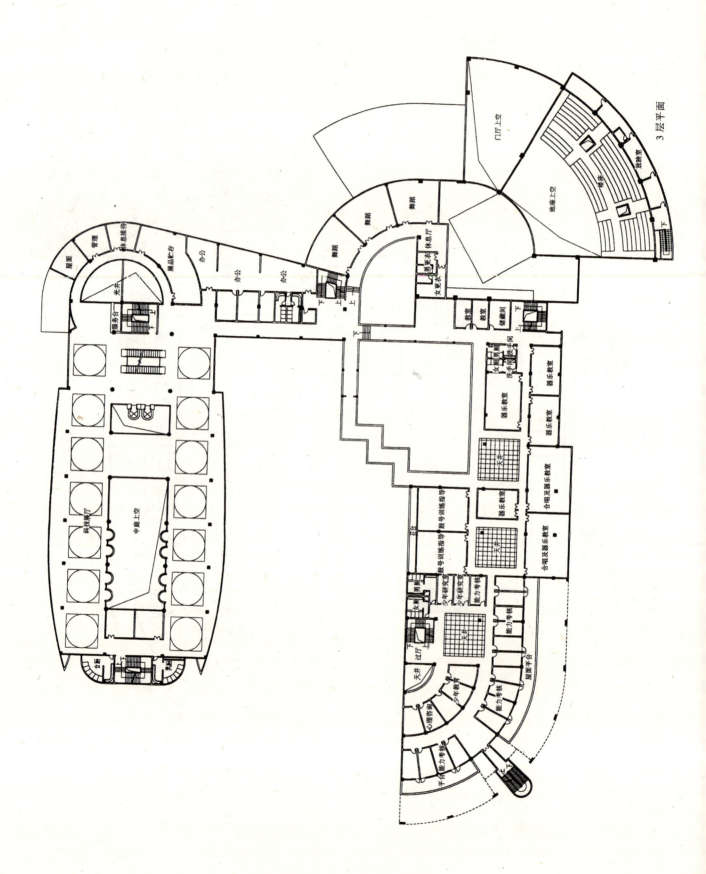

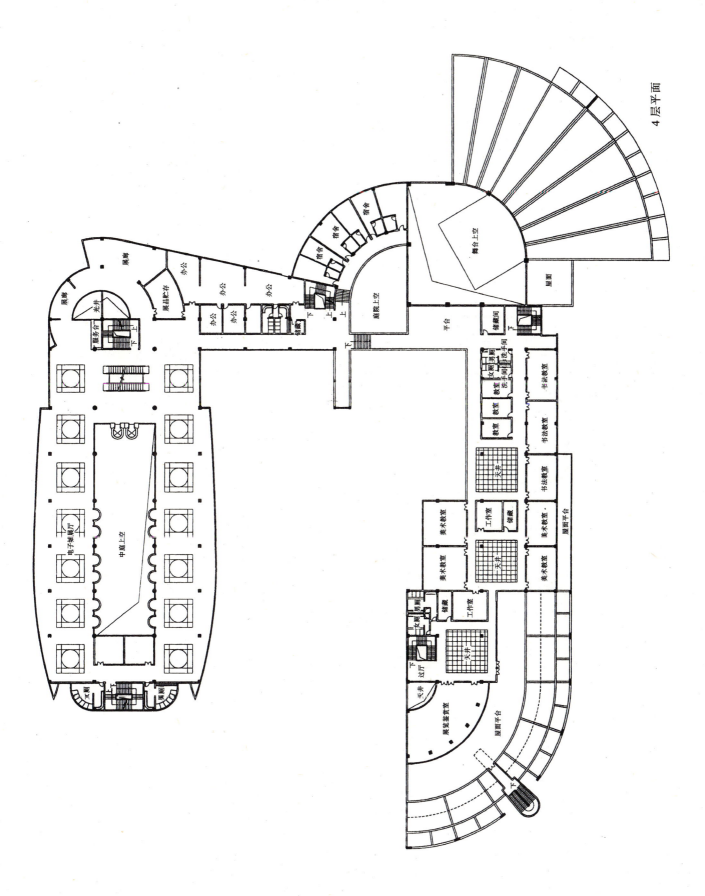

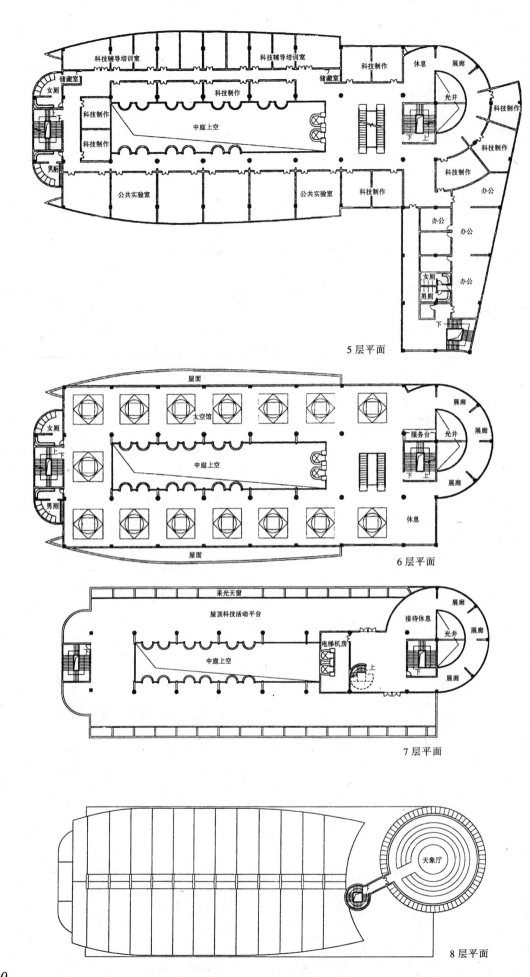

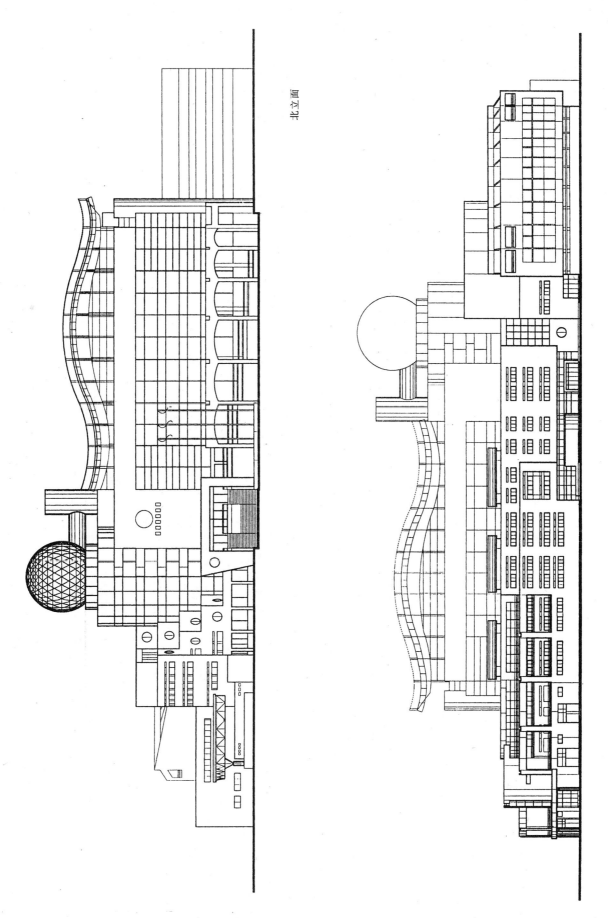

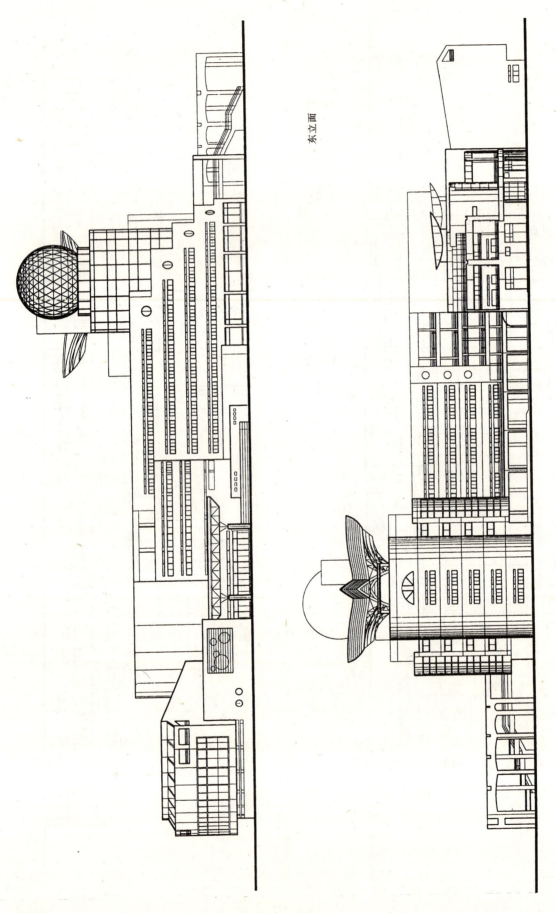

东立面

西立面

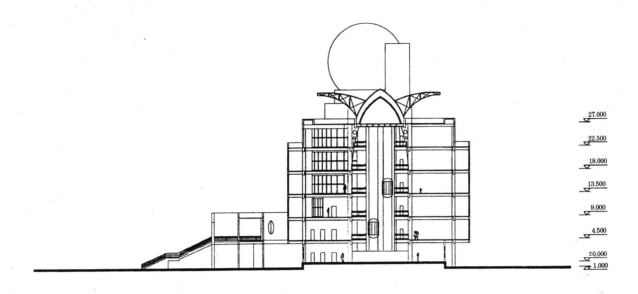

A－A 剖面

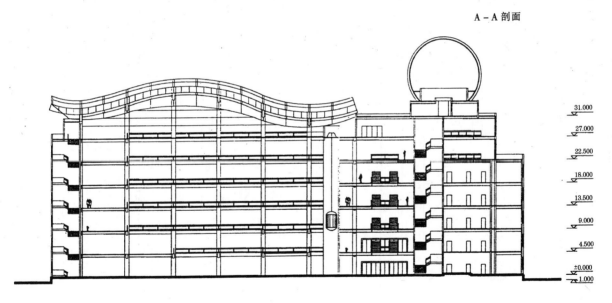

B－B 剖面

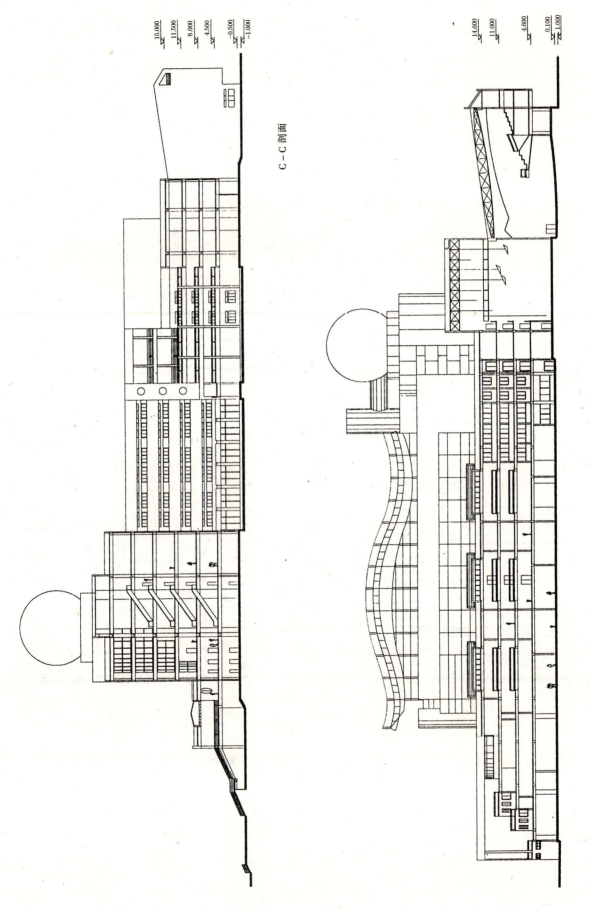

C-C剖面

D-D剖面

第三节 中国建筑学会1995年青年建筑师奖, 部分设计竞赛优秀奖方案介绍

青年建筑师奖是根据中国建筑学会八届四次常务理事会的决定从1995年开始设立的,目的是通过命题设计,在25~35岁之间的青年建筑师中进行评选,以达到发现设计人才,活跃学术思想的目的。1995年第一届青年建筑师奖由评选委员会命题,要求在长江流域某中等城市的公园旁,按设计任务书设计一个总建筑面积约9000m^2的综合文化中心。参赛人在收到试题后7日内完成设计,图纸包括透视图要求在6幅以内。该次竞赛经各地推荐共有75人参赛,收到57个方案,最后评出9个优秀奖方案和17个入围奖。

参加这次竞赛的都是经过单位推荐的水平较高的青年建筑师,应征方案表现了设计思想活跃、思路开阔、构思富有创新意识、空间组合形式丰富、图纸绘制工整细致,表现方法多样化等特点。优秀奖方案在立意新颖、构思独特、设计技巧娴熟、建筑形象富有文化内涵等方面更有着突出的表现。现选录四个优秀奖方案供读者赏析和学习参考。其竞赛试题和获奖方案资料如下:

中国建筑学会1995年青年建筑师奖,部分设计竞赛优秀奖方案介绍

1995年竞赛试题:某综合文化中心方案设计

试题要求:
在长江流域某中等城市的公园用地旁,按场地要求和设计任务书,设计一所综合文化中心,以此来考核建筑师的空间组合、体形组织和设计表现能力。

场地要求:
1. 用地位于城市公园一角的独立地段,综合文化中心的入口须单独设置、从城市道路进入;
2. 用地东侧、北侧的现有建筑为3~5层;
3. 总用地约1.4hm^2,地形基本平坦,建筑物须布置在允许建筑红线内;
4. 北侧和东侧道路上均可设一个机动车出入口,主要入口应设在东侧道路上,机动车出入口距道路转角的距离须大于30m;
5. 用地中水面的轮廓线可根据该设计要求做适当调整;
6. 在用地红线内须安排小汽车停车场20辆,自行车停车场面积80m^2。

设计任务书:(各主要使用内容及使用面积)
1. 观演用房1100m^2。2. 交谊用房500m^2。3. 游艺用房700m^2。4. 展览用房600m^2。5. 图书阅览用房400m^2。6. 音像用房400m^2。7. 学习、科普用房900m^2。8. 行政管理600m^2。

设计要求:
1. 建筑物总建筑面积控制在9000m^2左右。面积按轴线计算(不考虑墙厚),总面积可以有±5%的余地。
2. 建筑层数一般2~3层,尽量不设地下室;
3. 应考虑活动内容和人流的特点,各种用房有较大的适应性和灵活性;
4. 一般采用自然通风和自然采光,不设集中式空调,必要时用分体式、柜式或窗式空调;
5. 容积率≤0.7,绿化率>30%;
6. 设计中需满足国家现行有关规范和规定的要求;
7. 图纸要求(略)。

1995青年建筑师奖

设计人：王绍森

- 从环境出发，直曲有序，与环境地形互补。
- 平面动静分区明确，立体层次分区、流线清楚合理，有良好通风、采光、景观。
- 圆形和方形变异组合，有利于活跃公园气氛。
- 利用多种形式（开敞、过渡、入口、中庭）使空间变化有序，层次丰富。
- 内院中文化景观（广场、雕塑、柱廊、老井台）自然景观（渡口、湖滨、生态带）构成一个文化意味很浓的室外环境。

主要指标
总用地面积：1.4hm²
建筑占地面积：0.39hm²
道路广场面积：0.19hm²
绿化面积：0.82hm²
总建筑面积：8782.50m²
建筑系数：27%
建筑容积率：0.63
绿化系数：58.6%

入口透视

1层平面

内院透视

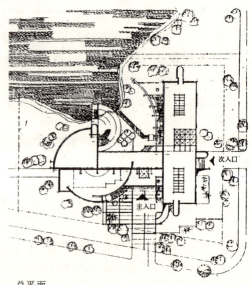

总平面

1995 青年建筑师奖

设计人：陈一峰

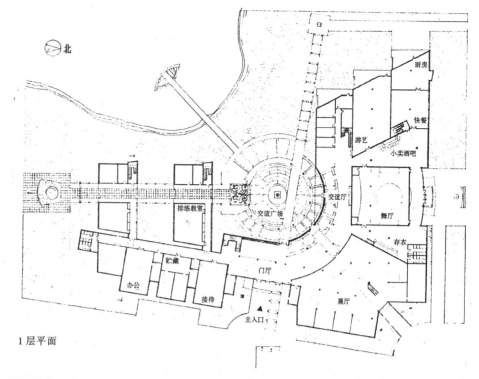

1层平面

主要指标
总建筑面积：9050m²
用地面积：14000m²
建筑占地面积：4500m²
绿地面积：5500m²
容积率：0.65
密度：32%
绿化率：39%

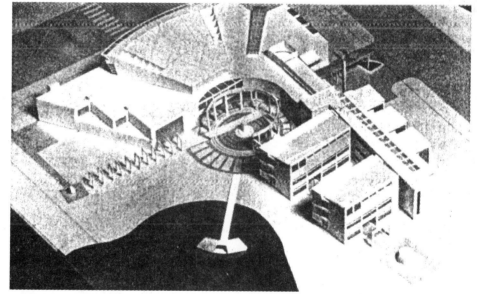

模型

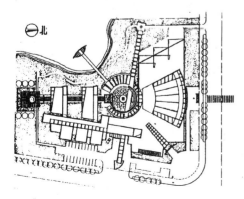

总平面

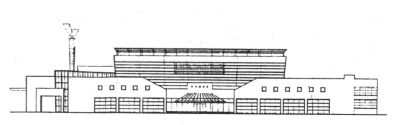

北立面

1995 青年建筑师奖

设计人：朱小地

- 结合城市道路、用地及水面形状布置总平面，各部分均得到绝妙的位置，均可单独对外使用，互不干扰。
- 使闹区、静区各自依托相关的道路，拉开空间上的距离，并用展览用房将其有机地联起来，弧形长廊贯穿三部分。
- 运用台阶、矮墙、水池、广场、平台等作为活动中心与外界对话的介质，吸引公众的注意。
- 注意到长江流域的建筑体态轻盈、做工精细、尺度宜人的特征，使文化中心具有如同朋友般亲切的面孔。

主要指标
用地面积：14000m²
总建筑面积：8580m²
建筑密度：27%
容积率：0.61
绿化率：36.7%
机动车位：33个
停自行车面积：120m²

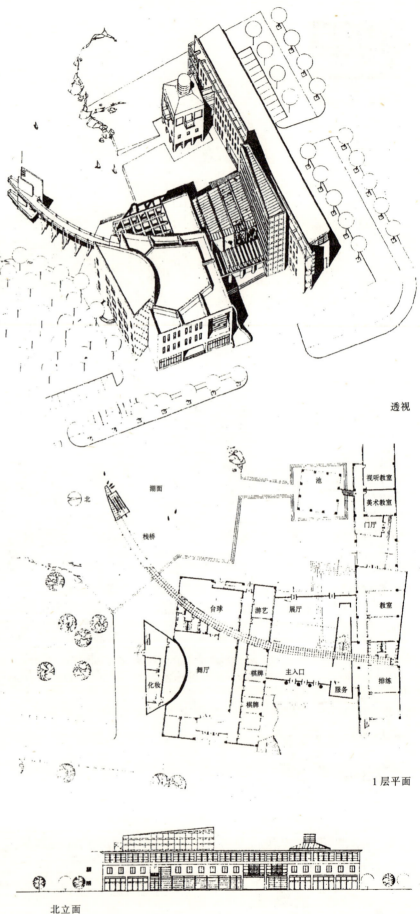

透视

1层平面

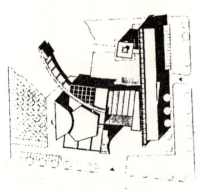

总平面

北立面

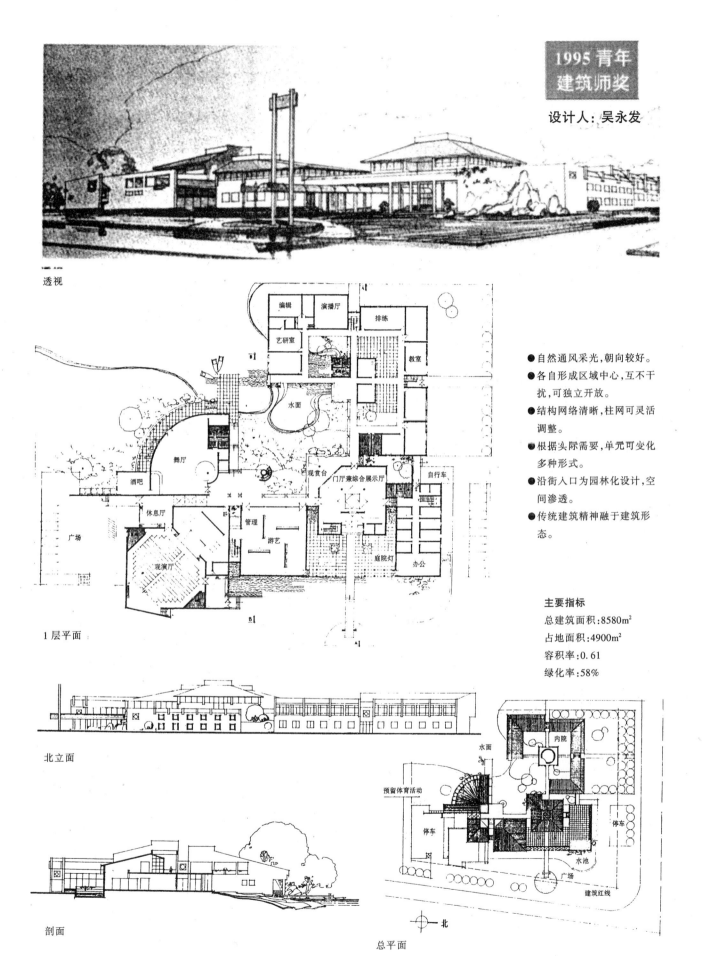

实　　例

一、国内工程实例

1. 北京官园青年宫

正立面透视

设计：北京市建筑设计研究院

青年宫位于北京西城区官园公园内，占地33800m²，总建筑面积约20750m²，这是目前国内建筑规模最大，设施最完善的青年业余文化活动场所。其主广场建筑造型呈环抱之势，立面色彩为红白两色，采用民族特色与现代风格相结合的设计手法，表现了青年朝气蓬勃，奋发向上的精神风貌，活泼而不失庄重。

主楼分北、中、南三段，地上5层，地下2层。中部设有四季厅，其圆顶采用球形空间网架。北段多功能厅、体育馆跨度27m，设有500个观众席的活动看台，南段影剧场跨度24m，另设有可供700人活动的大舞厅和迪斯科舞厅，以及各种文艺、科技、培训厅室共65个，活动内容多达20多项。内部建筑空间丰富多彩，引人入胜，尤其是位于中心的下沉式交谊大厅，突出了"宫"的意匠和趣味（模型及透视效果图见彩图10～彩图16）。

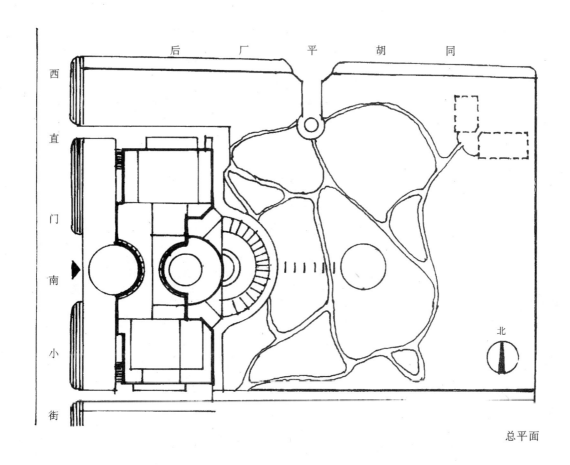

总平面

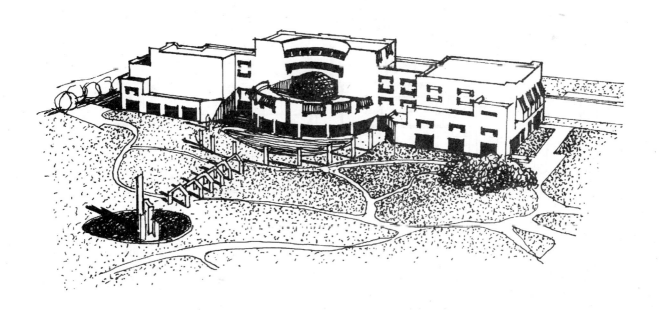

背立面透视

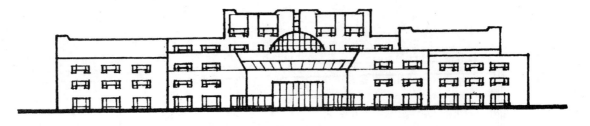

正立面

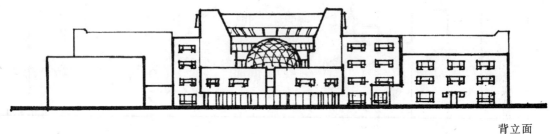

背立面

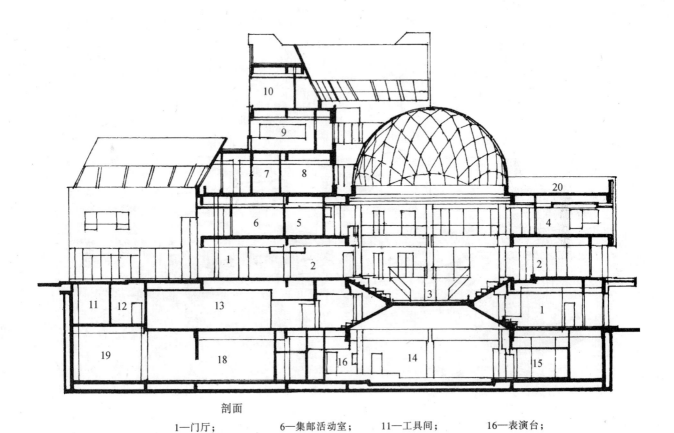

剖面

1—门厅；
2—交谊厅；
3—表演平台；
4—阅览室；
5—摄影工作室；
6—集邮活动室；
7—办公室；
8—无线电室；
9—教室；
10—机房；
11—工具间；
12—消防器材；
13—健美房；
14—迪斯科舞厅；
15—休息廊；
16—表演台；
17—工作人员室；
18—库房；
19—空调机房；
20—屋顶花园

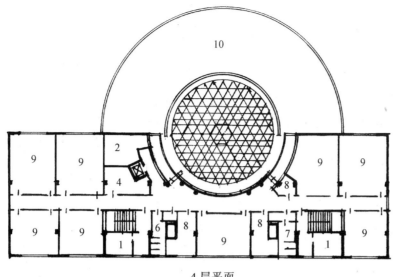

1—办公；
2—工艺制作；
3—机房；
4—贮藏；
5—电梯机房；
6—女厕所；
7—男厕所；
8—教员休息；
9—教室；
10—屋顶花园

4层平面

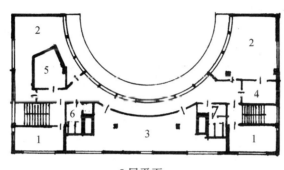

5层平面

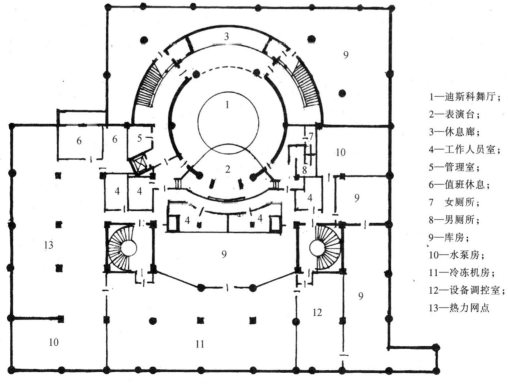

1—迪斯科舞厅；
2—表演台；
3—休息廊；
4—工作人员室；
5—管理室；
6—值班休息；
7—女厕所；
8—男厕所；
9—库房；
10—水泵房；
11—冷冻机房；
12—设备调控室；
13—热力网点

地下2层平面

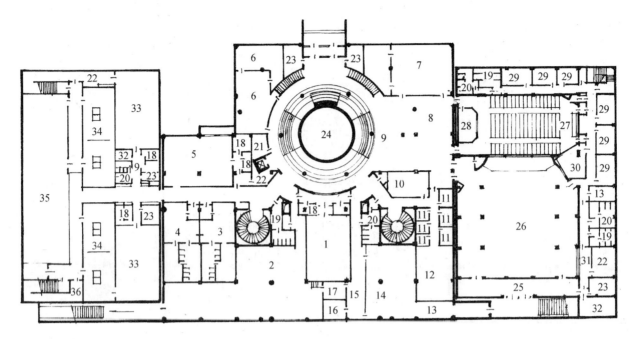

地下1层平面

1—健美房； 6—棋牌室； 11—练琴室； 16—工具间； 21—医务室； 26—大舞厅； 31—酒吧柜台；
2—自行车库； 7—台球室； 12—器乐演奏室； 17—消防器材； 22—贮藏室； 27—阶梯教室； 32—水泵房；
3—女更衣淋浴； 8—酒吧厅； 13—值班休息； 18—更衣室； 23—管理室； 28—放映室； 33—舞蹈练习房；
4—男更衣淋浴； 9—环形大厅； 14—变配电室； 19—女厕所； 24—舞厅上空； 29—化妆室； 34—乒乓球室；
5—健身房； 10—声乐练习室； 15—维修间； 20—男厕所； 25—门厅； 30—控制室； 35—保龄球房；
　　　36—空调机房

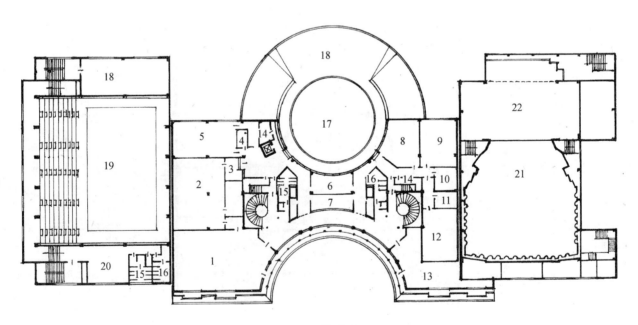

3层平面

1—科技展厅； 6—无线电室； 11—录音室； 15—女厕所； 19—体育馆上空；
2—计算机房； 7—办公室； 12—演播室； 16—男厕所； 20—休息厅；
3—更衣室； 8—电化教室； 13—科技资料室； 17—交谊厅上空； 21—观众厅上室；
4—控制室； 9—视听教室； 14—贮藏室； 18—屋顶花园； 22—舞台上空
5—放像室； 10—电台机房；

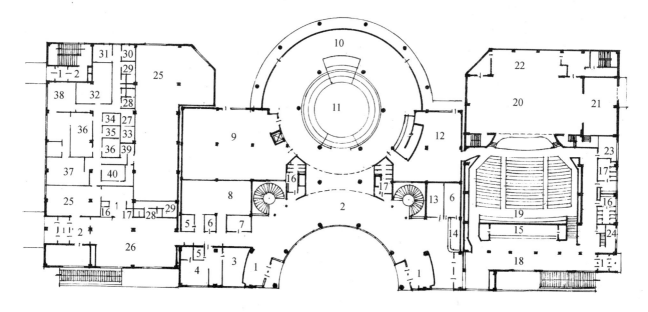

1层平面

1—过厅；　　　6—办公室；　　　11—表演平台；　16—女厕所；　　21—侧台；　　　　26—综合服务厅；　31—值班室；　　　36—主食加工间；
2—门厅；　　　7—消防值班室；　12—展览厅；　　17—男厕所；　　22—后台；　　　　27—经理办公；　　32—冷藏库；　　　37—副食加工间；
3—女美容室；　8—礼仪活动室；　13—接待室；　　18—休息厅；　　23—管理工作室；　28—女更衣淋浴；　33—财务会计；　　38—粗加工间；
4—男美容室；　9—电子游艺室；　14—问询台；　　19—观众厅；　　24—售票房；　　　29—男更衣淋浴；　34—副食库；　　　39—备餐室；
5—更衣化妆；　10—交谊厅；　　 15—小卖部；　　20—舞台；　　　25—餐厅；　　　　30—洗衣房；　　　35—主食库；　　　40—洗碗间

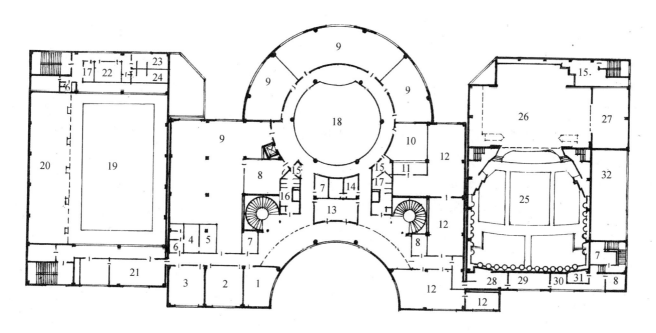

2层平面

1—创作室；　　5—电话总机室；　9—阅览室；　　13—摄影活动室；　17—男厕所；　　21—器材库；　　　25—观众厅；　　　29—放映室；
2—雕塑室；　　6—更衣值班室；　10—目录厅；　　14—摄影工作室；　18—交谊厅上空；　22—医务按摩；　　26—舞台上空；　　30—倒片室；
3—美术室；　　7—办公室；　　　11—出纳台；　　15—贮藏室；　　　19—比赛场地；　　23—男淋浴；　　　27—侧台上室；　　31—声控室；
4—话务室；　　8—管理室；　　　12—藏书库；　　16—女厕所；　　　20—活动看台底部；24—女淋浴；　　　28—光控室；　　　32—屋顶

2. 中日青年交流中心

北京,中日友好交流中心

透视

设计：北京市建筑设计研究院

中日青年交流中心由中日两国政府共同投资兴建，占地约 5.5hm²，总建筑面积约 68000m²。它坐落在北京东北角亮马河北岸，清澄的河水与东侧 40m 宽的城市防护林带相交汇，在基地东南角围合成一个高低相映、动静结合的自然环境空间。该中心建筑群由四个具有象征性和不同功能的单个建筑构成，共同表达了完整的建筑主题：

1. "友好之桥"横架于宾馆与剧场南面的上空，气势宏伟，造型别致，其意喻示着中日两国人民间架起和平友谊的桥梁，增进两国间的友好交往。主桥 3 层，是中心的研修培训用房部分，主桥下为一个玻璃封闭式附桥，它是连接建筑群东西两部分的空中走廊。

2. 高耸的宾馆（21 世纪饭店）像破土而出的竹笋，隐喻青年刚直、奔放、进取向上的性格。饭店主楼高 24 层，共有标准客房 400 套，标准层平面呈 5 片花瓣形，象征中国的梅花和日本的樱花。主楼顶层为露天花园和茶座。其裙房 3 层，为服务设施和行政办公用房。

3. 剧场（世纪大剧院）形似一株幼芽，寓意青年是未来的希望，具有无限的生命力。剧院可容 1700 座，装有可升降的旋转舞台。可供各种演出和国际会议使用。剧场下还有 400 座的国际会议厅。另外，还设有演播中心和展览厅等用房。

4. 游泳馆，呈橄榄形，表达了中日两国人民世代友好的美好愿望。馆内设有 8 泳道，50m 长泳池及附属设施，两侧看台可容 700 座观众席（参见彩图 3～彩图 6）。

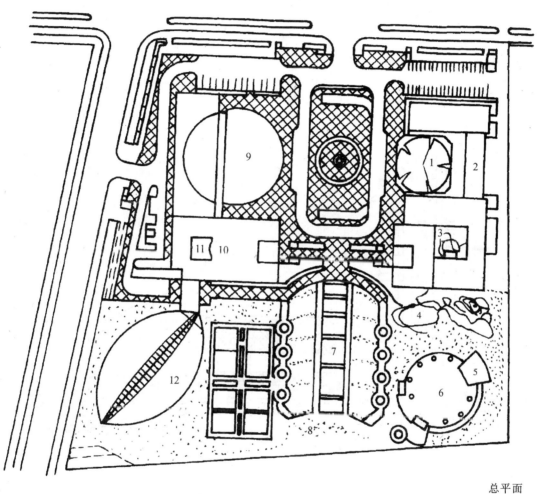

总平面

1—宾馆；2—锅炉房；3—日本花园；4—水面；5—舞台；6—友好院；7—露天活动场；
8—纪念碑；9—剧场；10—办公、研修；11—内庭；12—游泳馆

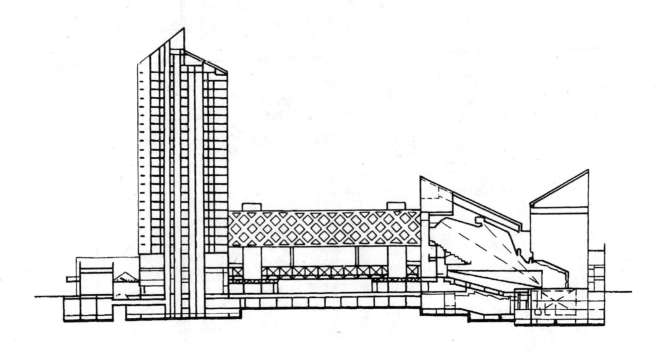

剖面

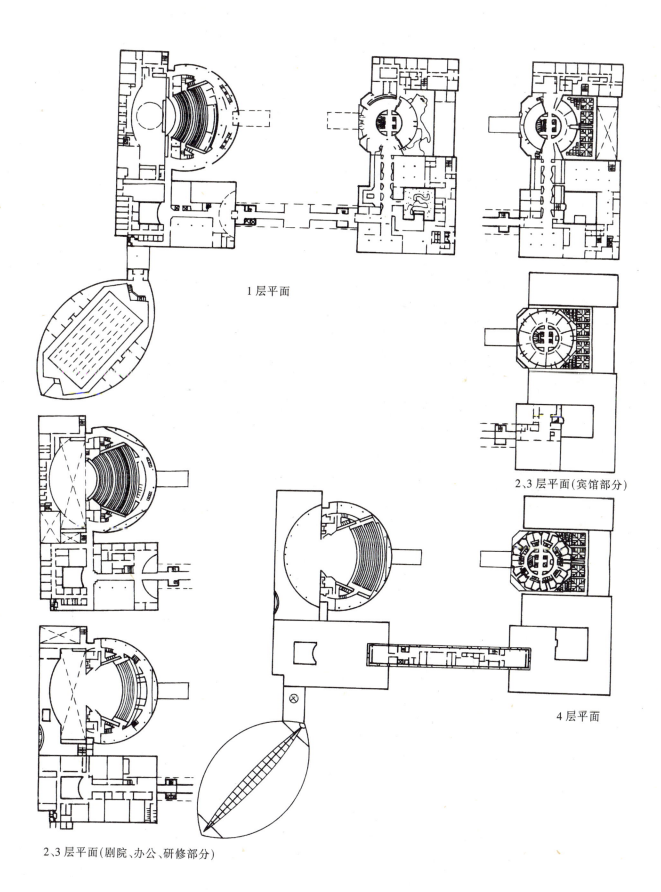

1层平面

2、3层平面(宾馆部分)

4层平面

2、3层平面(剧院、办公、研修部分)

3. 北京崇文区文化馆

透视

设计：北京建筑设计研究院

崇文区文化馆座落在崇外大街西侧，规划用地 1586m²，建筑占地 1258m²，总建筑面积 7748m²。地下 1 层地上 10 层（局部 3 层），建筑总高度 38.5m，工程设计概算 460 万元，折合每平方米造价 594 元。

文化馆在建筑设计上分成两部分，塔楼部分与板楼部分。板楼部分主要为解决大空间、人流较多等使用上的特殊要求，放柜台、小卖部、门厅、休息厅以及文化用品商店（现为对外餐厅）。2 层以上除部分展厅与板楼的展厅相联接外，其他各层设有舞蹈、音乐、录音录像棚、摄影、书法绘画室、台球、小舞厅、器械体育活动中心、老干部活动室、棋类等。还有相适应的行政管理办公用房、卫生室、淋浴室、集中空调机房等设施。

崇文区文化馆的设计尚有不足之处，如室内楼梯还不够宽敞，应有直接采光。又如多功能大厅柱子太多、活动不方便等等，都有待进一步总结经验（参见彩图 8）。

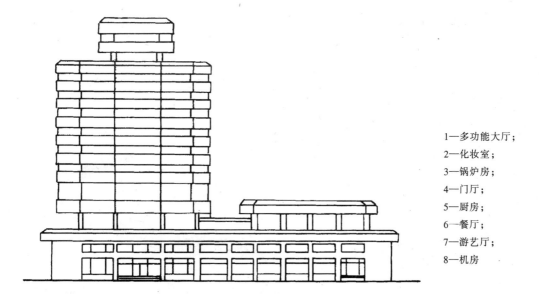

1—多功能大厅；
2—化妆室；
3—锅炉房；
4—门厅；
5—厨房；
6—餐厅；
7—游艺厅；
8—机房

正立面

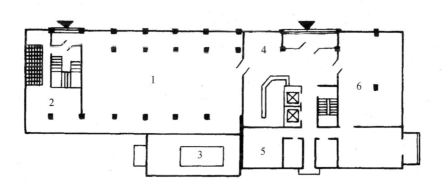

1层平面

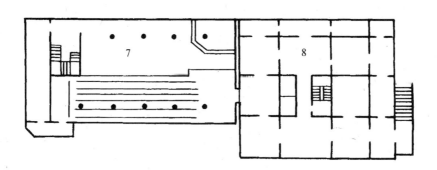

地下室平面

4. 北京东城区文化馆

设计：国防科工委京东工程设计部

该馆位于北京市交道口东大街北侧，占地 3206m²，总建筑面积 8142m²，全框架结构。为保护沿街一棵古槐树，并使其成为一景，设计将主入口布置在古树旁。馆内按不同功能要求，分成"闹"、"动"、"静"三大部分，各居西、北、东三段。西段5层，为曲艺、音乐、

透视

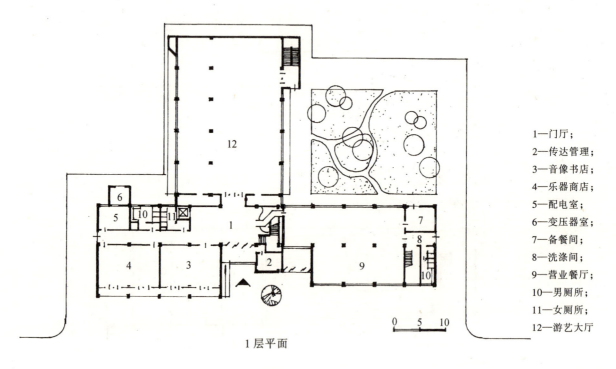

1层平面

1—门厅；
2—传达管理；
3—音像书店；
4—乐器商店；
5—配电室；
6—变压器室；
7—备餐间；
8—洗涤间；
9—营业餐厅；
10—男厕所；
11—女厕所；
12—游艺大厅

舞蹈、健身等活动用房，属"闹"的部分；北段地上3层，设游艺、展览和多功能3个大厅，同属"动"的部分；东段3层，为美术、书法、摄影、棋牌等较安静的活动；三段活动空间的联接中枢是垂直交通、休息厅等公用部分。分区明确，流线简捷，全馆共有大、中小各种活动室34个，并可灵活分隔使用。整体造型似两架高低错落的大三角钢琴，简洁优雅（参见彩图7、彩图9）。

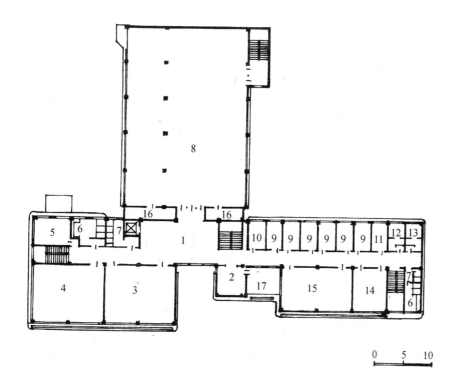

1—休息厅；
2—小卖部；
3—阅览室；
4—教室；
5—工作室；
6—男厕所；
7—女厕所；
8—展览大厅；
9—办公室；
10—总机室；
11—开水房；
12—女淋浴；
13—男淋浴；
14—会议室；
15—接待室；
16—管道间；
17—室外休息平台

2层平面

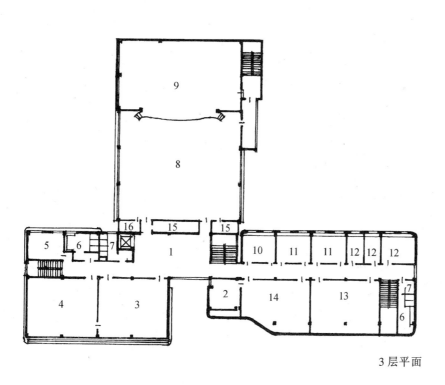

1—休息厅；
2—暗室；
3—戏曲排练；
4—音乐排练；
5—工作室；
6—男厕所；
7—女厕所；
8—多功能厅；
9—舞台；
10—书法活动室；
11—文艺创作室；
12—内部工作室；
13—美术活动室；
14—摄影活动室；
15—管道间；
16—配电间

3层平面

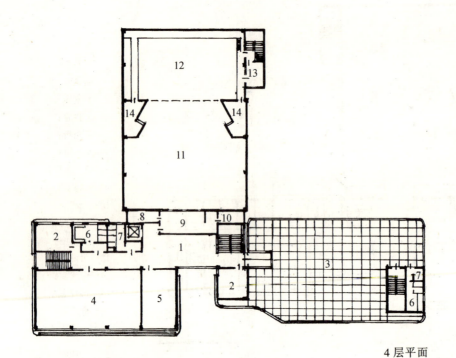

1—休息厅；
2—工作室；
3—屋顶活动场；
4—舞蹈排练房；
5—健美房；
6—男厕所；
7—女厕所；
8—贮藏间；
9—放映间；
10—管道间；
11—多功能厅上空；
12—舞台上空；
13—灯光控制室；
14—耳光室

4层平面

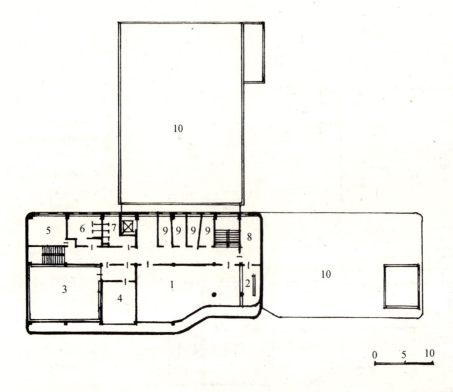

1—迪斯科舞厅；
2—小卖柜台；
3—录音录像室；
4—控制室；
5—空调机房；
6—男厕所；
7—女厕所；
8—食品供应；
9—器乐练习室；
10—屋顶

5层平面

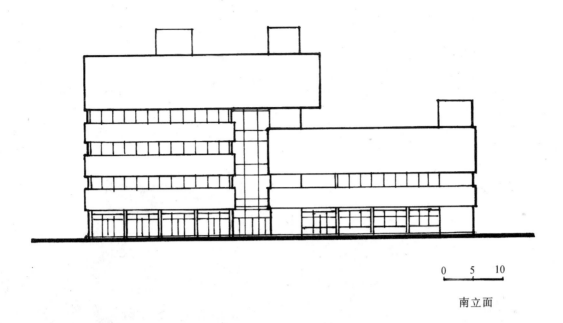

南立面

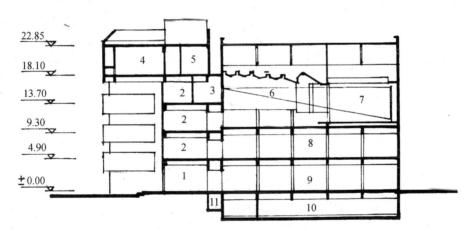

纵剖面

1—门厅；
2—休息厅；
3—放映室；
4—迪斯科舞厅；
5—器乐练习室；
6—多功能大厅；
7—舞台；
8—展览大厅；
9—游艺大厅；
10—五级人防；
11—管沟；
12—空调机房

5. 清华大学学生文化活动中心

透视

设计：清华大学建筑设计研究院

清华大学学生文化活动中心由香港信兴集团主席、校友蒙民伟先生捐资兴建，1995年9月建成使用。总建筑面积4071m²，用地面积0.25hm²。

活动中心是对学生进行文化艺术教育的基地，是清华园内最具代表性的建筑之一。其基地位于校西区大操场西南侧，北邻体育馆，南临万泉河，东与图书馆遥相呼应。主立面朝东，可远望校园建筑群的核心建筑——大礼堂。四周临近地段有水木清华，近春园和气象台，环境十分幽美、安静。其建筑设计方案吸取了1993年校方组织的方案设计竞赛一、二等奖方案的优点，经综合完善而成。

文化活动中心包括四个组成部分：文化艺术教育课程教室、文艺社团排练室、群众性文化活动场所和管理服务设施。其东入口门厅是全楼的中心，围绕门厅周围上下布置了一系列适合群众性文化活动的空间：班级活动室紧靠门厅南侧，其通长的折叠门使门厅空间流动扩大，活动室南面整排落地窗又把室内空间与室外河边环境相沟通；门厅两层环廊，大楼梯连接二层的陈列厅、多功能厅、休息厅及琴房。整个建筑以门厅回廊空间为中心，上下呼应、前后贯穿，室内外相互渗透，融为一体。

文化活动中心的主要活动教室集中在东面和南面。绘画和家政教室朝南，与水木清华、近春园遥遥相望，紧临万泉河畔，富有诗意，是弹琴作画的好地方。接近北入口，首层设舞蹈教室，二层设音乐教室，室内可观望西大操场。体块较大、人流较集中的多功能厅布置在西北角，用于举行学术报告和小型演奏会，设有332个座席，室内装修考究，设备齐全。

北侧半封闭的内院经北入口可与体育馆南侧广场相通，院内布置绿化、雕塑和座凳，是一处安静的交往空间。南侧沿河屋顶平台设有大片遮阳格架和室外照明，并单独配有小卖间，可供夏日举行露天音乐茶座。底层南侧室外沿河设有矮围墙，墙外绿草茵茵，墙内红砖铺地，配有座凳、灯具，形成极好的室外休闲场地。东入口前的台阶、栏杆、玻璃雨篷、整片玻璃幕墙和宽敞的石砌平台提供了主入口前人们停留、欣赏、交流和集散的广场。

文化活动中心的形象继承了清华校园建筑的历史文脉，丰富了校园文化建筑的风貌。设计从探索和创新的角度出发，大胆采用了现代建筑的表现手法和新建筑材料，使老校园唤发了青春，增添了新的景色(参见彩图22～彩图24)。

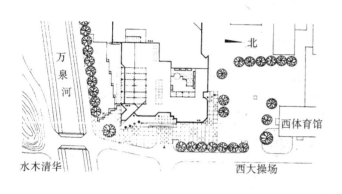

总平面

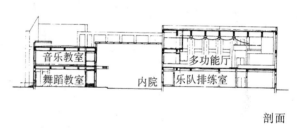

剖面

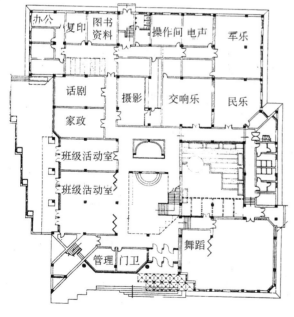

1层平面

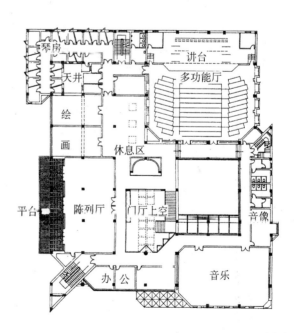

2层平面

6. 天津河西区少年宫

透视

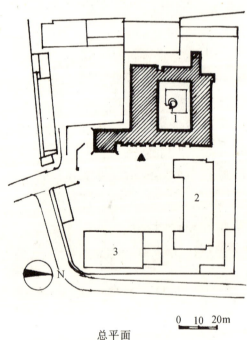

总平面

1—河西区少年宫；
2—老科技楼；
3—儿童图书馆

设计：天津市建筑设计研究院

建筑总平面布局充分结合地形，与原有活动楼形成内向性广场。平面设计按功能分为动、静两区。人流量较大的阶梯教室、多功能厅集中布置在前部靠近门厅处，科技活动室则布置在后部侧翼，并与图书阅览和展厅围合成院落，增加了空间的层次感。6层天象厅以门厅为枢纽与其他活动部分联成一体。

建筑造型设计着意反映和鼓励青少年热爱科学这一主题。设计重点突出天象厅的形象，外形方中有圆，筒身，球顶，弦窗，支腿用以象征待命升空的登月火箭。2层图书阅览室外挑的方形凸窗，欲使人产生书本形象的联想。其红、黄、蓝三色的彩色墙面也意在标志青少年探索的五彩缤纷的科学世界。内部空间设计适应青少年活泼向上的心理特征。门厅将交通、休息、展廊、庭院融为一体，并将楼梯、水池、座椅等建筑小品有机组合、高低错落，形成变化有致的庭院空间，其中圆形休息平台可作小型表演使用，具有多功能作用(参见彩图27)。

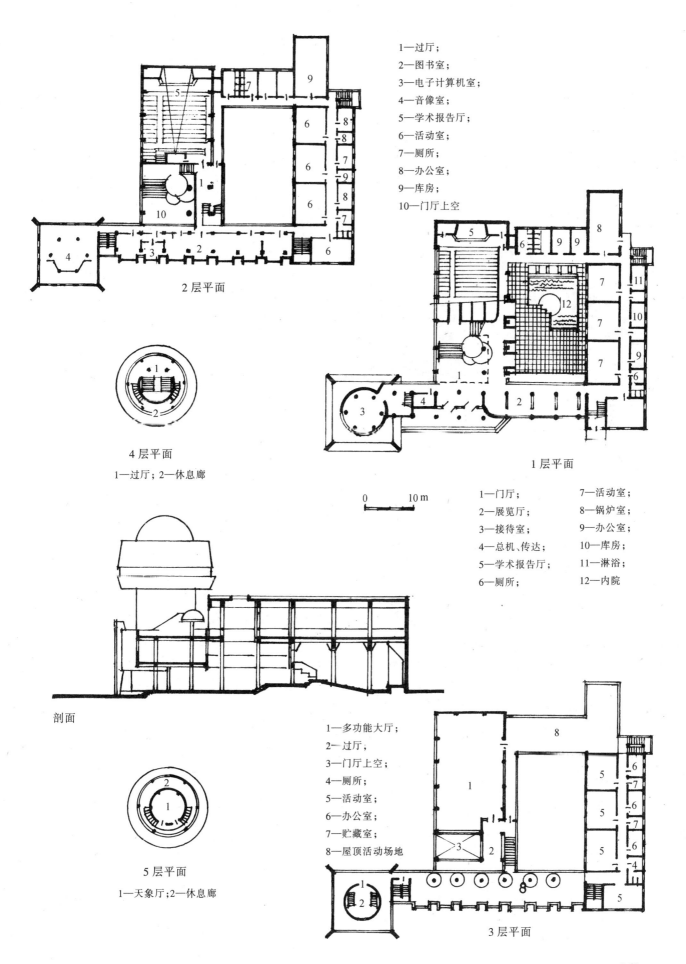

7. 哈尔滨梦幻乐园

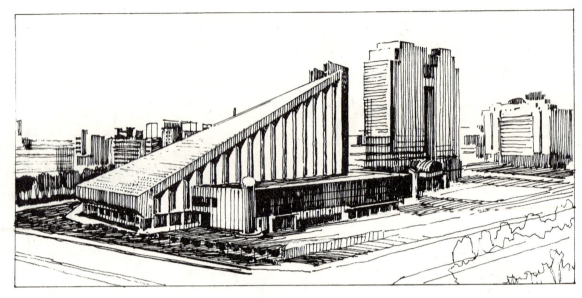

哈尔滨梦幻乐园与大酒店

设计：哈尔滨建筑大学建筑研究所

哈尔滨梦幻乐园是一座充满南国海滨情调的室内戏水娱乐建筑，于1997年8月正式建成营业。它主要由戏水大厅、保龄球等娱乐厅室和餐饮服务厅堂三部分组成。总建筑面积约3.8万 m²，占地约1.7hm²。位于哈尔滨高新技术开发区内，交通方便，路线短捷。其北、东两侧临街，西侧与同期建成的新加坡大酒店相连，并共用一个近万平方米的大型广场。再向西为二期工程，远期将形成集旅游、休闲、展览、购物、餐饮和商住于一体的城市多功能中心。

戏水大厅是乐园的主体，其建筑面积近8000m²，平面为扇形。活动以游泳戏水为主。大厅内设有造浪泳池、水滑梯、漂流河、儿童戏水池及日光浴等设施，水面近4000m²，是国内目前最大的室内戏水乐园。大厅屋盖为3层平板网架坡顶，跨度104m，中空玻璃屋面。屋盖随水滑梯的跌落而取坡降形式，净高由40m倾斜至3.0m，这既可减少空间和节省能源，也营造出独具一格的空间形式。室内空间的室外化是戏水乐园设计的主题，因而不仅将自然景观纳入室内环境，而且注意创造相应的空间氛围。为使戏水乐园具有开阔宽敞的视觉效果，设计采用了变异的扇形平面，造浪泳池置于大厅中央，高而长的水滑梯置于大厅两侧，主次分明，室内空间开阔完整。

梦幻乐园是哈尔滨一处充满刺激和异域风情的休闲活动场所，是一种面世不久的新建筑。其建成后，以独特的体形、晶莹的玻璃坡顶、开放明亮的室内空间吸引着广大市民前去休闲娱乐，受到群众的喜爱(参见彩图104及103)。

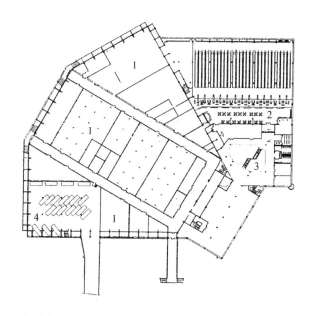

地下层平面

1—机房；2—保龄球；3—中庭；4—车库

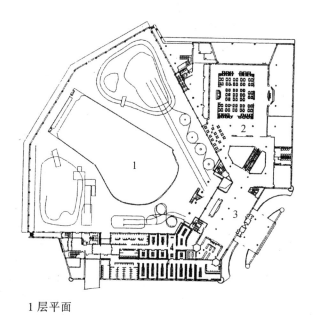

1层平面

1—戏水大厅；2—快餐厅；3—门厅；4—更衣室

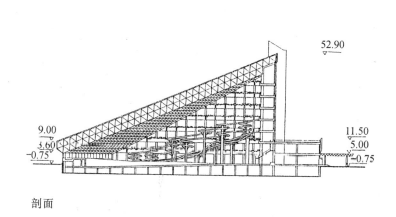

剖面

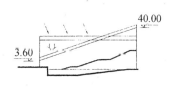

平面空间示意

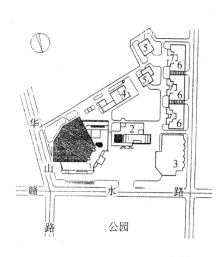

总平面

1—戏水康乐宫；2—大酒店；3—商厦；
4—动力站；5—公寓；6—写字楼；7—商场

8. 辽河油田青少年宫

透视

设计：辽河油田勘察设计研究院

辽河油田青少年宫建于1992年，基地位于盘锦市迎宾路与兴隆台街交叉口的西北角，西与儿童游乐场相邻接，北邻辽河油田电视台。总建筑面积11900m²，用地面积21000m²。它是融科技、专业技能培训、游艺娱乐为一体的多功能建筑群。

该建筑群共由使用功能不同的8栋相对独立的建筑组成，包括：游艺楼、办公楼、科技楼、教育楼、多功能厅、器乐楼、训练馆和综合楼。它们共用置于建筑群东侧中心的入口大厅，面向迎宾路。大厅中轴线西段横贯科技楼和双亭园，双亭园既作观赏性小游园，又是能隔离噪声的休息场地。大厅中轴线东段指向主入口广场。科技楼北侧安排有较大噪音的活动用房：篮球训练馆、舞蹈排练室、器乐楼、游艺楼和多功能厅，南侧安排需要相对安静的用房：教育楼、办公楼和综合楼，形成了以科技楼和双亭园为界的"闹"和"静"两个院落。

科技楼是该建筑群的核心，也是青少年宫的标志性建筑，主体高8层，局部高10层，总高约42m。内设有航模、舰模、微机、语言教学等活动室。其第9层设天象厅，直径10.36m，采用半球形网架，外壳为隐框蓝色镜面玻璃。半球形天象厅与北立面半圆柱形玻璃幕墙贯通一体，外形犹如火箭，可激发青少年丰富的想象力（参见彩图38）。

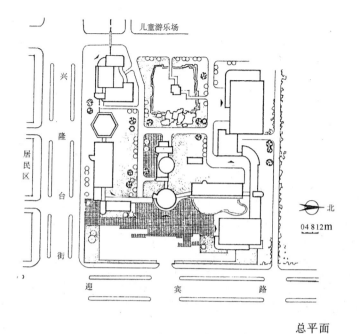

总平面

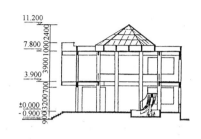

入口大厅剖面

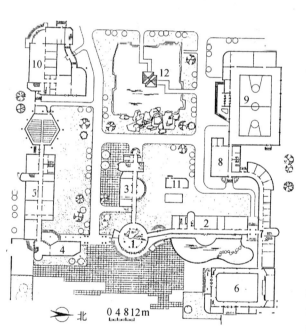

1层平面

1—入口大厅；
2—游艺楼；
3—科技楼；
4—办公楼；
5—教育楼；
6—多功能厅；
7—器乐楼；
8—舞蹈排练室；
9—篮排球训练馆；
10—综合楼；
11—供水泵房；
12—双亭

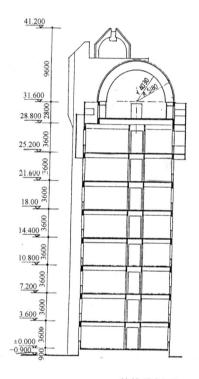

科技楼剖面

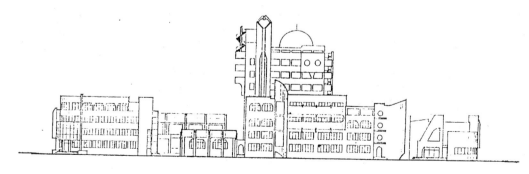

南立面

9. 郑州市老年宫

透视

设计：郑州市建筑设计院
建筑面积：5700m²
建成时间：1991年10月
设计说明：
- 该建筑内设文化娱乐、体育保健、读书学习以及老年组织管理、办公用房。
- 该设计将使用功能与内外环境、建筑造型统一构思，追求建筑本身内在的空间美感，努力创造轻松欢快、活泼、舒展的建筑空间环境。
- 采用框架结构。

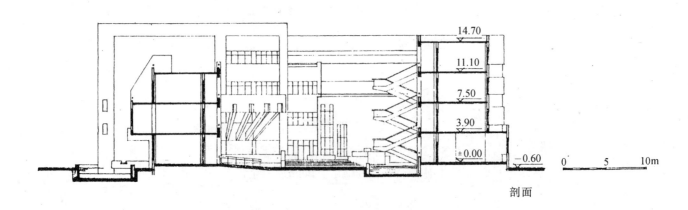

剖面

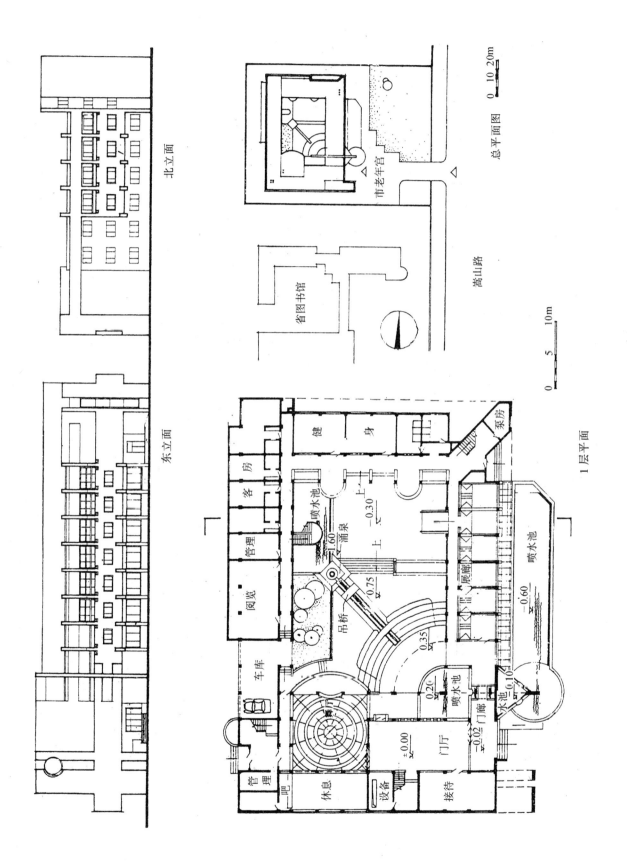

10. 广州市儿童活动中心

透视

设计：广州珠江外资建筑设计院

广州市儿童活动中心座落在越秀山畔的环市中路与童心路地段，占地面积 8000m²，建筑面积 16853m²。

广州市儿童活动中心由登月楼、科学宫和艺术宫组成。

在正门入口处的广场上拥有一个形状特异的半拱形敞棚式亭盖，迎面而立的艺术宫宛如三个圆蘑菇，分别高 2、4、5 层，拥有圆形窗户和三角尖顶，充分体现了迪士尼乐园的城堡式建筑特有形式，又如童话世界里的积木乐园，这座艺术宫设有 400 座位的小剧场、森林餐厅、碰碰车场、水族馆、桌球室、木偶公园、电子琴俱乐部等。该项目获建设部 1989 年优秀设计二等奖（参见彩图 73～彩图 78）。

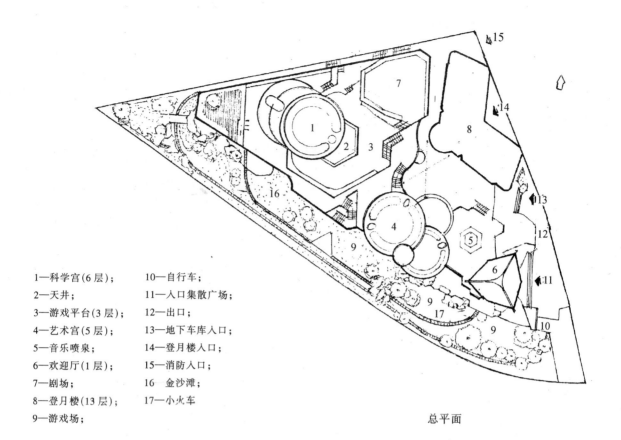

1—科学宫(6层);
2—天井;
3—游戏平台(3层);
4—艺术宫(5层);
5—音乐喷泉;
6—欢迎厅(1层);
7—剧场;
8—登月楼(13层);
9—游戏场;
10—自行车;
11—入口集散广场;
12—出口;
13—地下车库入口;
14—登月楼入口;
15—消防入口;
16—金沙滩;
17—小火车

总平面

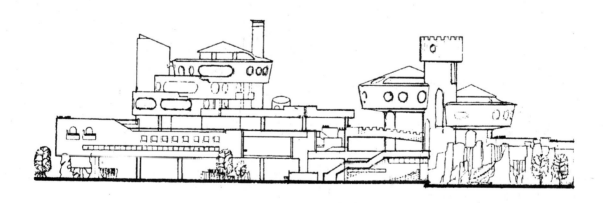

立面

11. 广州市老干部活动中心

透视

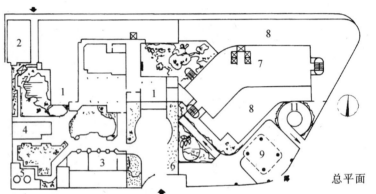

总平面

1—中心楼；2—综合楼；3—办公商场、车库；4—书画楼；5—油库；6—传达；
7—旅馆主楼；8—附属裙楼；9—雨篷；10—地下车库入口；11—地下车库出口

设计：广州市建筑设计院

广州市老干部活动中心位于广州小北下塘，与广州的繁华主干道环市路只隔了广深铁路，交通十分方便。北面不远就是广州市著名的风景区麓湖和白云山，附近是近来新开发建设的居民住宅区，环境优美。基地在一条新开的干道西侧，南面是规划的次要道路。基地总面积约14450m²，计划建设老干部活动中心和一座20层的酒店。第一期工程老干部活动中心在基地西部，用地约8100m²，主体部分高6层，建筑面积约10000m²。

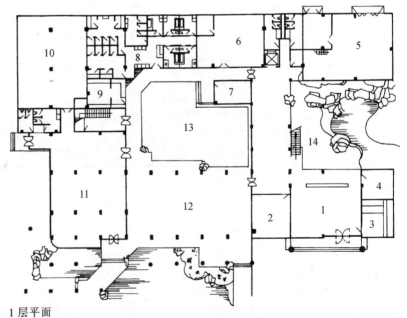

1层平面

1—门厅；2—接待室；3—配电房；4—空调机房；5—锅炉房；6—理疗室；7—健康咨询；
8—公共浴室；9—理发室；10—厨房；11—餐厅；12—支柱层；13—内庭园；14—中庭

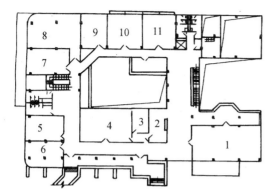

2层平面
1—录像室；2—服务；3—工作间；4—接待；5—空调机房；6—乒乓球室；7—康乐室；8—桌球室；9—音乐室；10—游艺室；11—射击室

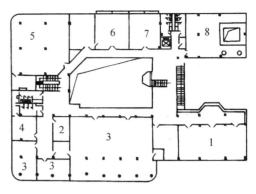

3层平面
1—讲课室；2—空调机房；3—会议室；4—创作室；5—阅览室；6—文件室；7—按摩室；8—贮物间

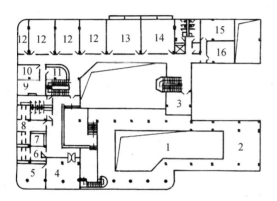

4层平面
1—游泳池；2—夹层；3—水处理；4—音乐治疗室；5—工作间；6—女更衣室；7—存衣处；8—男更衣；9—空调机房；10—服务间；11—服务台；12—娱乐室；13—棋类室；14—桥牌室；15—水泵房；16—仓库

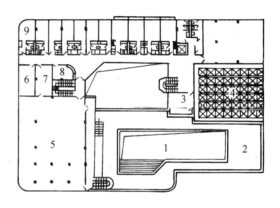

5层平面
1—游泳池；2—人造革皮屋面；3—会客室；4—玻璃屋面；5—多功能大厅；6—空调机房；7—工作间；8—服务台；9—客房

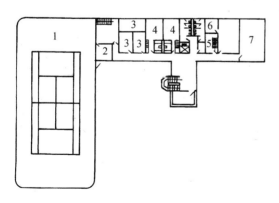

6层平面
1—网球场；2—更衣室；3—办公室；4—客房；5—配电；6—空调机房；7—服务间

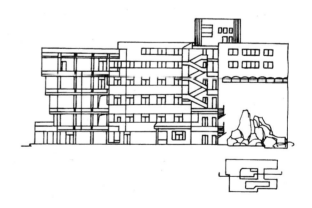

剖面

12. 昆明市工人文化宫

透视

设计：云南省建筑设计院

昆明市工人文化宫综合楼，是一幢功能复杂、技术特殊、造型新颖的高层民用建筑。建筑面积 18673.6m²（另地下室 905.6m²），地面以上 18 层，顶部高出地面 70m。占地约 3.3hm²。

一、环境与规划

文化宫的基地是昆明市中心的东风广场，地位十分显要。其北部的东风东路，交通频繁，是昆明东西方向的主干道。路北居中是检阅台。东至北京路，是直通昆明火车站的南北干道。西临盘龙江及滨河路。南至尚义街。检阅台北部有大片的水面和绿地，南北空间相通，场地宽阔，自然形成了昆明的城市中心广场，群众常在此休息或进行体育活动。文化宫位于广场的南端，既是整个广场的一部分，又有相对的独立性。

建筑与环境密切相关，文化宫作为中心广场的主体建筑，其形象于广场和城市的景观具有特殊的重要性。

文化宫基地的另一特点是四面临城市的主次干道，建筑位于中心，环境开阔，是任何方向的景观中心，这个特性对建筑四个方向的轮廓提出了很高的要求。

综上所述，文化宫应有足够的体量，增加城市的轮廓美，从广场四周空间及检阅台和其

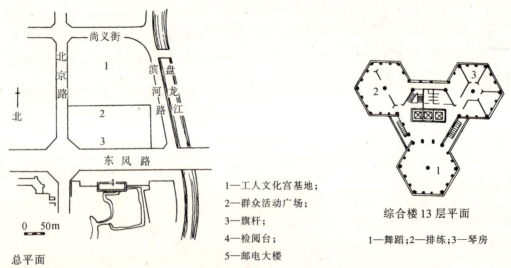

1—工人文化宫基地；
2—群众活动广场；
3—旗杆；
4—检阅台；
5—邮电大楼

总平面

综合楼13层平面

1—舞蹈；2—排练；3—琴房

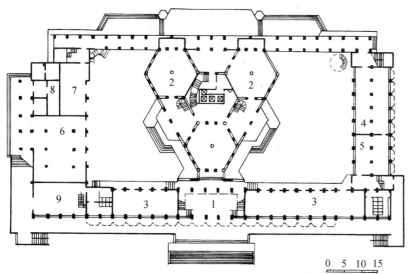

综合楼1层平面
1—大厅；2—游艺；3—展览厅；4—阅览；5—书库；6—多功能厅；7—小卖；8—配电；9—小会堂门厅

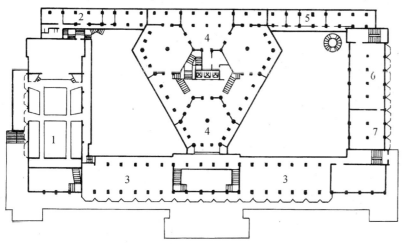

综合楼2层平面
1—小会堂；2—化妆；3—展览厅；4—游艺；5—办公；6—阅览；7—书库

北部的绿地空间看，它是此范围内的南部构图中心，主楼采用高层是十分必要的。从文化宫的功能讲，群众活动多，建低层房屋更为适宜。但因其地点的特殊性，决定建多层后，从功能上作了认真的研究，将群众多的活动室置于低层，如展览、图书、多功能厅、青少年活动等部分，群众少的活动室安排在5层以上，如业余学校、绘画、音乐等，使用尚属合理。

二、方案构思

经过对布局和设计的几种方案多次讨论比较，最后确定的方案考虑了昆明是历史文化名城的城市性质，有丰富的文化遗产、名胜古迹和丰富多彩的民居，应当作出具有地方特点、民族特色的建筑形象，并有与环境协调的个性。受到历史悠久的昆明东寺西寺双塔、大理三塔的启迪，在满足新的功能的要求下，用现代技术、材料和语言，赋予时代气息。综合楼平面为组合六角形，主楼立面有"群塔"风味，形式独特。从整体看似群塔拥立，从局部看是2~3个塔体，反映了地方特点，突出了建筑个性。方案考虑该建筑处于城市中心广场的重要地位，采取对称严谨的基本布局。

三、建筑设计

以综合楼为中心进行总的布局。

综合楼的主楼，地面以上18层，地下1层。建筑面积12768m²。主楼标准层平面为四个相联的正六边形。中间的六边形，主要作交通枢纽，内设三部电梯，一座楼梯及厕所、配电房等；外侧另设开敞楼梯两座，作为安全疏散梯用。外圈三个六边形，分别安排各种不同用途的房间。一二层为游艺厅。平面将标准层的三个"缺口"填满，平面外轮廓成一等边三角形，其内，六个厅围绕中间的交通枢纽配置，互相串通，便于组织群众活动。

主楼1~5层分别为游艺、舞厅、棋室、电视室，6~10层为职工学校和科技馆，11~14层为美术、音乐、文艺用途，15层及其屋顶为游览用途，供群众休息、观光、小吃、摄影。18层为瞭望厅，凭窗四望，昆明"坝子"尽收眼底。

13. 南平老人活动中心

透视

设计:福建省建筑设计院
建筑面积:1930m²
建造地点:南平市九峰山风景区
建设部 1989 年优秀设计三等奖

南平老人活动中心建在南平市风景区九峰山脚,濒临闽江,这里原是古老的"九峰山渔村"。该建筑设计为层层叠叠的白色船帆、高低错落,宛如一组江南渔舟扬帆待发;其间穿插大小红色瓦顶,又寓意着古老的渔村。建筑构思新颖、造型独特。

建筑物共 3 层,分为动区、静区和餐厅区三部分,功能分区明确。饮食部分自成一区,可独立使用;考虑到老年人使用特点,3 层主楼采用错层布局,使老人只要走半层便可到一个厅。

建筑主入口高高翘起的封火山墙是吸取福州民居门头做法,加以变形、简化;一片片"密氏"墙纵横穿插组成丰富的流动空间;拱型葡萄架隐喻了渔船上的圆形船仓。大小船型钓鱼台可供老人垂钓之用,北端小演讲厅与古榕树巧妙结合,使这里室内外空间成为老年人最喜爱的听说书的地方。

整个建筑与环境融合在一起,成为环境不可缺少的一部分(参见彩图 69)。

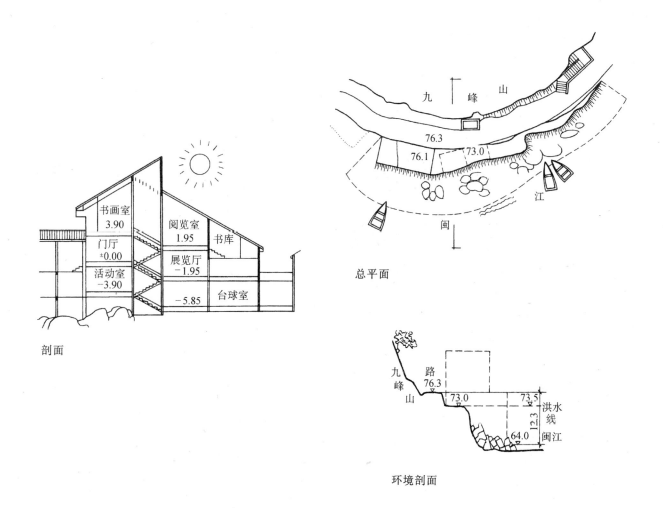

剖面

总平面

环境剖面

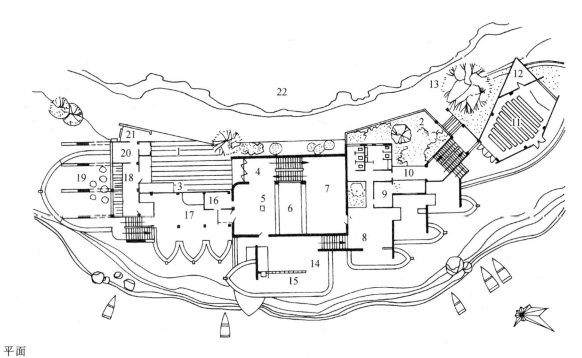

平面

1—广场；2—瀑布；3—浮雕；4—门厅；5—雕塑；6—中庭；7—展览厅；8—棋牌；9—办公；10—天桥；11—讲演厅；12—库房；13—保留大榕树；14—拱型葡萄架；15—钓鱼台；16—值班；17—咖啡厅；18—小餐厅；19—茶座；20—厨房；21—杂院；22—九峰山公园

14. 东南大学校友会堂

透视

设计：东南大学建筑设计研究院

该建筑是在原中央大学校友会堂旧址上拆除重建的，故仍以校友会堂命名，并承担接待国内外校友和著名学者参加校庆联谊活动。平时它作为教工俱乐部，由校工会负责管理使用。

总建筑面积约 1800m²。位于校园西南角教学楼群之中，南临城市街道。由于基地狭窄，为避免对原有庭园空间产生挤压破坏作用，主要体量置于南向临于一侧，与原教学楼取齐，并为 3 层。东侧一翼为 2 层，并做成平屋顶，以减小体量，同时把其底层冷饮茶座做成全玻璃落地窗敞厅，使其东西两侧庭院绿化仍能视线贯通，以减轻庭园空间的拥塞感。

建筑内 1、2 层安排阅览室、电视录像室、冷饮小卖、电子游艺机室和大中小各类活动室。第 3 层为一个多功能活动大厅及其附属房间，可供举办讲演和舞会、放映等活动。连廊将庭园分成三个相互贯串的院落空间。连廊上部仍可通行，并沿两侧布置花槽，可供退休职工进行园艺爱好活动（参见彩图 57）。

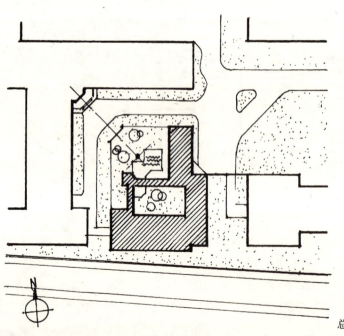

总平面

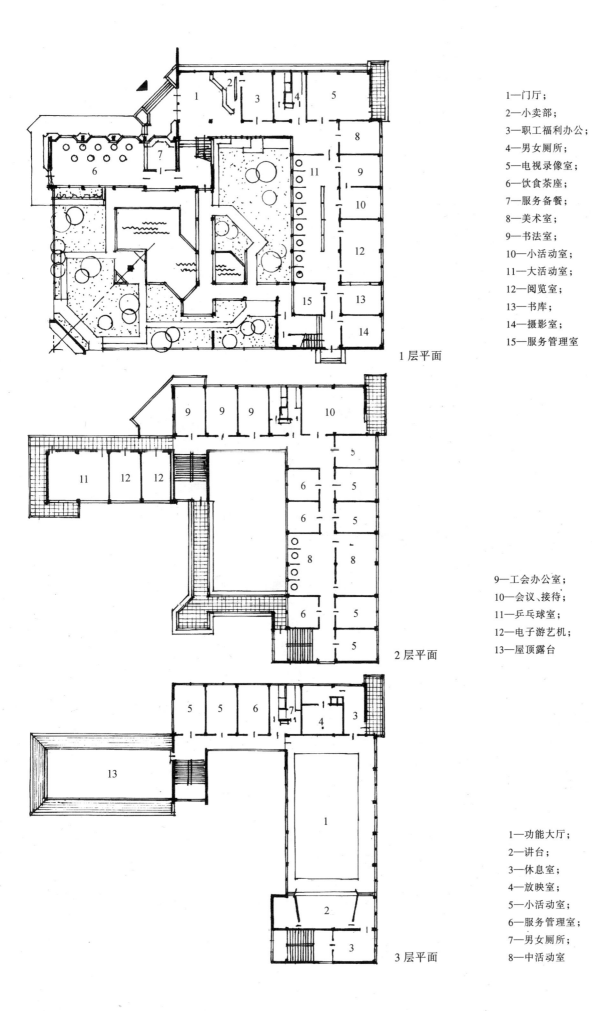

1—门厅；
2—小卖部；
3—职工福利办公；
4—男女厕所；
5—电视录像室；
6—饮食茶座；
7—服务备餐；
8—美术室；
9—书法室；
10—小活动室；
11—大活动室；
12—阅览室；
13—书库；
14—摄影室；
15—服务管理室

1层平面

9—工会办公室；
10—会议、接待；
11—乒乓球室；
12—电子游艺机；
13—屋顶露台

2层平面

1—功能大厅；
2—讲台；
3—休息室；
4—放映室；
5—小活动室；
6—服务管理室；
7—男女厕所；
8—中活动室

3层平面

15. 南京南湖文化馆

设计：南京市建筑设计研究院

该馆位于南京城西南角南湖居住小区中心绿地内，其基地北临南湖开阔的湖面，与青少年宫遥相呼应，风景优美，环境宜人。基地位置还与居住区内中、小学校舍和体育场地相邻，共同形成区内相对集中的文教活动区。

该馆总建筑面积约 2400m²，主楼高 3 层，内设有各种学习辅导用房、专业工作室和行政管理用房。主要娱乐、交谊及展览等活动大厅形成底层裙房院落，其室内外空间丰富，功能分区合理，使用灵活。总体造型具有活泼自由的个性，与所处园林环境相协调。

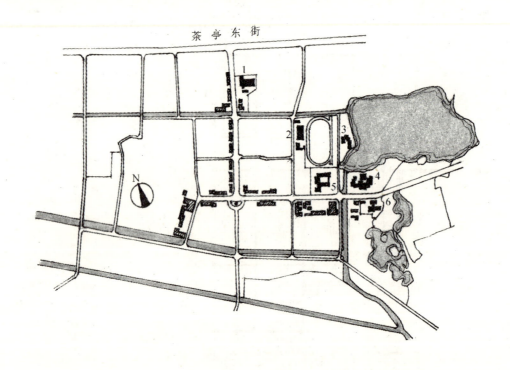

南京南湖新村居住小区规划
1—电影院；2—游泳池；3—青少年宫；4—文化馆；5—中学；6—小学

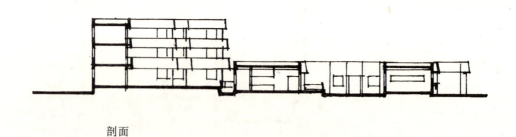

剖面

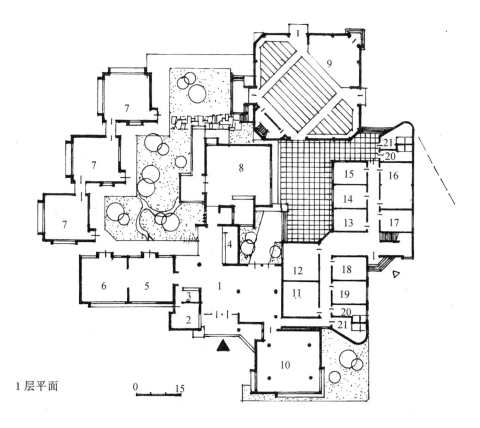

1层平面

1—门厅；	9—小剧场；	17—休息室；
2—售票；	10—阅览；	18—办公室；
3—问讯；	11—资料室；	19—文化科；
4—小卖服务；	12—会计室；	20—女厕所；
5—电子游艺；	13—文化中心；	21—男厕所；
6—棋牌台球；	14—编辑室；	22—专业辅导；
7—展览；	15—宣传科；	23—工作室
8—音乐茶座；	16—会议室；	

2~3层平面

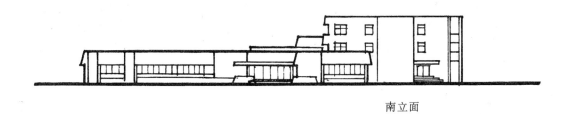

南立面

16. 南京文化艺术中心

设计：上海现代建筑设计(集团)有限公司

南京文化艺术中心位于该市商业中心区东北角，地处长江路文化街与洪武路商业街交角处，总用地约8850m²，总建筑面积约24560m²。它是2000年9月在宁举办的第六届中国艺术节的主要展演活动场所。

由于地处市中心繁华地段，用地范围受到较大限制。为创造足够的城市开放空间，以满足来访人流集散交通和节假日市民休闲活动的需要，设计将二层楼面全部敞开作市民休闲广场，弥补了地面层广场面积的不足。来访者可经由室外大楼梯或自动扶梯直达2层广场。

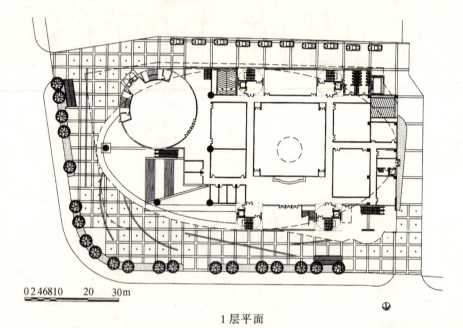

1层平面

2层平面

这种半开敞的室内广场空间非常适合南京夏季炎热多雨的气候。广场西侧还设有咖啡厅及辅助用房，人们可在此停歇、品茶和自娱自乐。广场东南角圆柱形的形体内设置了纵贯全楼层的垂直公共交通枢纽，配有观景电梯两台，自动扶梯两部和防火楼梯间，来访者可方便地从底层广场直达每层和屋顶露天花园。该中心底层设有5个多功能厅室和相应配套用房，可供健身、健美、舞蹈、茶艺、美容等多种业余培训活动使用。3～6层为2000座大剧场和相应配套设施，观众安全疏散通过四组防火楼电梯解决。剧场观众厅28m×32m，主舞台深20m，主侧台总宽50m，台口尺寸15m×8m。舞台南侧设有舞台专用货梯，与底层室外安全通道相接。

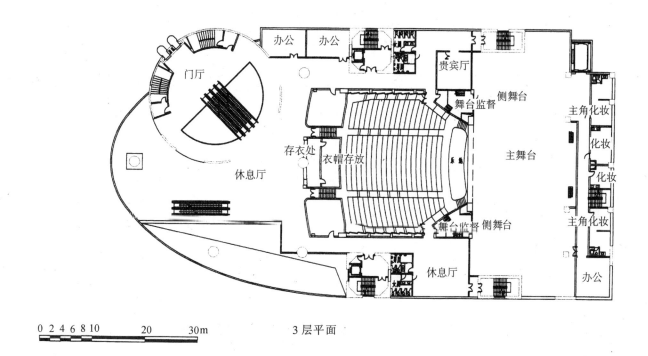

3层平面

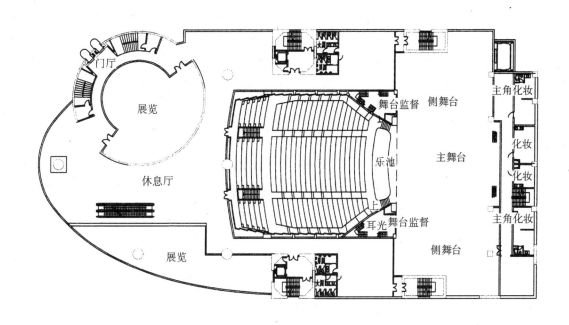

4层平面

该中心建筑造型新颖独特,主体造型由圆柱形、椭圆锥形与长方形体块组合而成,体型简洁、线型流畅的建筑外观具有强烈的时代感。其公共交通空间形态自由灵活,观众可透过大面积玻璃幕墙观赏繁华的街市景色,充分享受现代化都市生活的乐趣。玻璃幕墙采用技术先进的点支撑结合构造,形成整体连续悬挂的玻璃曲面,充分展现了当代建筑技术的进步。为创造宽敞灵活的室内空间,建筑楼层结构采用了大跨度预应力钢筋混凝土板梁体系,最大梁跨达17m和20m。剧场屋盖采用空间钢网架整体吊装(参见彩图47~彩图52)。

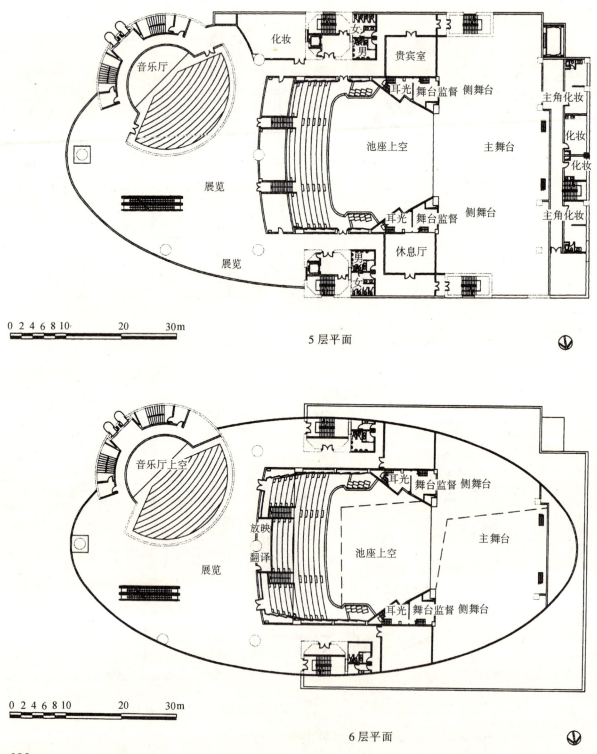

5层平面

6层平面

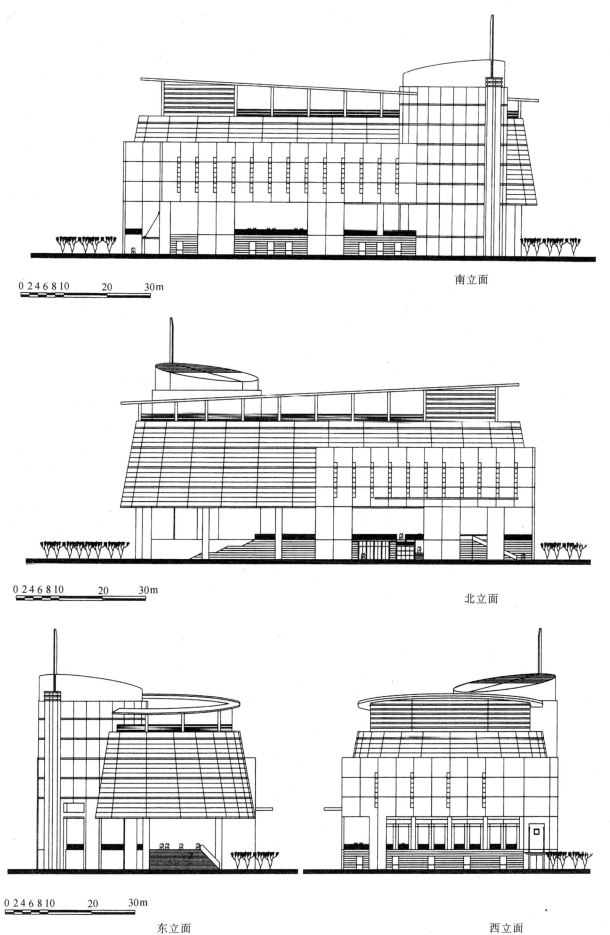

南立面

北立面

东立面

西立面

17. 南京太阳宫广场

设计：中国建筑技术开发总公司

南京太阳宫广场是一组以室内戏水为主，集文化、娱乐、健身和客房于一体的大型综合性公共建筑。工程座落在风光秀丽的玄武湖边，与郁郁葱葱的紫金山仅一路之隔，是山、水、城、林的交汇处。离南京火车站只有3km，到市中心鼓楼乘汽车10分钟，是一块闹中取静、不可多得的宝地。

南京太阳宫广场项目主要包括：① 5000m² 的室内戏水大厅，含大型冲浪池、人造海滩、儿童戏水池、空中平滑道、螺旋滑道、家庭滑道和长城景观等；② 戏水大厅周围是一圈直径115m、长320m、平均宽为6m的环形漂流河；③ 约800m² 的男、女桑拿浴室和1000m² 的休息大厅；④ 30座的动感电影厅；⑤ 可供3000人同时使用的男、女更衣间；⑥ 2000m² 的仿真滑冰馆；⑦ 28道保龄球馆；⑧ 可供300人住宿的客房部；⑨ 可供300人集会的多功能厅和中、小型会议室；⑩ 约4000m² 的各种风味餐厅、高科技电子游艺廊和展厅；⑪ 25m×12m的地下游泳池和健身房；⑫ 可停放100多辆小汽车的地下车库等。

图1 南京太阳宫广场模型

场地内还设有可停放800辆自行车的车库、高架桥、露天舞台、室外网球场、卡丁车场地、名人植树园和屋顶花园、喷水池等。总占地面积75000m²，总建筑面积达48000m²。这是一个功能多样、规模庞杂的大型综合性公共游乐建筑。高峰时期可容纳近4000人同时进行戏水、文化娱乐和健身休闲活动。如何把这些功能完全不同的各个部分组合在一栋建筑物内、同一场地内，而又与周围环境协调和谐，这是对建筑设计师的一项充满挑战性的任务。

设计构思

本工程根据同类工程的设计经验，首先考虑到：戏水大厅要有一个较大的无柱空间，那么采用大跨度空间结构是毋庸置疑的。由于该场地呈三角形，从几何学的角度分析，圆形平面对三角形场地的使用最为讨巧，面积利用充分。同时圆形的造型也与附近的紫金山天文台的建筑造型取得一种呼应。另外，从工程所处的地理环境考虑，依山傍水，层林尽染，建筑设计要为美化这一环境而增辉添色。

总平面布局

本工程用地原是一片鱼塘，地势低洼，

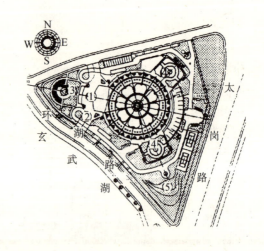

图2 总平面示意图
1—主入口；2—高架桥；3—阶梯看台；4—屋顶花园；
5—室外活动场地

塘深1.5~2.0m。塘底标高与紧邻的玄武湖常年水位标高接近。为了减少大量的回填土方和满足城市规划部门对建设总高度的限制，以及充分展示建筑造型艺术美，采取下沉式广场设计技巧，使建筑内外空间更加丰富，更有层次，既有广阔的视野又有纵深的景观（图1、图2）。

（1）高架桥是本工程总体布局中的一个特色。它恰当的解决了内外交通的联系，并使主体建筑更加突出。从外部驱车进入太阳宫广场，可先上高架桥，经蝶形环行车道进入地下停车场，然后经内部通道到达戏水大厅或室内不同部位。高架桥略带弧形，长100多米，最窄处宽20m，离下层地面不到4m。桥面宽阔、舒展平坦，犹如一条彩带稳稳地环抱着它前方的花园式庭院，又烘托着后方硕大的主体建筑，可谓主次分明、层次分明、前后分明、高低分明、协调有序，构成一幅美丽的画面。

（2）利用内部场地与外部道路之间的高差，在南北广场道路边，布置了自行车库和大客车停车场，既取巧又方便。骑自行车的游客在这里放下自行车后，步行上高架桥进入大门；乘大客车的游客在停车场下车，也是步行上高架桥后进入大门。这样的交通组织，使人流、车流

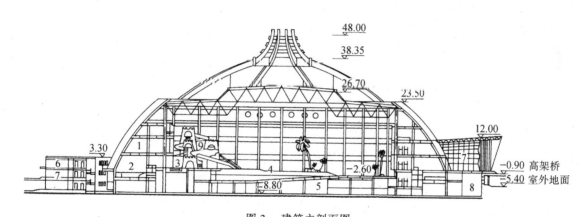

图3　建筑主剖面图

1—餐饮层；2—漂流河；3—按摩池；4—造浪池；5—停车库；6—客房；7—大堂；8—空调机房；9—长城滑道

各行其道，避免了高架桥面和入口附近可能会发生的车、人流混杂问题，这对管理是十分有利的。自行车库的屋面标高与外部道路标高接近，可作为休闲观景用，也可作为停车库的补充。大客车停车场下部空间可作内部停车用，也可作内部职工就餐休闲用。内外空间的充分利用，体现了建筑空间组合艺术的精湛。

（3）圆形主体建筑中轴线两边（夹角57.25°处）对称布置了40m×50m的两个半地下大空间建筑——滑冰馆和保龄球馆（耳房）。其屋面标高与环湖路标高接近，屋顶上面布置成花园绿地，与环境协调又相得益彰。

（4）与主体建筑主入口相对应的背立面部位安排了客房楼。平面和外墙与主体建筑为同心圆弧形曲线，其建筑高度介于主体与两个耳房之间。这一安排使整个太阳宫广场建筑高低起伏，富于变化，也是空间艺术整体美的表现。

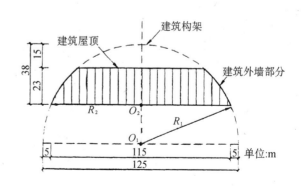

图4　建筑外墙线型示意图

(5)场地北部宽7.5m的后出入口,不仅可使外来车辆直达客房部和兼后勤出入,而且也是场内消防交通之必需。使内外交通流畅,联系便捷。

建筑剖面

考虑到戏水大厅面积较大、并要常年保持30℃左右的室温,室内空间高度不能太小,小了会给人以压抑感;也不能太大,大了空调的运行费用会激增,且造成很大的温度梯度,不仅是一种能源浪费,而且会使整个空调设计变得更加复杂。

经过多方考虑决定:在80m直径的圆柱形空间中,网架下弦离地面约20m,即高宽比为1:4。为使内部空间感觉宽敞又明亮,网架中间直径45m的范围内向上提高了4m,上下两层网架之间设一圈侧向采光带,使内部空间显得活泼而富有层次(图3)。

外墙线型

圆弧曲线是设计中常采用的一种线型,但半圆形球面往往显得过于严肃,且容易给人一种呆板、单调的心理感觉,所以在设计构思中应尽量避免。在剖面设计中采用了圆弧曲线的一部分,即剖面上外墙圆弧曲线半径 R_1 比平面半径 R_2 大的手法,如图4所示。

对外墙的线型选择,既优化了设计又美化了造型,内部空间的利用也合理。

立面造型艺术思考

本工程的立面造型,从内部到外部都体现出完整的空间组合艺术。立面上有16根混凝土拱肋对称均衡地布置在圆弧曲线拱体上,由下至上。其中有8根肋到屋面檐口部位收头,另8根肋继续按圆弧曲线轨迹往上聚焦于顶端,并有四条横向的环带和竖向的混凝土曲杆作收头,既是建筑造型平衡的需要,也是一种装饰。这一处理,使外形很有气势,呈现出一种稳重、有力和雄伟的美感(图5)。拱肋之间由下到上有三种窗型——下部的抛物线连拱窗反映了欧洲古典建筑的艺术风格;中部条形窗体现了现代建筑的简洁手法;而上部48个点式圆窗又给人以未来世界的超现实虚幻感,很耐人寻味。而跨度为40m的落地大拱配以明亮的玻璃墙的主入口,使游客有一种即将步入另一个世界的新鲜感和神奇感。这是建筑艺术的魅力,也像对一曲优美旋律音乐的享受。

建筑平面布局

直径115m的圆拱型建筑是本工程的主体,是全封闭的大跨度空间建筑,其底层安排戏水项目是最恰当不过的。而把与入口对应的背部安排为相对安静的客房部,有专用通道在底下层与主体相连,并可左右分别到达保龄球场、桑拿休闲的滑冰场、台球厅以及水处理机房等(图6)。

进入主体入口后,经两座自动扶梯,游客可到达地下更衣、淋浴间,然后步行到达开阔的戏水大厅。另两台自动扶梯布置在入口大厅两侧,游客可直接到达二楼餐饮层。布局非常紧凑,空间序列明确,人流组织合理,处处体现出建筑师在反映此类建筑艺术特色方面的匠心所在(图7),(参见彩图39~彩图46)。

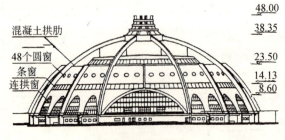

图5 建筑外立面图

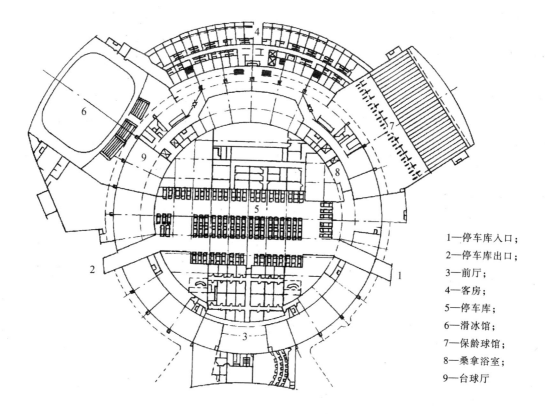

1—停车库入口；
2—停车库出口；
3—前厅；
4—客房；
5—停车库；
6—滑冰馆；
7—保龄球馆；
8—桑拿浴室；
9—台球厅

图6 地下层平面图

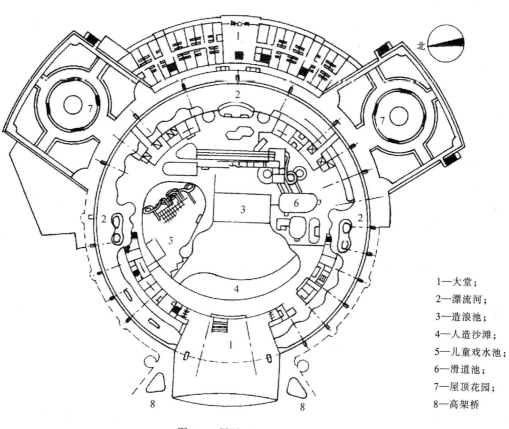

1—大堂；
2—漂流河；
3—造浪池；
4—人造沙滩；
5—儿童戏水池；
6—滑道池；
7—屋顶花园；
8—高架桥

图7 1层平面图

18. 杭州市游泳健身娱乐中心

设计：浙江省建筑设计院

杭州市游泳健身中心位于该市新建商业中心区，城市东西向主干道环城北路南侧，中山北路商业街转角处。它是适应市民体育健身型休闲活动的市场需求，于1998年底建成使用的。该中心建筑由游泳馆和健身楼两部分组成，总建筑面积约29700m²，总用地面积约12600m²。

游泳馆高4层，建筑面积约17550m²。建筑后退北侧道路红线，形成较大的人流集散广场，西侧紧邻商业街，底层开设有体育用品商场。来馆人流从广场顺室外大台阶可直达游泳馆主门厅。门厅两侧设有男女更衣室、贵宾更衣室和其他服务用房。泳池大厅设有25m×50m标准池和12m×25m波浪池。波浪池下夹层内设空调机房。大厅内还设有观众席约1000座，可供观看水上表演。游泳馆还设置了两层地下室，地下1层为空调房和自行车库，地下2层为汽车库和其他设备用房。

健身楼总高7层，建筑面积约12150m²。底层为快餐厅和厨房；第2层设中西餐厅、台球厅和儿童游艺厅；3层以上为各种室内健身活动用房。其中第3层设有乒乓球厅、健身器材厅和多功能活动大厅；第4层设有溜旱冰、汽手枪等活动用房；第5层为保龄球馆和拳击武术训练用房；6、7层皆为室内网球场和辅助用房。

该中心建筑的特色是其屋盖结构采用了目前国内尚属少见的索膜结构形式。其独特的建筑造型使之成为城市重要的标志性景观，引人注目(参见彩图70)。

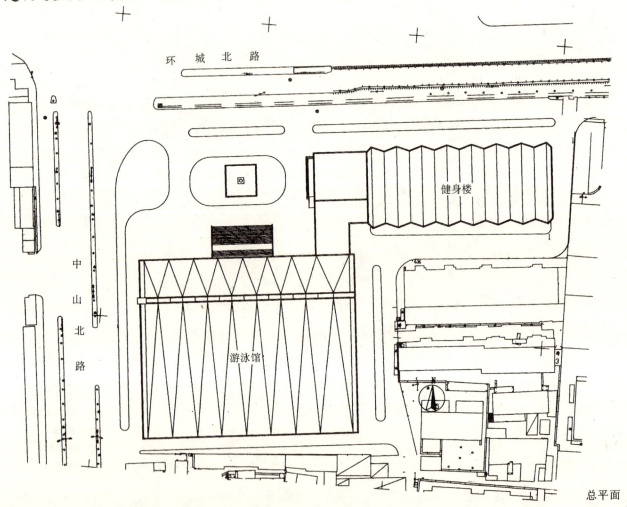

总平面

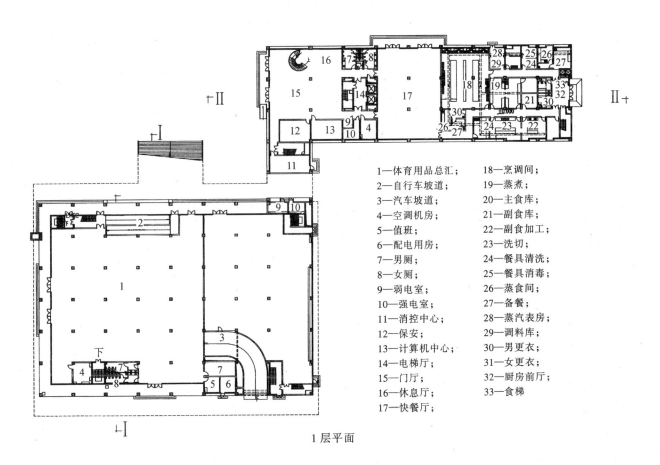

1—体育用品总汇；
2—自行车坡道；
3—汽车坡道；
4—空调机房；
5—值班；
6—配电用房；
7—男厕；
8—女厕；
9—弱电室；
10—强电室；
11—消控中心；
12—保安；
13—计算机中心；
14—电梯厅；
15—门厅；
16—休息厅；
17—快餐厅；
18—烹调间；
19—蒸煮；
20—主食库；
21—副食库；
22—副食加工；
23—洗切；
24—餐具清洗；
25—餐具消毒；
26—蒸食间；
27—备餐；
28—蒸汽表房；
29—调料库；
30—男更衣；
31—女更衣；
32—厨房前厅；
33—食梯

1层平面

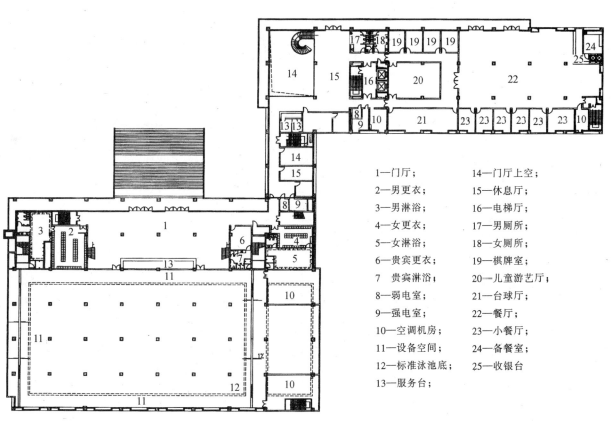

1—门厅；
2—男更衣；
3—男淋浴；
4—女更衣；
5—女淋浴；
6—贵宾更衣；
7—贵宾淋浴；
8—弱电室；
9—强电室；
10—空调机房；
11—设备空间；
12—标准泳池底；
13—服务台；
14—门厅上空；
15—休息厅；
16—电梯厅；
17—男厕所；
18—女厕所；
19—棋牌室；
20—儿童游艺厅；
21—台球厅；
22—餐厅；
23—小餐厅；
24—备餐室；
25—收银台

2层平面

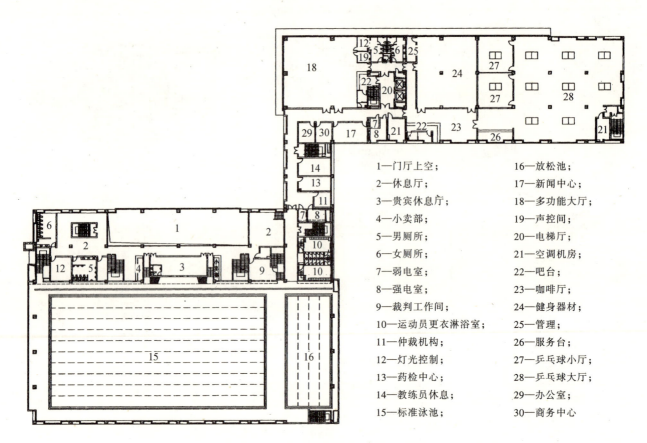

1—门厅上空； 16—放松池；
2—休息厅； 17—新闻中心；
3—贵宾休息厅； 18—多功能大厅；
4—小卖部； 19—声控间；
5—男厕所； 20—电梯厅；
6—女厕所； 21—空调机房；
7—弱电室； 22—吧台；
8—强电室； 23—咖啡厅；
9—裁判工作间； 24—健身器材；
10—运动员更衣淋浴室； 25—管理；
11—仲裁机构； 26—服务台；
12—灯光控制； 27—乒乓球小厅；
13—药检中心； 28—乒乓球大厅；
14—教练员休息； 29—办公室；
15—标准泳池； 30—商务中心

3层平面

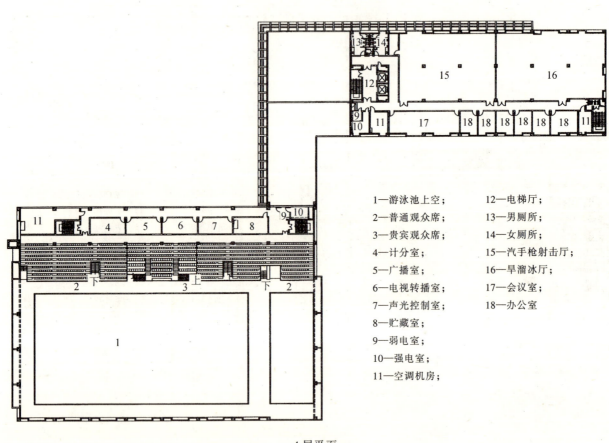

1—游泳池上空； 12—电梯厅；
2—普通观众席； 13—男厕所；
3—贵宾观众席； 14—女厕所；
4—计分室； 15—汽手枪射击厅；
5—广播室； 16—旱溜冰厅；
6—电视转播室； 17—会议室；
7—声光控制室； 18—办公室
8—贮藏室；
9—弱电室；
10—强电室；
11—空调机房；

4层平面

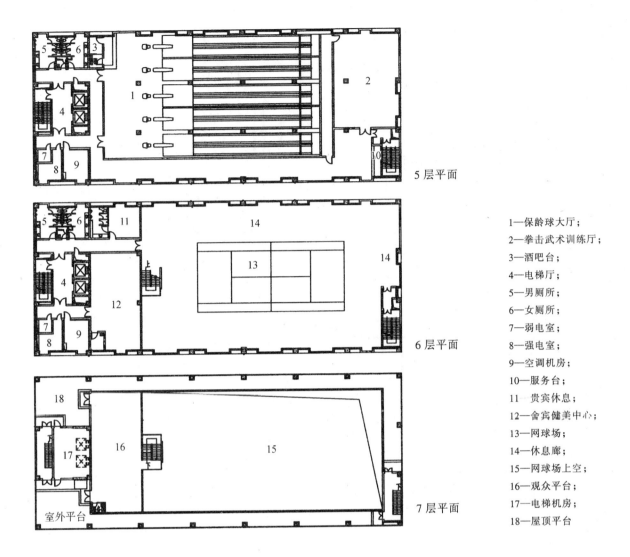

5层平面

6层平面

7层平面

1—保龄球大厅；
2—拳击武术训练厅；
3—酒吧台；
4—电梯厅；
5—男厕所；
6—女厕所；
7—弱电室；
8—强电室；
9—空调机房；
10—服务台；
11—贵宾休息；
12—贵宾健美中心；
13—网球场；
14—休息廊；
15—网球场上空；
16—观众平台；
17—电梯机房；
18—屋顶平台

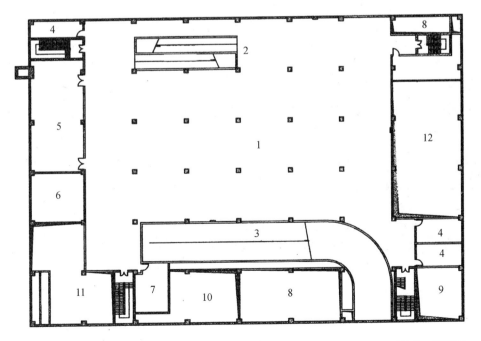

地下1层平面

1—自行车库；
2—自行车坡道；
3—汽车坡道；
4—管理；
5—贮藏；
6—生活水池；
7—工具间；
8—变配电上空；
9—热交换间上空；
10—消防水池上空；
11—泵房上空；
12—空调机房上空

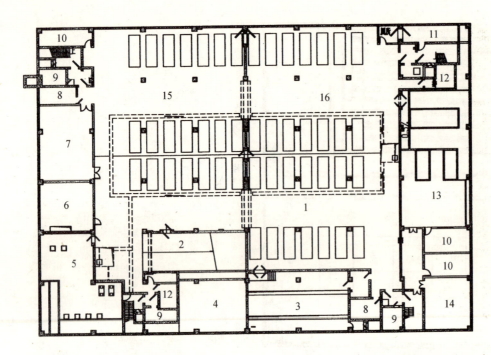

1—地下车库；
2—汽车坡道；
3—变配电间；
4—消防水池；
5—水泵房；
6—生活水池；
7—贮藏；
8—进风机房；
9—滤毒室；
10—管理；
11—配电间；
12—排风机房；
13—空调机房；
14—热交换室；
15—1号人防分区；
16—2号人防分区

地下2层平面

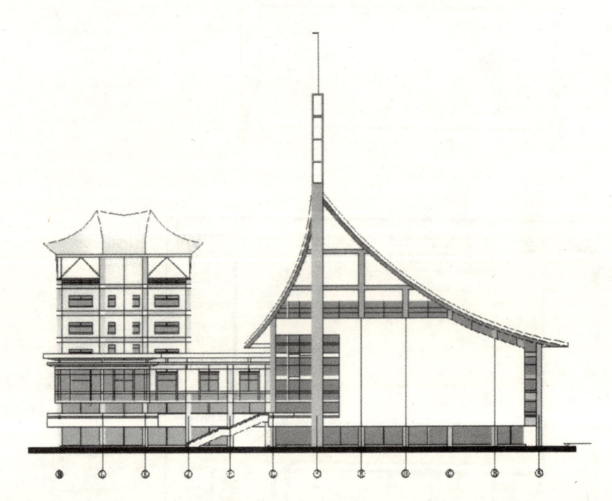

西立面

北立面

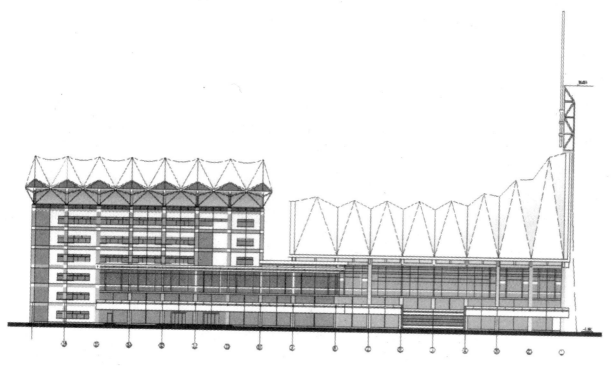

I-I 剖面

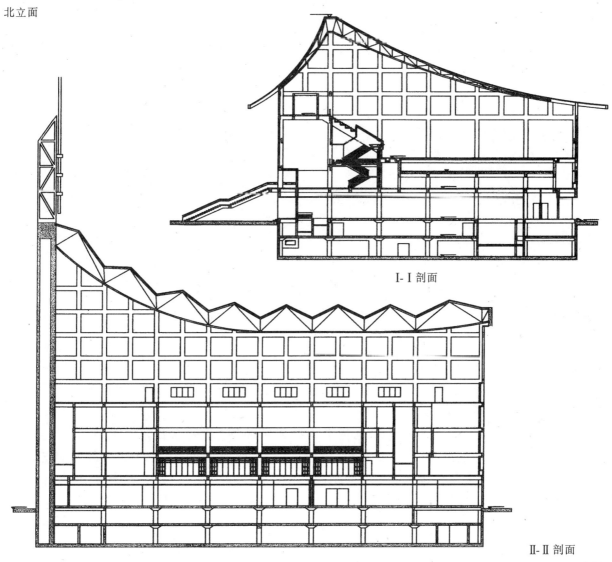

II-II 剖面

19. 无锡市少年宫

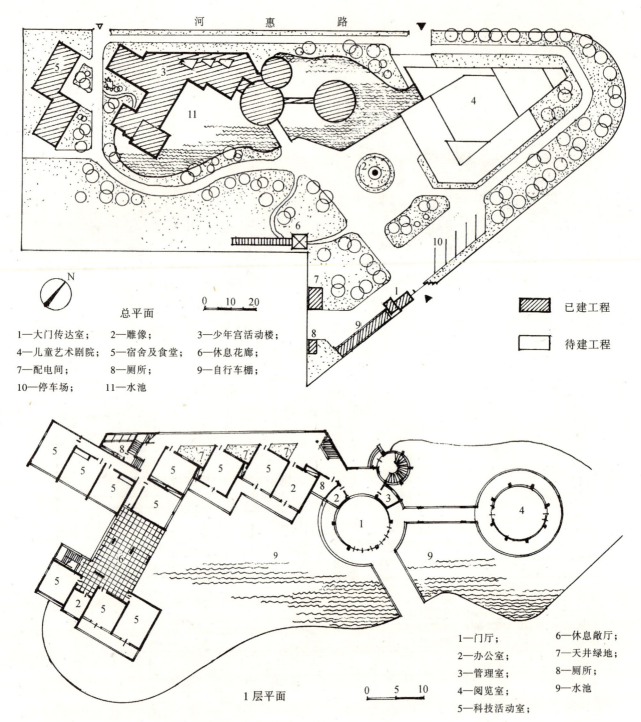

总平面

1—大门传达室； 2—雕像； 3—少年宫活动楼；
4—儿童艺术剧院； 5—宿舍及食堂； 6—休息花廊；
7—配电间； 8—厕所； 9—自行车棚；
10—停车场； 11—水池

已建工程
待建工程

1层平面

1—门厅； 6—休息敞厅；
2—办公室； 7—天井绿地；
3—管理室； 8—厕所；
4—阅览室； 9—水池
5—科技活动室；

设计：无锡市建筑设计院

无锡市少年宫位于著名的游览胜地锡惠山公园东南侧，基地东临京杭大运河，北望锡山宝塔，环境优美，交通方便。其占地约20200m²，总建筑面积约4950m²，其中活动楼约3450m²。基地内设有3层活动大楼、儿童剧院、职工宿舍和食堂，以及环境建筑小品，设施齐全配套。活动楼内设有科技、工艺、音乐、舞蹈等各类活动室30余个，还设有接待、演播、排练、天文等专用厅室，功能完善，空间丰富多变。活动楼外水池围绕，使整座建筑犹如水上仙宫，优雅动人，颇具吸引力。儿童剧院临街设有单独出入口，方便其独立经营管理。

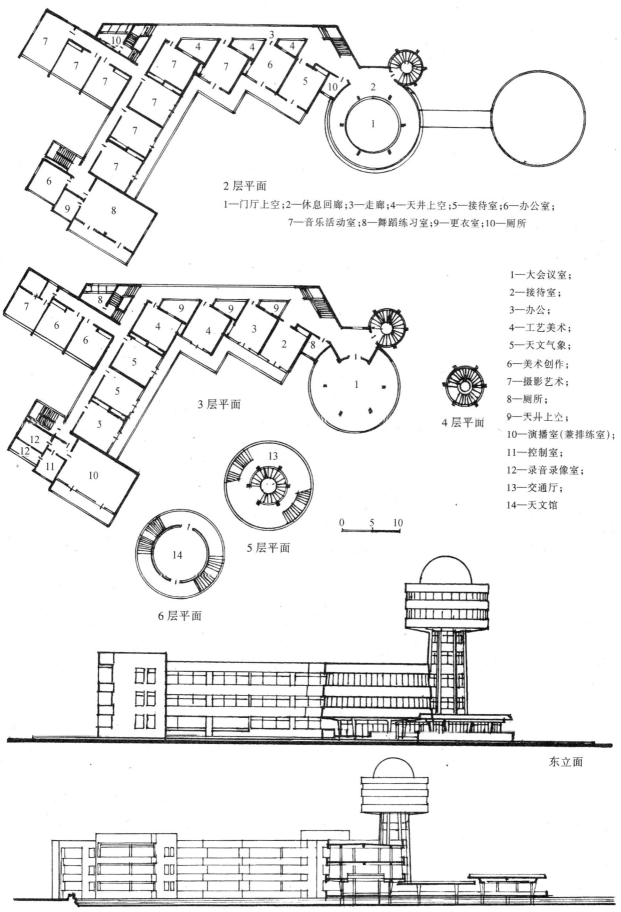

20. 常州红梅新村文化站

设计：常州市建筑设计院

　　文化站座落在居住小区中部公共绿地内，总建筑面积1820m²。造型新颖别致，富有江南园林建筑特色，是新村的主要园林景点和居民休闲娱乐活动中心。平面布局活泼自由，总体分成4个不同活动单元，由连廊曲桥连结组成整体。站内设有多功能大厅、舞厅、书场、棋牌、阅览等活动用房，可供各种年龄层次的人员来站活动。茶室横跨水面，与主体建筑隔水相望、互成对景。立面造型采用具有民族特色的檐部处理。水面圆形汀步石似浮莲依水，与喷泉相伴，显出勃勃生机(参见彩图53及彩图54)。

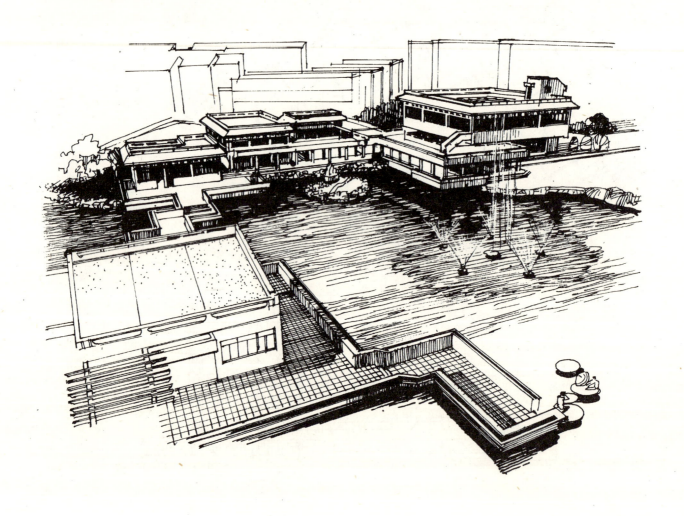

常州红梅新村文化站全景

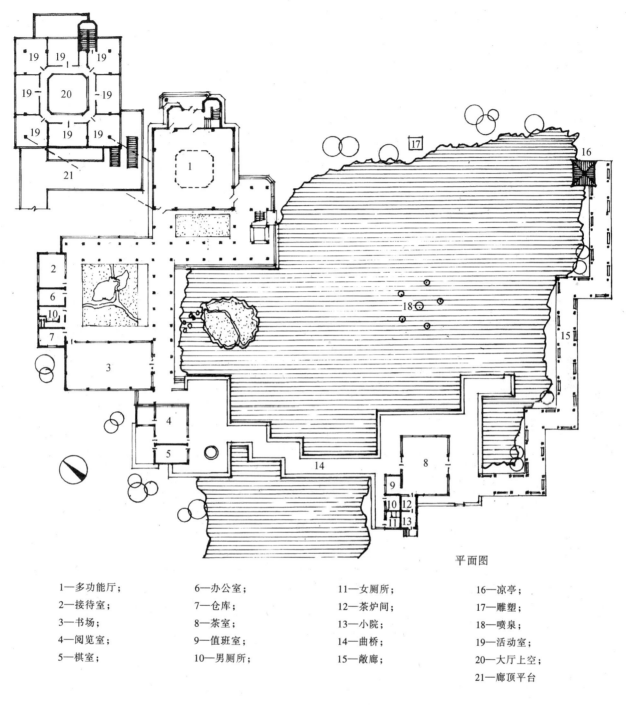

1—多功能厅；
2—接待室；
3—书场；
4—阅览室；
5—棋室；
6—办公室；
7—仓库；
8—茶室；
9—值班室；
10—男厕所；
11—女厕所；
12—茶炉间；
13—小院；
14—曲桥；
15—敞廊；
16—凉亭；
17—雕塑；
18—喷泉；
19—活动室；
20—大厅上空；
21—廊顶平台

平面图

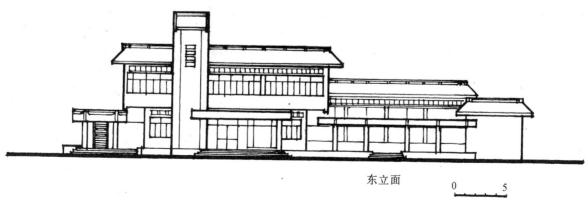

东立面　　0　5

21. 太仓市长青高尔夫俱乐部会馆

设计：上海日兴建筑设计咨询有限公司

长青高尔夫俱乐部位于江苏省太仓市，距上海西北约50km。设计为36洞、两个球场。由于会馆是整个高尔夫俱乐部人工景观的重要组成部分，在设计上既要使它成为球场区域内醒目标志，又要将其融汇于自然之中，因此规划时将该会馆的位置选择在两个球场的几何中心，并建在相对高度为4m的台地上。会员可在馆内全览整个球场风光，同时在每个球道上也能远眺会馆，以随时确定自己所处的位置。会馆建筑轮廓力求简洁明快，形体构图呈水平伸展态势，中央圆形大堂局部升高用以加强其标志性作用。

会馆由三个功能分区构成：一是会员活动区，包括入口大堂、更衣室、浴室、休息厅、商店、咖啡厅、餐厅、VIP室和宴会厅等；二是服务区（直接服务于会员），包括球具置放间、前台、出发管理（杆弟长室）、干燥室、餐饮服务部、球具保管间等；三是内部区：包括办公室、车具库、杆弟更衣和休息、职工更衣室、职工食堂和厨房等。设计充分利用两层建筑空间，使功能动线组织立体化，把功能繁杂的各种使用空间纳入同一栋建筑中，并保证了各项功能流线不仅不重复交叉，而且相互密切联系。

会馆总建筑面积约6780m^2，用地面积20000m^2。其中宴会厅和餐厅面积为1148m^2，男更衣室1028m^2（750个更衣柜），女更衣室150m^2（120个更衣柜）。停车场泊位235辆轿车。

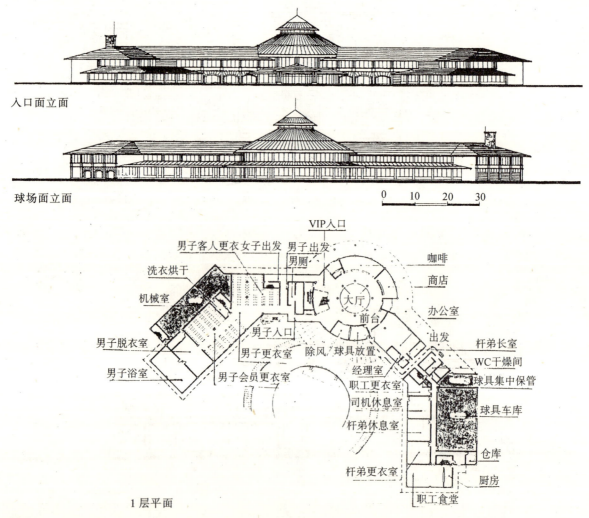

入口面立面

球场面立面

1层平面

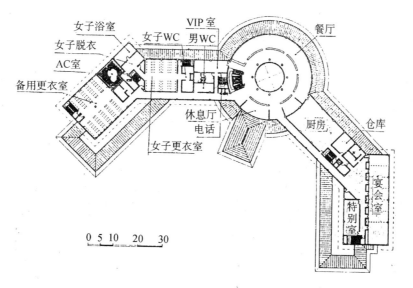

2层平面

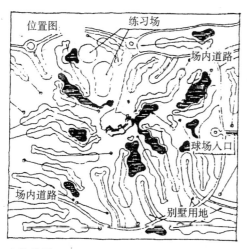

会馆位置

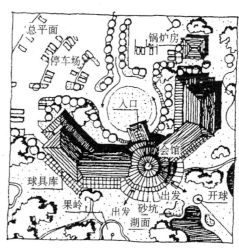

总平面

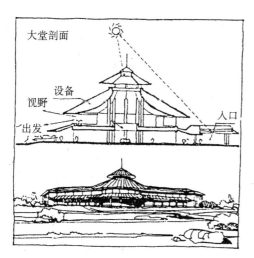

大堂剖面

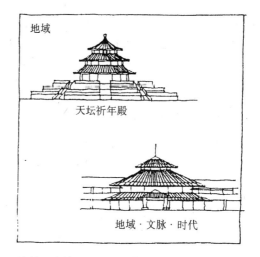

地域·文脉

22. 南通市少年儿童活动中心

透视

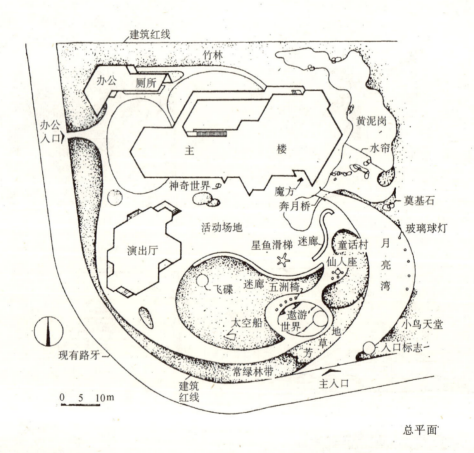

总平面

设计：南通市建筑设计院
建筑面积：1147m²

建筑以六边形为母题，分散布置成3幢，配合曲线形的道路、草坪、水池、内庭以及彩带式短墙，使建筑融合在生动活跃并富有神话色彩的环境气氛之中。

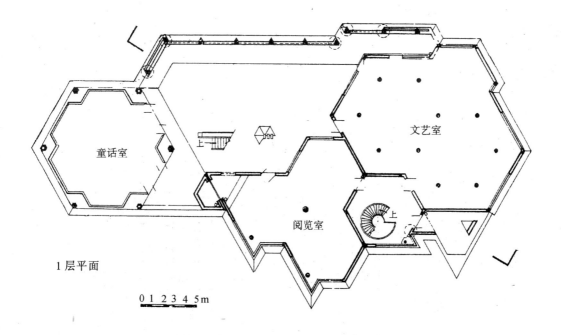

1层平面

0 1 2 3 4 5m

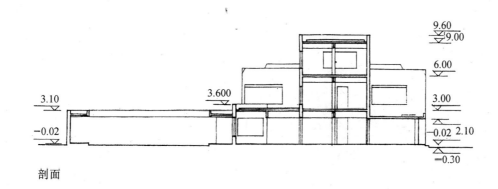

剖面

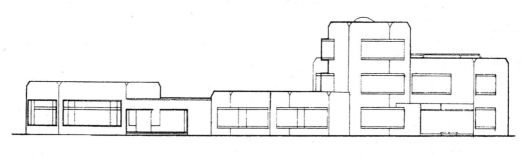

东立面

23. 西藏自治区群众艺术馆

设计：天津市建筑设计研究院

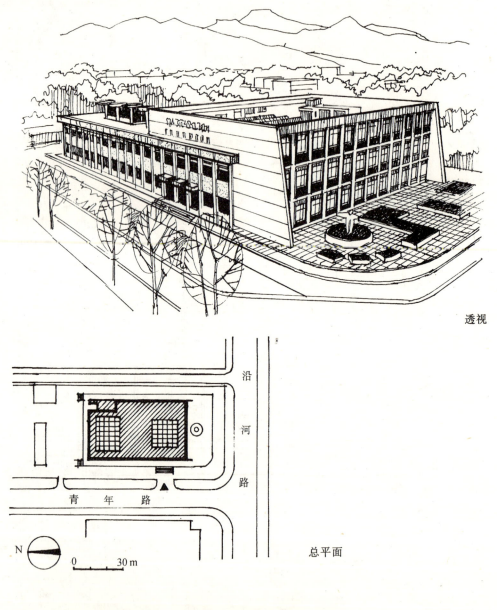

透视

总平面

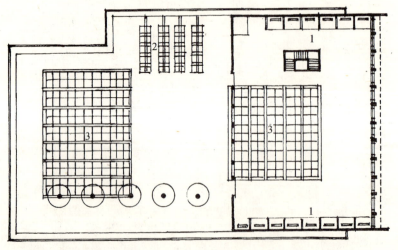

1—屋顶休息座；
2—太阳能热水器；
3—采光玻璃屋顶

屋顶平面

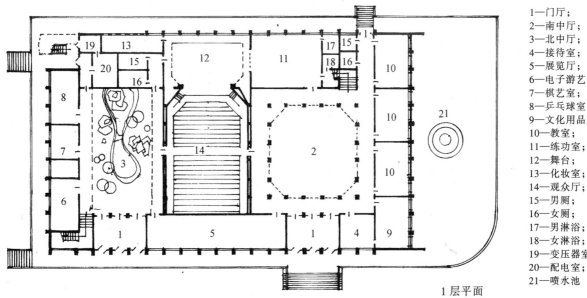

1—门厅；
2—南中厅；
3—北中厅；
4—接待室；
5—展览厅；
6—电子游艺；
7—棋艺室；
8—乒乓球室；
9—文化用品室；
10—教室；
11—练功室；
12—舞台；
13—化妆室；
14—观众厅；
15—男厕；
16—女厕；
17—男淋浴；
18—女淋浴；
19—变压器室；
20—配电室；
21—喷水池

1层平面

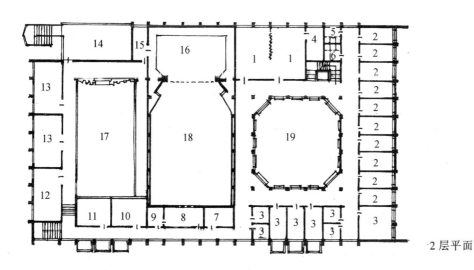

1—书画室；
2—办公室；
3—练琴室；
4—贮藏室；
5—男厕所；
6—女厕所；
7—暗室；
8—放映室；
9—整流器室；
10—资料室；
11—放录像室；
12—书库；
13—阅览室；
14—屋面露台；
15—调光室；
16—舞台上空；
17—北厅上空；
18—观众厅上空；
19—南厅上空

2层平面

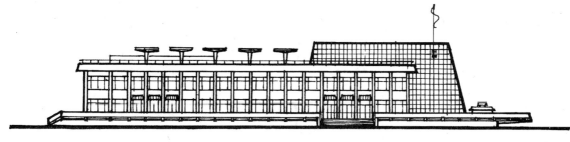

西立面

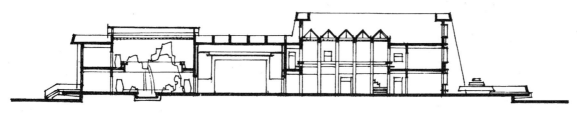

纵剖面

24. 深圳华夏艺术中心

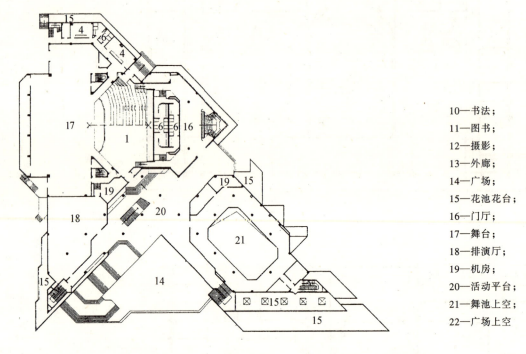

10—书法；
11—图书；
12—摄影；
13—外廊；
14—广场；
15—花池花台；
16—门厅；
17—舞台；
18—排演厅；
19—机房；
20—活动平台；
21—舞池上空；
22—广场上空

1层平面

设计：华森建筑与工程设计顾问有限公司

该中心占地16000m²，总建筑面积33270m²。整体上由主楼和300间客房的花苑宾馆两部分组成。功能布局适应综合性和群众性多功能文化艺术活动的需要。设有800座影剧院、多功能展厅、大型排练厅及供书画、雕塑、声乐、器乐等各种群众艺术活动的厅室。其总平面设计遵循深圳华侨城总体规划的设想，满足规划中步行商业街的走向和实行人车分流的要求。设计以半开敞式的艺术广场作为建筑内部交通集散和空间组织的枢纽。广场开口60m的大片灰空间由双向45°夹角的建筑交汇而成视觉的焦点，统一而富有变化的造型，体现了文化建筑特有的群众性和开放性，也体现了传统文化和现代精神的和谐结合（参见彩图93及彩图94）。

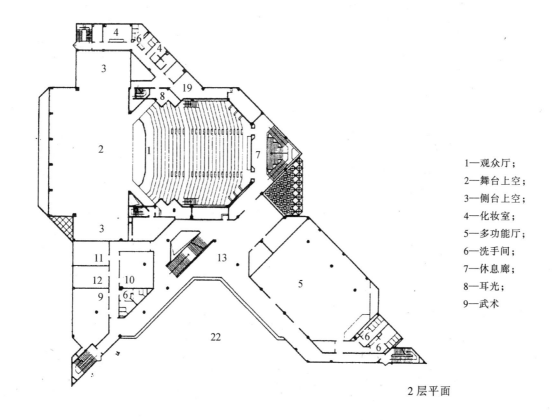

1—观众厅；
2—舞台上空；
3—侧台上空；
4—化妆室；
5—多功能厅；
6—洗手间；
7—休息廊；
8—耳光；
9—武术

2层平面

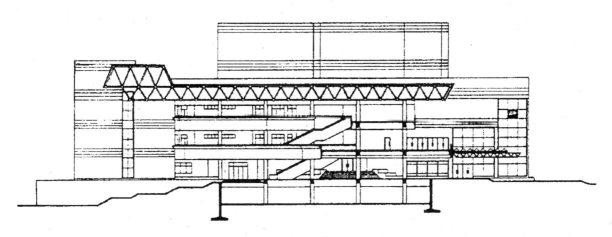

剖面

25. 深圳南油文化广场

透视

设计：华渝建筑设计公司
- 多个文化建筑的综合体，统一规划，统一设计，不同空间与环境融汇贯通。
- 从整体到细节体现中华文化基石"太极"意念的"对比"和"交融"的含义。反映了现代人对精神文明高于物质世界的追求。

主要指标：
用地面积：33020.77m²
总建筑面积：32832.54m²
建筑覆盖率：25.21%
建筑容积率：1.61
绿化率：51.07%

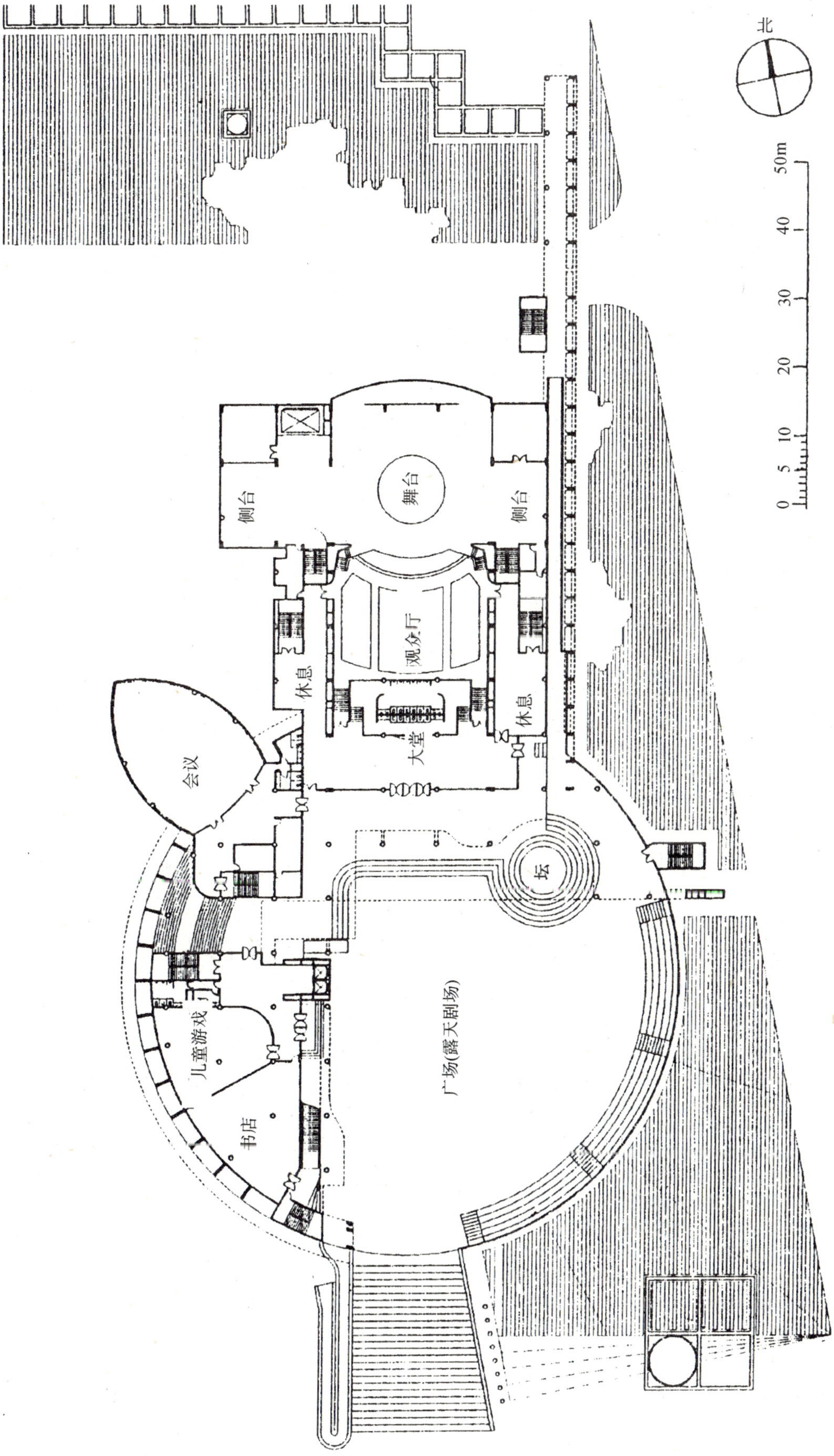

北

0 5 10　20　30　40　50m

1层平面

（图中标注：侧台、舞台、侧台、观众厅、休息、休息、大堂、会议、儿童游戏、书店、坛、广场(露天剧场)）

26. 深圳南山文体活动中心

设计:深圳大学设计研究院

该建筑设计的旨意在于向观众表达这是一座开放性的、大众化和现代化的亚热带环境中的公共建筑,是为普通市民服务的休闲娱乐建筑设施。人们可以在此充分享受消遣娱乐、文化艺术和学习求知的乐趣。显示出它的平凡而不俗,大度却不豪华的建筑艺术品格。其屋盖结构采用了伞形钢网壳结构,大红色的伞架力图表达中国传统建筑的造型本质。网壳尺寸为 14m×14m,共 27 个,覆盖建筑面积 6000 余平方米。网壳间隔地由伞架支撑,每个伞架由 4 根支撑杆和 4 根拉杆呈放射形组成。撑杆支座放在粗大的空心管柱上,共有伞架 11 个,外露的结构及细部构造象征着高科技时代的建筑文化和造型语言(参见彩图 81~彩图 85)。

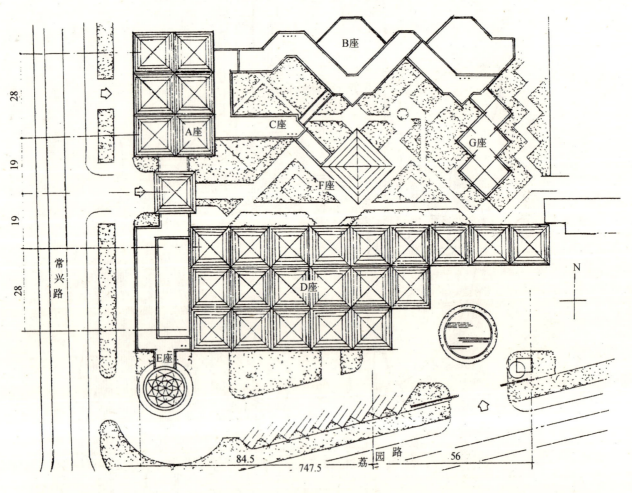

屋顶平面及总图

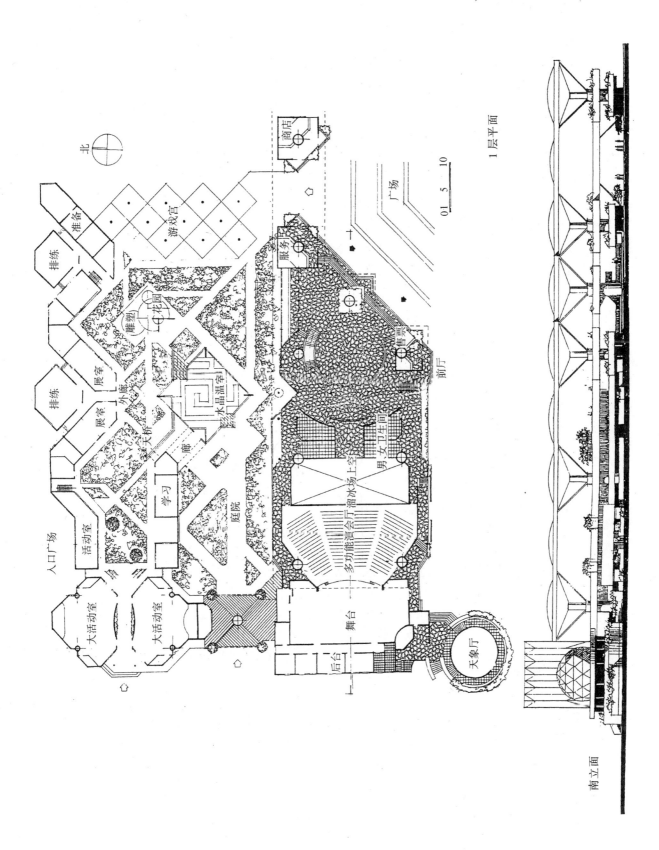

27. 深圳蛇口青少年活动中心

设计：华森建筑与工程设计顾问有限公司

该中心位于蛇口区南北主干道公园路东侧，基地与四海公园相接，东侧面临公园湖面，南北两侧有名贵花圃和荔枝园环境，环境十分优美。因所在公园属城市开放性绿地，该中心总体布局地采用了开放性的群体组合形态。总体上由南北两楼组合而成，两楼间留出楔形开放性空间把街道与公园连接起来，人们可由此自由出入中心和公园。楔形开放空间西端临街较宽，一条弧形敞廊将其分隔成前后两部分，前部被敞廊围成半圆形广场，后部成为南北两楼联系和人流集散的场地，场地随地形起伏，空间层次丰富有趣。

该中心北楼主要为文体活动楼，设有多功能大厅和天象馆等活动用房，南楼主要为科技活动和内部管理用房，附设300座小剧场兼会议报告厅。总体建筑造型自由活泼，并与公园环境形成有机的联系（参见彩图89~彩图92）。

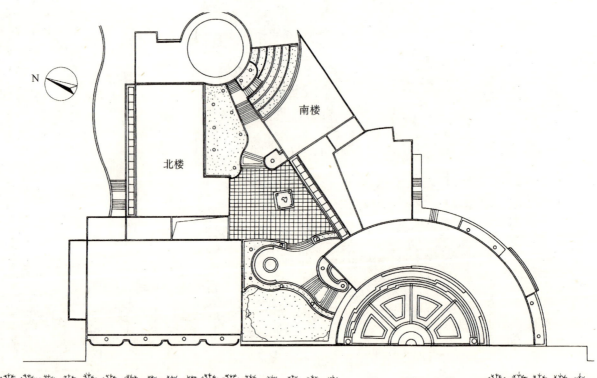

总平面

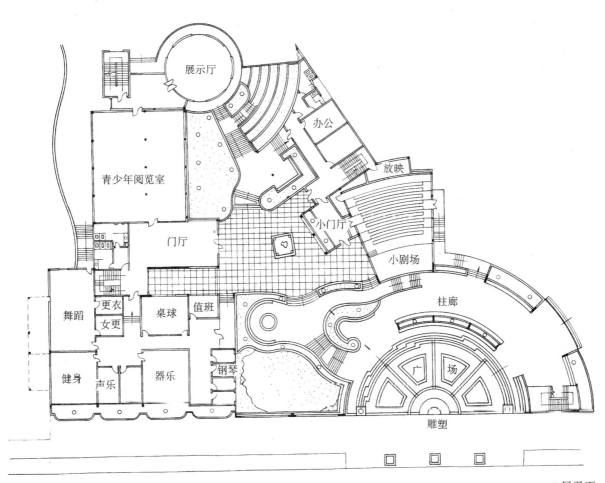

1 层平面

2 层平面

219

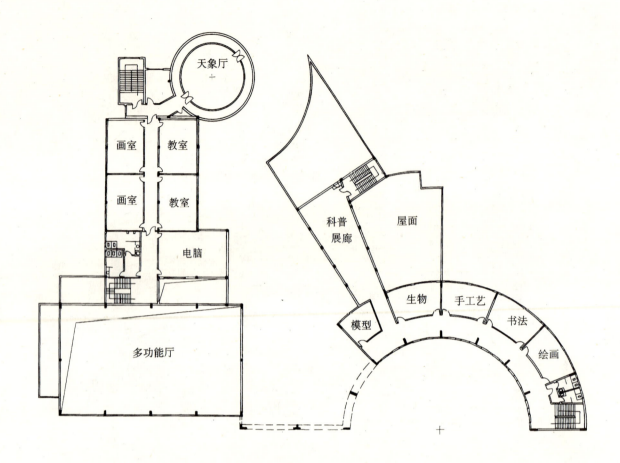

3层平面

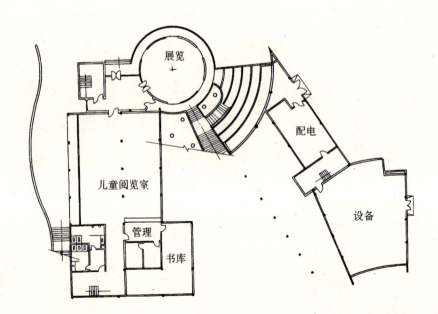

地下层平面

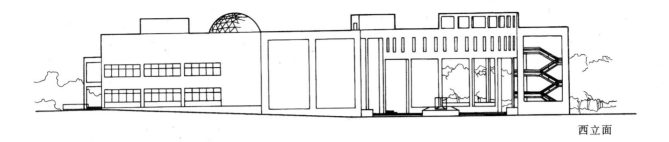
西立面

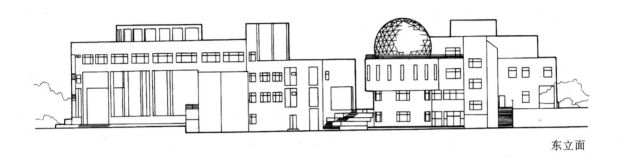
东立面

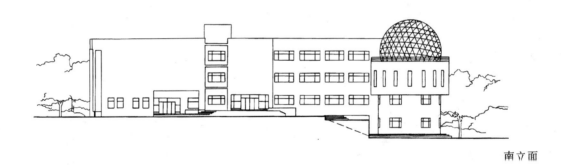
南立面

剖面

28. 深圳大学学生活动中心

透视

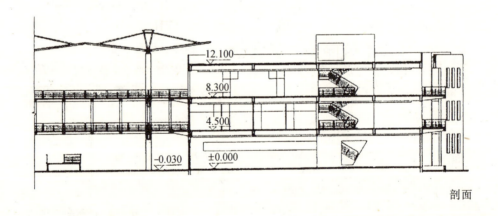

剖面

设计：深圳大学建筑设计院

深圳大学学生活动中心由香港胡应湘先生捐资兴建，于1996年6月建成并投入使用，总建筑面积4117m²，用地面积4981m²。内设展览、阅览、歌舞厅、排练厅、学生就业指导中心、咖啡厅及相关办公用房等，是一座综合性校园文化活动设施。

基地位于校内学生宿舍区西南角与教学区分界处，其西北向是教学区，东侧是校医院，南侧是已建成的溜冰场、游泳池等活动场地和拟保留的现有荔树林，基地朝南面海，景观优美。设计构思尊重环境、整体布局以动静分区原则将建筑分为东西两翼，两翼之间形成一个有顶盖的全开敞中庭，其中设主入口楼梯和天桥，将两翼连成一体。北侧前来活动的人流可享受到南面吹来的海风和观赏优美的荔枝丛景观。中庭屋盖采用轻型钢结构，充分显示了亚热带建筑轻盈通透的特点，并带有重技派的设计倾向(参见彩图105～彩图108)。

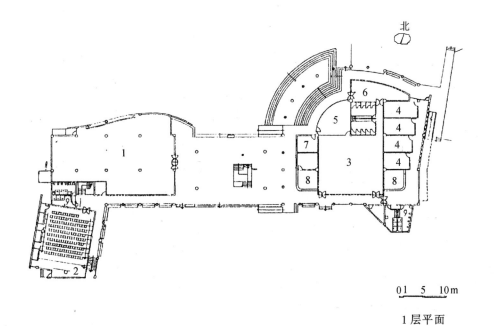

1—展览厅；
2—报告厅；
3—文娱活动室；
4—办公室；
5—休息室；
6—储藏室；
7—值班室；
9—接待室；
10—卫生间

1层平面

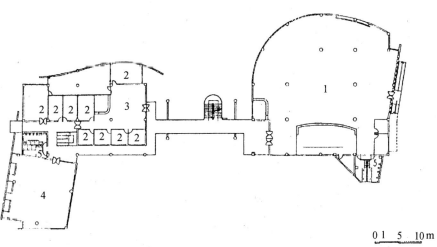

1—表演厅；
2—学生社团办公室；
3—办公接待厅；
4—资料阅览厅；
5—卫生间

2层平面

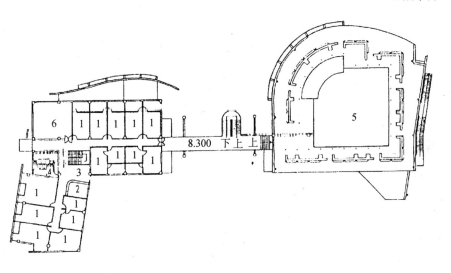

1—办公室；
2—接待、文印；
3—休息室；
4—卫生间；
5—露天舞池；
6—会议室

3层平面

29. 香港文化中心

设计：香港建筑署建筑设计处

香港文化中心位于九龙尖沙咀梳士巴利道南端，原九龙铁路火车总站旧址，临维多利亚海湾而建，是九龙半岛最重要的标志性建筑之一。建筑造型别致，因地处海滨，设计者特意将底层尽可能架空，透过支柱层，海湾景色可尽收眼底。演艺大楼的形体为两个向上翘起的曲面实体，犹如海鸥展翅，其最高点为60m，是受客机航线要求的限制。建筑物四周布置了多个下沉式广场，园林绿化与建筑小品均作了精心安排。广场上还保留着原火车站的钟楼，古典风格的钟楼与中心大楼形成有趣对比。

文化中心于1989年11月正式使用，内设有可用于演出和国际会议的2085座音乐厅，可容纳1800名观众的大剧院和300～500座的多功能剧场，另附设有排演练习室、新闻通讯设施用房、贵宾厅、酒吧、艺术礼品店和多个中西餐厅等。该建筑与其旁邻的太空科技馆、新艺术馆等城市文化设施共同形成了香港独具特色的文化艺术中心(参见彩图117、彩图118)。

透视

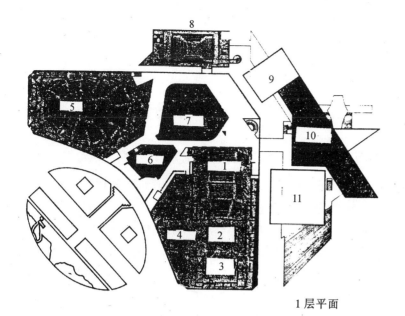

1—大剧院；
2—主舞台；
3—侧台；
4—旋转台；
5—音乐厅；
6—中央大厅；
7—休息大厅；
8—小剧场；
9—行政办公楼；
10—展览综合楼；
11—餐饮服务楼

1层平面

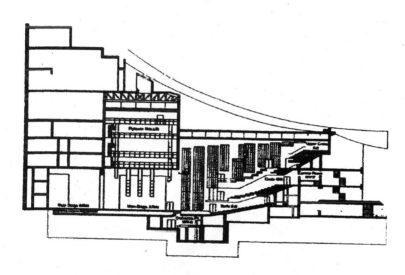

音乐厅剖面

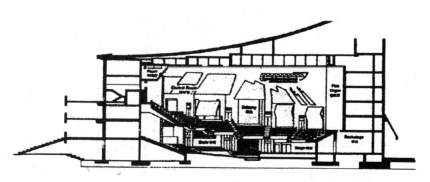

大剧院剖面

30. 香港艺术中心

设计：何弢建筑设计事务所

基地面临维多利亚海湾，有开阔的前景。原先的计划也随之扩大了许多，并决定采用高层建筑形式。

大厦正面（西北面）朝向海面。背面（东面及南区）与别的建筑紧邻，只用来布置楼梯、电梯、厕所、库房和机械设备用房。另有两个管道结构体，其中安装了电缆和各种管道。

大厦内部的各种空间和设施，可满足美术、音乐、戏剧、舞台艺术等活动的需要，包括：200座的音乐厅、100座的排演厅、两个练习室、463座的剧院及附有雕塑平台的展览厅、两个餐厅、会员俱乐部、艺术家工作室、声乐练习室、文化团体的办公室。它们之间的联系靠垂直交通解决。此外，还有部分办公面积供出租，收取租金以补助艺术中心的日常经费。

大厦外立面反映了它的内部功能：上部八层楼是办公室；下部，有玻璃外墙的部分是餐厅和多层的公共大厅，带有整块平板外墙的突出部分则是展览厅和剧场。

大厦共19层。钢筋混凝土结构。基地是填海软地。采用2m厚的混凝土船形基础，其下部由303根55cm直径的管柱支撑，平均柱深33m。

建筑面积近13000m²。英国建筑评论家S·康塔库齐诺认为，香港艺术中心的设计成功地运用了中国的传统手法。外立面上多层的水平线条，使人想到中国宝塔的立面。建筑的结构特征成了建筑物的装饰要素。三角形图案的天花板格子，既是楼地板的结构部分，又是天花板的装饰，也使人想起中国古建筑中的藻井。

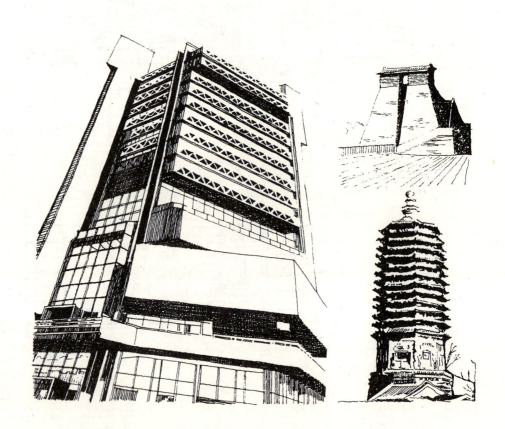

香港艺术中心，建筑师从两幢古建筑那里获取了设计灵感。

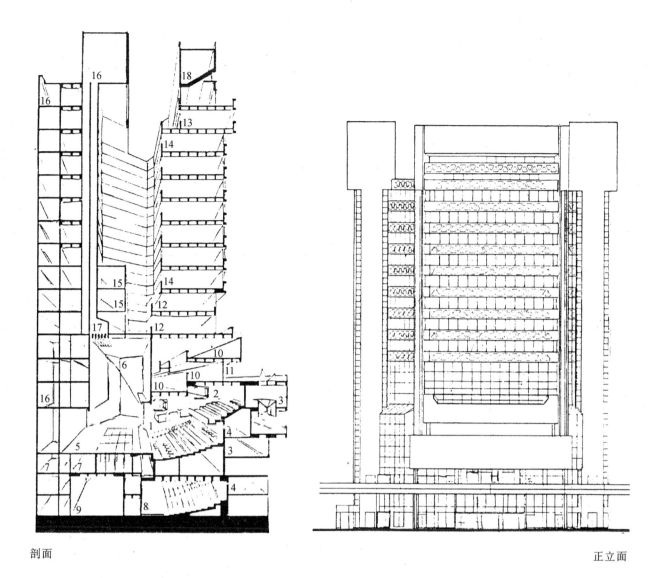

剖面　　　　　　　　　　　　　　　正立面

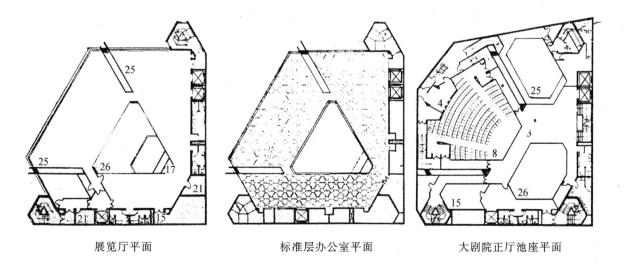

展览厅平面　　　　标准层办公室平面　　　大剧院正厅池座平面

1—大剧院池座；2—楼座及包厢；3—门厅；4—放映室；5—舞台；6—舞台上空；7—化妆室；8—音乐厅；9—排演厅；10—展览厅；11—雕塑平台；12—餐厅；13—会员俱乐部；14—办公；15—储藏；16—附属用房；17—烟道；18—空气预热预冷；19—贵宾室；20—布景通廊；21—空调用房；22—舞台上空；23—用餐；24—天桥(未有)；25—管道/结构；26—采光井

31. 青岛市海上皇宫娱乐中心

设计：天津大学建筑设计研究院

该娱乐中心建造在青岛市前海护岸外的礁磐上，建筑用地三面环海，一面靠着城市道路。东侧与著名的栈桥景点相邻，南侧与闻名的小青岛景区隔海相望。为了和大海的宛延海岸线及起伏迭荡的波涛相呼应，设计在建筑平面和立面构图中以饱满的曲线作了充分表现。礁磐区丰富繁衍的贝类海洋生物启发了造型设计的构思，美丽的蚌壳和灿烂的明珠成为主要表现的设计意象。设计采用了三角锥形铝幕墙外饰面板和金色玻璃幕墙，以表现上述造型设计主题。

青岛海上皇宫娱乐中心是集餐饮、娱乐为一体的多功能旅游景观建筑，总建筑面积10800m²，高5层。其地下层主要为停车场、设备用房，职工后勤用房及部分小餐厅、配套厨房。1层主要功能为大堂入口、大小餐厅、海鲜自选市场及配套厨房。2层以上为附设娱乐场所，包括大型迪斯科舞厅、表演厅、卡拉OK包房等活动用房。

青岛海上皇宫娱乐中心以其独特的位置连接着传统风景区和前海地区的现代新建筑群，设计希望以其积极的创作探索为青岛前海地区的城市景观增添新的风貌(参见彩图35～彩图37)。

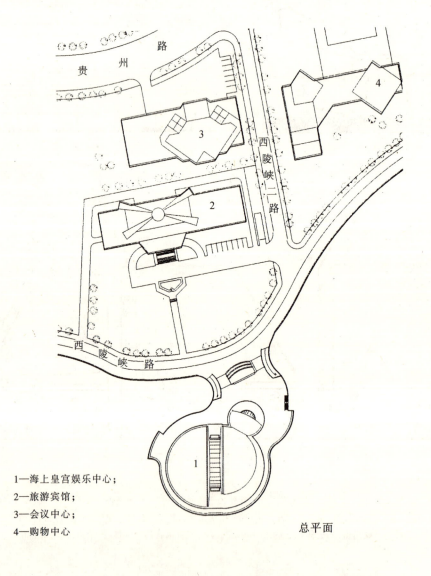

1—海上皇宫娱乐中心；
2—旅游宾馆；
3—会议中心；
4—购物中心

总平面

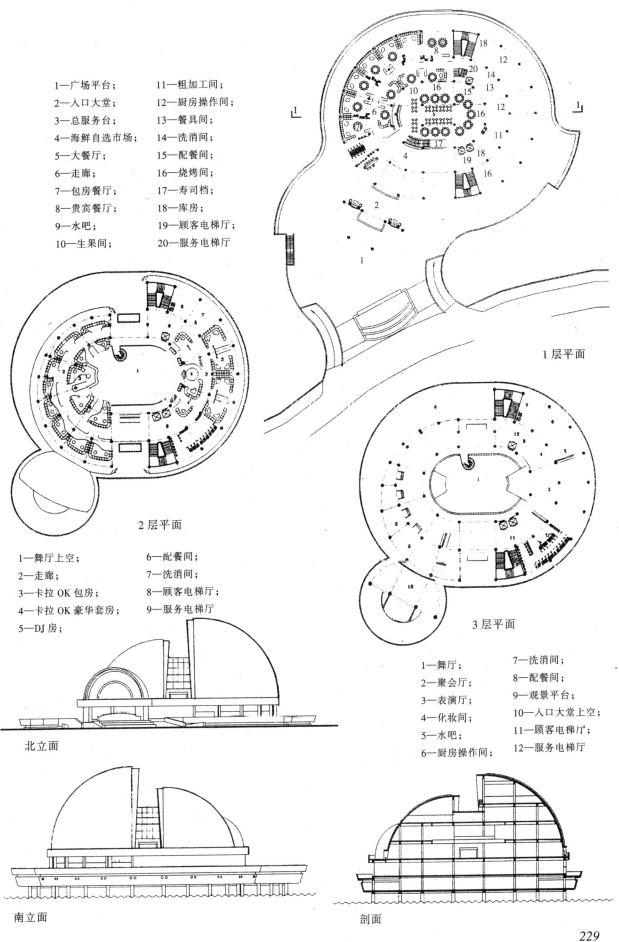

32. 台湾新竹市交通大学活动中心

设计：潘冀建筑师事务所

活动中心基地座落于原有校区和新发展校区两主轴线的交会点，基地内尚需保留现有单层餐厅一栋。活动中心总建筑面积11515m²，地下一层，地上五层，1992年建成使用。

建筑内包括350座音乐厅、实验剧场、多功能厅、咖啡厅、教授餐厅、日用品商店、邮局、理发、修鞋、医务等服务空间，并设桌球、撞球等康乐设施及棋牌、摄影、乐器练习、烹饪等特殊活动室。依活动性质区分，大致可分为动态、活动量大的空间和静态、独立性强的空间、共同组成具有极强凝聚力的校园生活核心空间。

由于需保留的单层餐厅位居基地中央一侧，设计采取在原餐厅上方跨越和地下隧道连通的方式，以克服基地条件的限制。在功能和体量的配置上，将独立性较强又需良好视野的用房置于可眺望校园中心庭园及人工湖面的西端，而将活动量较大又需较大聚集空间的活动用房置于易出入和占地较大的东侧环校道路旁。建筑整体以一条引人注目的天窗为主轴、贯穿东西两端。西侧入口利用自然地形高差直接由地面进入，穿越现有餐厅下方隧道与东侧中心大厅相贯连。现有餐厅功能完全保留，施工于暑假停用时挖开地面施工隧道，并于开学前复原。其屋顶经改造美化后，用作上层活动用房的户外活动场地。另外，东侧底层利用地形及音乐厅后台设施，营造了一个露天剧场，以增加校园活动的多样性。

建筑外部造型具有较强的辨识性，并结合活动功能使形体构成关系较为自由活泼、颇具趣味与意象，为校园增添了一个具有路标性意义的公共建筑(参见彩图121~彩图124)。

透视

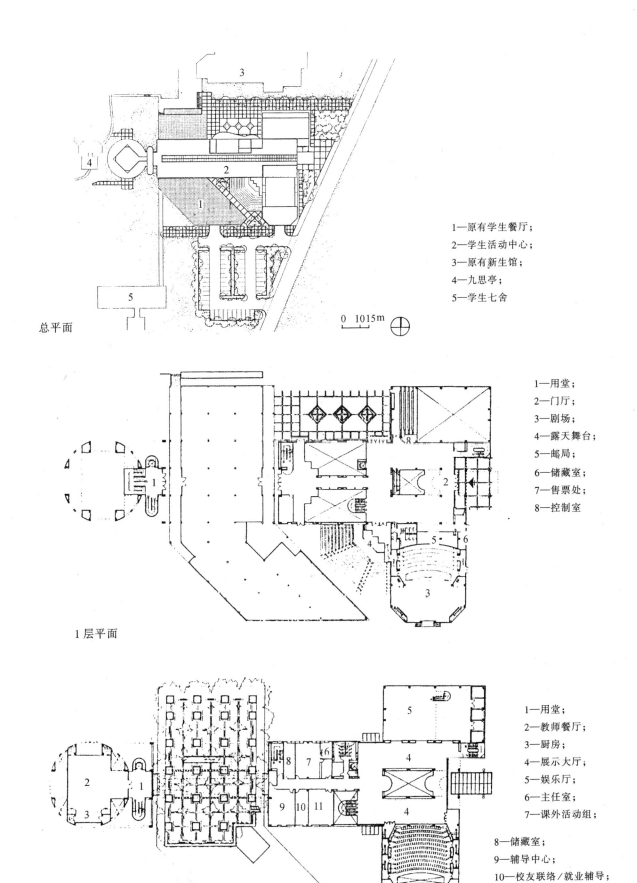

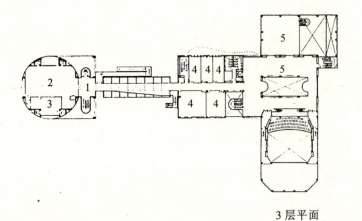

1—甪堂；
2—餐厅；
3—厨房；
4—社团办公室；
5—交谊厅

3层平面

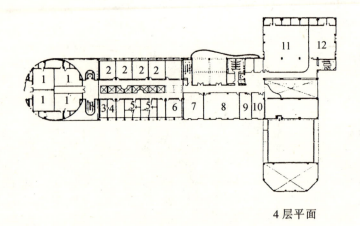

1—艺术工作室；
2—社团办公室；
3、4—摄影社；
5—个人音乐练习室；
6—烹饪室；
7—合唱/吉他社；
8—国乐/管乐社；
9—电音社；
10—星声社；
11—应用艺术中心；
12—视听中心

4层平面

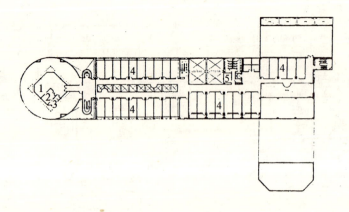

1—天文工作室；
2—教室/储藏室；
3—暗房；
4—社团办公室；
5—储藏室

5层平面

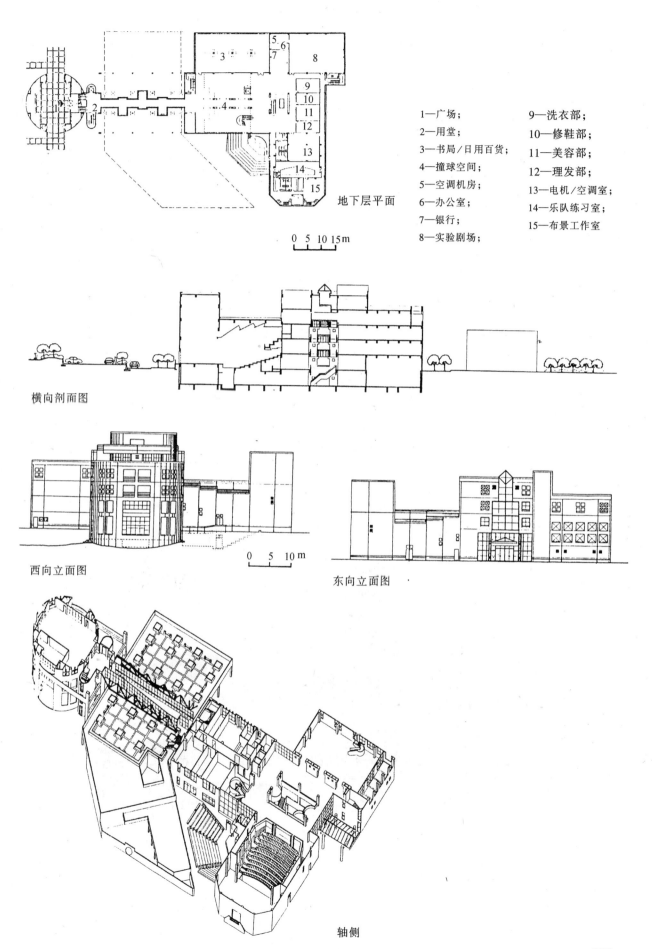

33. 台南成功大学学生活动中心

设计：林博容建筑师事务所

台湾省台南市成功大学学生活动中心占地 1.6hm²，建筑面积为 3660m²，总高 15.6m，平面呈L型，设一个音乐厅(1200座位)、3间演讲厅以及餐厅、国际会议厅、交谊厅、学生社团办公室、会议室等。钢筋混凝土框架结构。

根据学生活动多样、灵活的要求以及台湾省南部湿热多雨的气候特点，设计中使用了较大的挑檐，以造成阴凉的效果，可大量开窗又能减少进入室内的太阳辐射热，并造成比较多的不规则回廊式半户外空间；许多室内活动可以延伸、扩展为半户外活动：有意安排了一些不硬性分隔、不确定用途的开敞空间。

整个建筑立面作水平延伸，显得较为平和轻松，外表作混凝土本色，与校园的淳朴特色相当协调。交谊厅的矮窗和走廊上附加的高度适宜的圆钢管扶手便于学生们凭扶远眺。建筑物四周有较多的台阶、矮台、坐凳等，为学生的户外休息、活动提供了方便。但为学生社团使用的室内外展览面积太少，也未考虑伤残学生专用的坡道。

透视

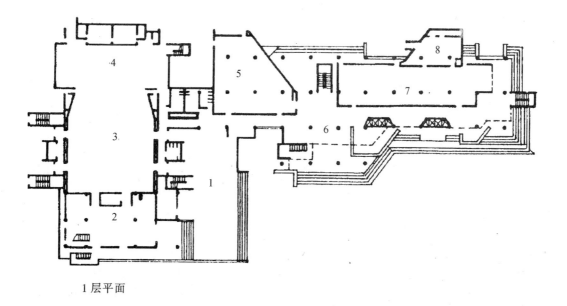

1层平面

■台湾 台南 成功大学学生活动中心

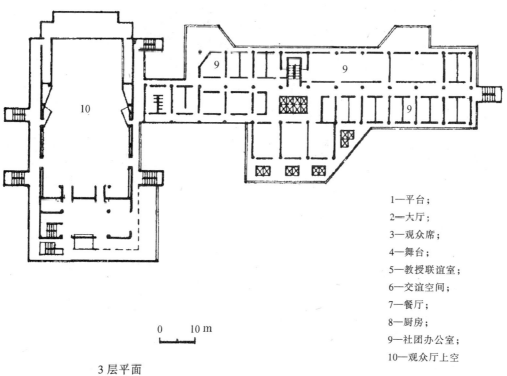

3层平面

1—平台；
2—大厅；
3—观众席；
4—舞台；
5—教授联谊室；
6—交谊空间；
7—餐厅；
8—厨房；
9—社团办公室；
10—观众厅上空

34. 台湾东方高尔夫俱乐部会馆

透视

设计：大砚国际建筑事务所

该俱乐部会馆于1995年3月建成使用，总建筑面积3300m²，基地面积约1hm²。基地位于台湾北部林口台地，平均坡度45%左右，坡上满布芒草及芦苇。没有绿树，只有无限起伏的金黄色草坡。由于用地紧凑及高尔夫球场的动线要求，会馆进出动线及视线均需与1、9、10、18洞方位相衔接，再加地形的限制，使发球位置垂直于会馆建筑重叠排列。在波浪起伏的地形中，会馆建筑采用"一"字型的空间秩序作为水平性的空间架构最为简洁自然。

建筑构思以崇尚自然为主题。充分利用自然光影形成建筑个性，运用日光的垂直与水平照射，透光或滤光，光或影的效果变化，形成"光的对话"，使人更真切地感受自然的魅力。同时，根据较小的空间尺度、精简的建筑面积和经营者独具匠心的动线要求，形成既具流畅动线，又不失亲切感的空间。总体动线安排：由入口处以紧凑的空间体量曲折穿过大厅，最后到达视野宽阔的横向餐饮空间。餐厅带形窗长90m，将球场自然景色尽收眼底。

会馆建筑地下1层，地上2层，室内装修设计也以传达"自然情趣"为主。无论是艺术品的摆饰，或是画作的选取，皆亦中亦西、亦古亦今，一切以自然归宗（参见彩图128及彩图129）。

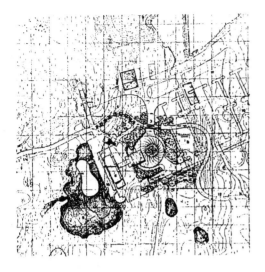

总平面

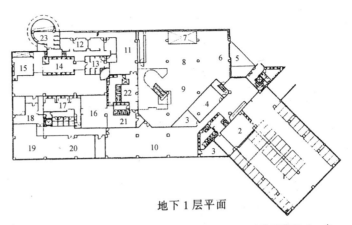

地下1层平面

1—高尔夫球车充电室;2—休息室;3—空调机房;4—球袋储藏室;5—出发平台;6—出发站;7—上部挑空;8—咖啡厅;9—卖店;10—餐厅;11—男更衣内厅;12—更衣区;13—男用淋浴区;14—男用化妆室;15—休息室;16—女用更衣室;17—女用化妆区;18—洗衣房;19—紧急发电机室;20—空调室;21—前厅;22—更衣前厅;23—澡堂

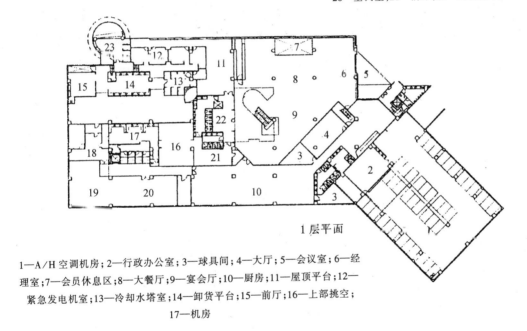

1层平面

1—A/H空调机房;2—行政办公室;3—球具间;4—大厅;5—会议室;6—经理室;7—会员休息区;8—大餐厅;9—宴会厅;10—厨房;11—屋顶平台;12—紧急发电机室;13—冷却水塔室;14—卸货平台;15—前厅;16—上部挑空;17—机房

2层平面

1—贵宾室;
2—挑空;
3—采光罩

35. 台中县文化中心

透视

设计：杨明雄建筑师事务所

此中心包括图书馆和多用途演奏厅两部分，其平面呈L形，在入口处形成一个广场，此广场可供市民休息、集会等用，成为一个城市的重要开放空间。

图书馆部分包括青少年、成年等阅览室、文物陈列馆、画廊、演讲厅等，中央有一中庭，主要楼梯联系各层，中庭顶部有天窗。

演奏厅有1000座，座位呈马蹄形排列，以增加自然音效果。

地　　点：丰原市　　　　层　　数：4层
用地面积：8000m²　　　 高　　度：图书馆13m
基底面积：2972m²　　　 演 奏 厅：27m
建筑面积：15483m²

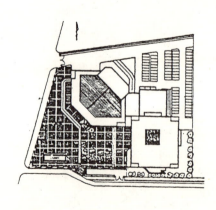

总平面

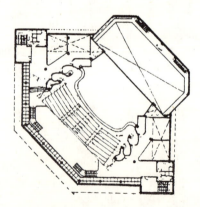

演奏厅平面一

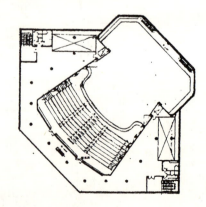

演奏厅平面二

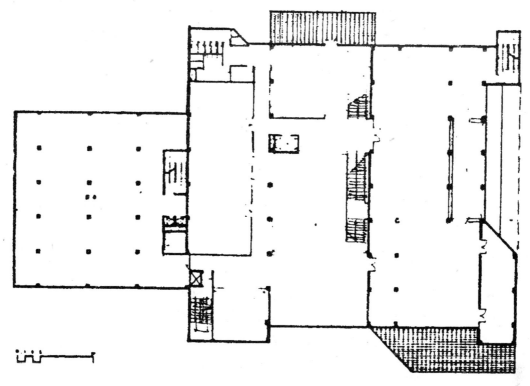

图书馆 3 层平面

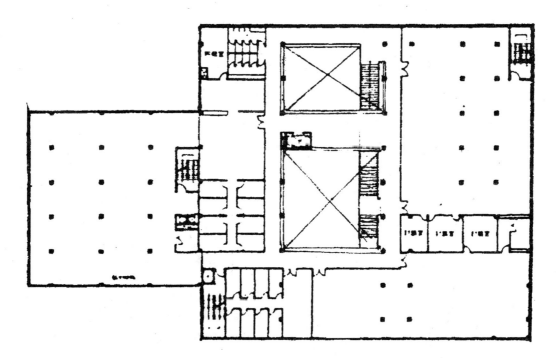

图书馆 4 层平面

二、国外工程实例

36.(美国)加利福尼亚邵琛奥克市民艺术广场

设计:安东尼·普雷道克

邵琛奥克是洛杉矶北部一个新兴居住小城,为庆祝建城30周年纪念日,当局决定建设一个包括市政办公和文化综合体在内的新中心——市民艺术广场,期望给加州分散的社区带来一个引人注目的焦点。艺术广场的总建筑面积约19500m²。

该建筑座落在向东倾斜的绿草如茵的缓坡地上,景色优美,原始的栎树林依然繁茂,是少有的依然保留着五六十年前风貌的地段。因基地西面被文丘尔高速公路路堤限制,设计将项目中无需景观要求的观众厅舞台塔楼和850个停车位的多层车库置于西侧沿高速公路处,形成一道屏障,以减少公路烟尘和噪音对下面几层使用的影响。同时,方形舞台塔楼巨大的体量和墙上精致的铜条装饰,也成了高速公路上引人注目的景观。此屏障东侧社区中心内,天然的草坡被设计转化成一系列柱廊和露台,并逐层向艺术广场四周的公园叠落。市政办公室被安排在最下面两层,办公人员可以通过公园或其他迂回道路从停车场到达办公地点。办公室朝东,工作人员可通过浅黄色拉毛墙上的窗户看到公园景色。

主广场在办公楼的顶层,呈一个钝角的V字形,其开口向东,顶端在观众厅的门厅外墙处。广场南侧是一排会议室,北侧是剧院保留的议会用房和3层办公用房。在广场同层平面上设有一个矩形的反射水池,用以吸引人们对周边小山景色的注意。分隔广场和水池的是一道长长的狭缝,日照光线由此可直射广场下的办公用房。

门厅、走廊由若干阳台和巨大的楼梯连接,形成一系列游廊空间,用以引导人们进入观众厅。观众厅可容纳1800人,坐椅以弧形长排布置,侧墙由许多不规则小反射面组成立体派的抽象画面,使观众厅空间显得精致而丰富多彩(参见彩图139及彩图141)。

外景

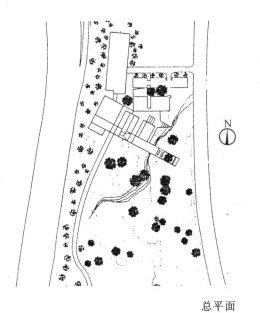

总平面

观众厅纵剖面

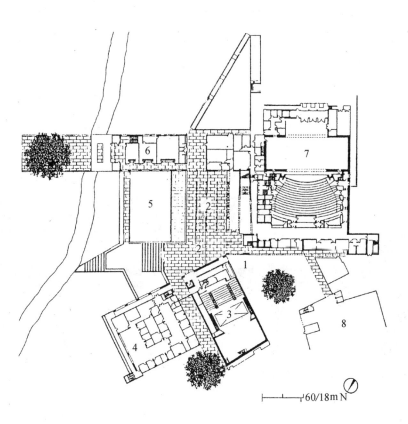

1—入口院落；
2—广场；
3—剧院/议会；
4—市政办公；
5—水池；
6—会议室；
7—观众厅；
8—多层车库

广场1层平面

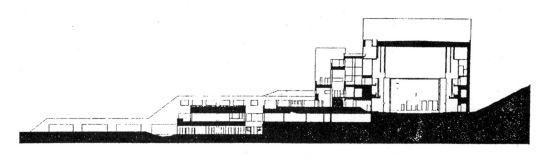

办公室及观众厅剖面

37. (美国)布朗克斯玛丽·米切尔家庭和青年中心

设计:克利福特·庇松

该中心位于纽约州,布朗克斯市的克罗多纳区,1997年它的建成使用极大地改变了附近的邻里关系。它以曾在当地医院工作的一位老妇人的姓名命名,是为了纪念她许多年来为给孩子们提供一个玩耍空间所作的不懈努力和贡献。几年前这里是一栋供孩子们课余活动的老建筑,毁于火灾后由曼哈顿公司出资重建。新建筑2层高中,建筑总面积仅900m²。

设计为使该建筑融入周围低层住宅环境,其正立面仅1层半高,正面入口在半层高处经一段楼梯直达第2层接待厅。入口左侧为办公室,右侧为多功能厅。底层设有工作间、教室和娱乐室,并朝向后院的游戏场和球场。中心活动空间使孩子们有了聚集一起活动的场所,孩子们的活动又使整个社区联成整体,发挥了社区中心的纽带作用(参见彩图148)。

透视

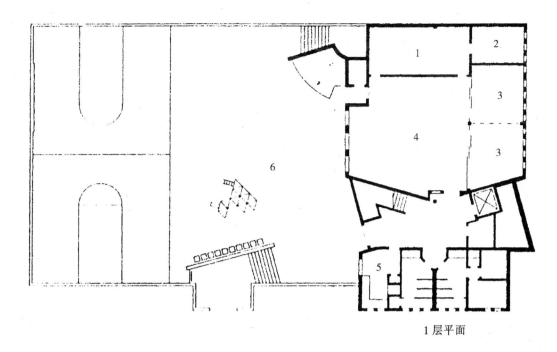

1层平面

1—工作间；2—机械室；3—教室；4—娱乐室；5—职员休息；6—游戏场；7—贮藏；8—多功能厅；9—入口；10—行政办公；11—商议室

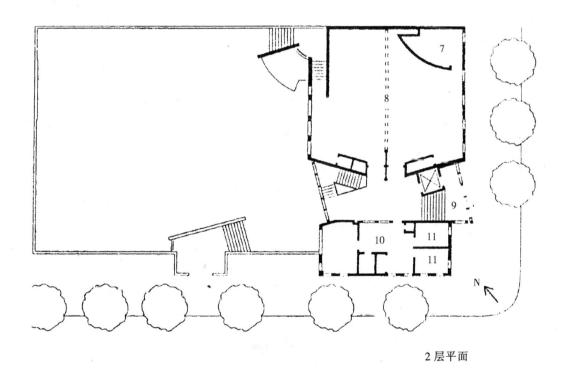

2层平面

38. (英国)伦敦巴尔比坎艺术和会议中心

设计：张伯伦 波威尔 鲍恩

伦敦巴尔比坎艺术和会议中心座落在伦敦东北部的巴尔比坎小区内(图1、2)。2000年前这里是古伦敦的围城堡。

它位于整个小区的中心，1971年开始施工，花了11年的时间才竣工。耗资1亿5千多万英镑，占地面积41449m²，总建筑面积为81000m²，总体积约30万m³，地面10层，地下4层，是西欧最大的艺术中心(图3、4)。

整个艺术中心的主要内容有：

音乐厅　2026座；

剧场　1166座；

音乐戏剧学校　包括400座音乐厅和400座剧场；

电影院3个　分别为280座、255座、153座；

公共外借图书馆；

艺术画廊和雕塑展览院　1390m²；

展览厅2个　8000m²；

5个小型会议室　每个容纳80人；

休息厅和若干个餐厅；

停车场　500车位。

音乐厅是为伦敦交响乐团提供的演出场所。观众厅的2024个座位安排在3个曲面看台上，有良好的视线。音响设计是由(Hugh Creighton)音响设计公司设计的。厅内的装修材料是根据装饰效果和音响效果选择的，观众厅的侧墙及整个舞台均装有反射面。

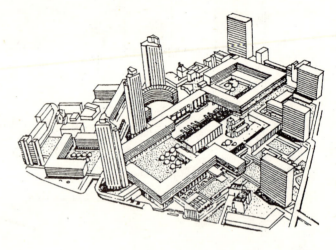

图1　巴尔比坎小区鸟瞰

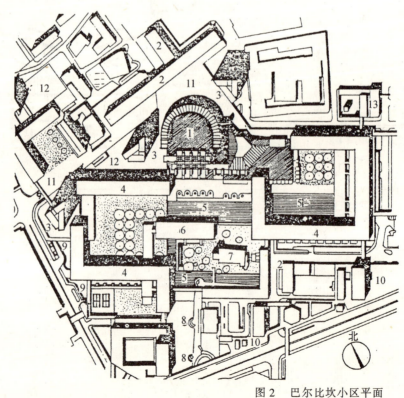

1—艺术中心；
2—展览厅；
3—40层公寓大楼；
4—多层公寓楼；
5—人工湖；
6—女子中学；
7—遗留教堂；
8—罗马城墙残迹；
9—架空步行桥；
10—下层步行平台；
11—上层步行平台；
12—停车场；
13—行政管理楼

图2　巴尔比坎小区平面

1—音乐厅；
2—剧场；
3—音乐戏剧学校小剧场；
4—音乐戏剧学校排练室；
5—休息厅；
6—咖啡馆；
7—雕塑；
8—人工湖；
9—休息平台

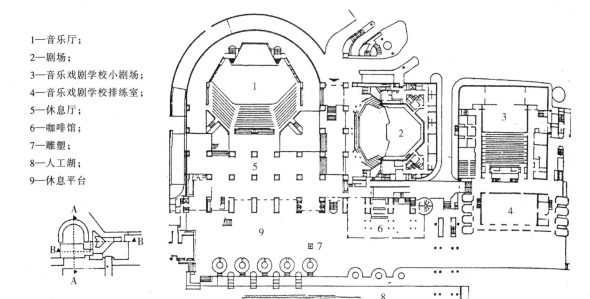

图3　艺术中心1层平面

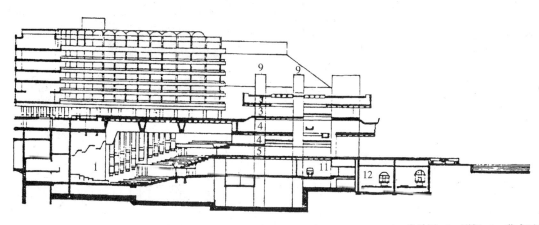

音乐厅剖面

1—音乐厅；2—剧场；3—艺术画廊；4—图书馆；5—休息厅；6—室内花园；7—主楼梯；8—雕塑展览院；9—通风井；10—电影院；11—入口车道；12—地下电车

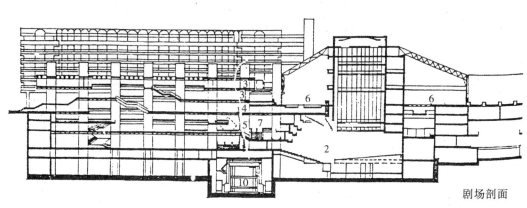

剧场剖面

图4　艺术中心剖面

39.(德国)赫尔内文化中心

建筑师：Rolf Allerkmap

赫尔内文化中心总容积为 71000m³，其中设有一座多功能大厅，一座小观众厅，一所国民高等学校和一所市立图书馆，地下室内还设有汽车库。

多功能大厅位于建筑物的左侧，可容 800 名观众，设有一个面积为 150m² 的主舞台，一个后舞台，一个侧台以及乐池和台仓。演员化妆室分别设置在 3 个楼层之中。后台部分设有一个单独的入口。首层的观众休息厅内设有售票处、会议厅以及均为 100 座的小观众厅和餐厅。地下层的观众休息厅设有供 1000 人使用的衣帽间。

建筑物采用钢筋混凝土框架结构，钢筋混凝土屋盖，轻质混凝土预制外墙构件。

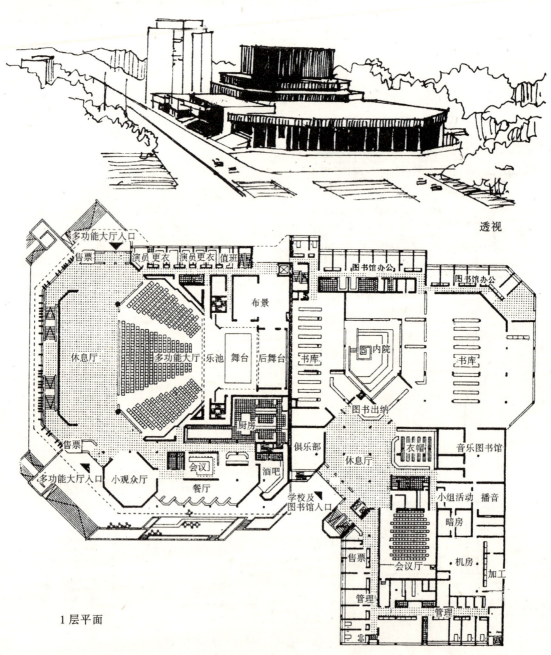

透视

1层平面

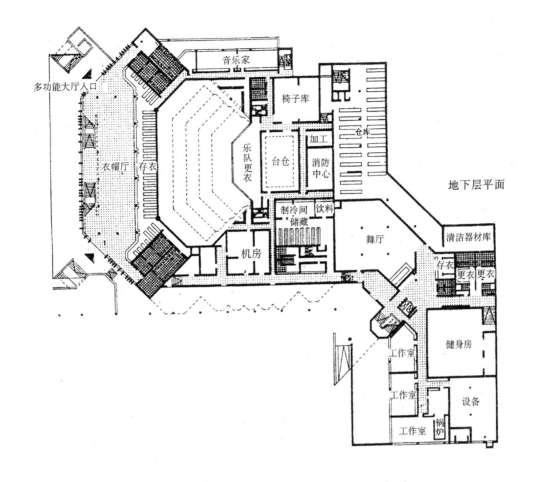

地下层平面

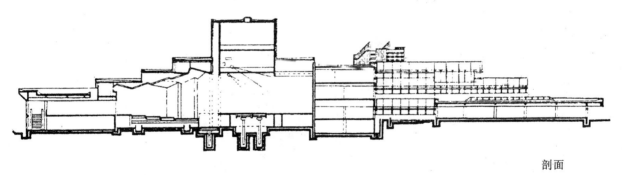

剖面

40.(德国)汉森奥贝尔·拉姆斯坦特青年中心

设计:汉斯·韦克特尔

这是德国一个小镇,于1997年为土耳其人聚会而建的极为经济和紧凑的小建筑,它已成为该社区新的活动中心。这个三角形平面的2层建筑,有着突出的转角阳台和出挑很大的钢板屋顶。其大玻璃门窗向着草坪开启,朝向东面的河流,建筑主色调为白、红、蓝三色,看去像个玩具。地形和场地都很规则,周围也无其他建筑物,建筑形式全由自身决定。

奥贝尔·拉姆斯坦特镇是德国生产出第一辆小汽车的地方,镇上居民中许多非德园公民大多是来自发展中国家的移民,并以来自土耳其一个村庄的居多。土耳其人家庭一般较大,而住房却较小,孩子们很少能有自己的玩耍空间,因而镇政府承诺为11~19岁的在学孩子们建一个青年中心。其内部设有手工制作室、摄影、休息厅、酒吧和可供放映电影的多功能厅等。土耳其社区协会也设在这里,主要供男人使用。其底层设有办公室、厨房和卫生间,有两位社会工作者和一名学生助手在此值班。青年活动中心的活动项目极为丰富,使用效率极高。如可举办供350人参加的迪斯科舞会,200人参加的其他娱乐活动等。

该建筑结构采用钢筋混凝土柱和楼面面板,外墙采用玻璃纤维隔热板。由于该中心地处公园内,其屋顶在波形钢板上覆盖了泥土和草皮,用以绿化(参见彩图171及彩图172)。

透视

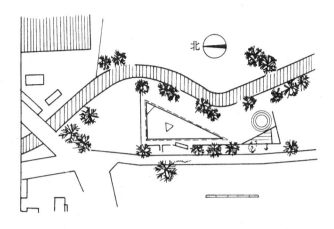

总平面

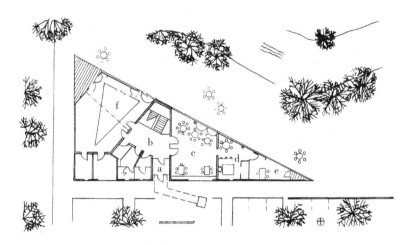

1层平面

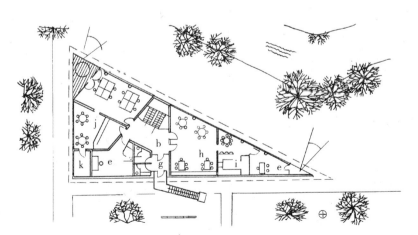

2层平面

a. 主入口；
b. 交通厅；
c. 咖啡厅；
d. 厨房；
e. 办公室；
f. 多功能厅；
g. 土耳其社区协会入口；
h. 社区协会咖啡室；
i. 二层厨房；
j. 社交娱乐活动室；
k. 暗室

41. (法国)格勒诺布尔文化之家

建筑师：Andre Wogenscky 等

该文化之家位于格勒诺布尔新旧城之间,有大剧场、小剧场、会议厅、展览厅、快餐厅、俱乐部、图书室、录音资料室以及相应的服务管理设施。利用地形的高差,建筑物的入口分布在不同的标高和方向上。

单层的大剧场设1300座位,有一个庞大的舞台及演出服务用房,可以供音乐会、话剧及电影演出使用。

小剧场是阿尔卑斯喜剧院的专属剧场,也可作小型音乐会、电影及会议使用,1968年建成时所拥有的复杂的高级设备堪称欧洲之冠。其平面呈卵形,尖顶部分的外层为后舞台,内层为固定舞台;500多观众席位装在直径22m的圆盘上,围绕观众席的是宽度为3.6m的环形台,圆盘和环形台都可以转动。演出时观众就处于舞台包围之中。音响和灯光控制室则位于观众厅的顶部。

会议厅可容325座位。如将厅内舞台扩大,亦可作为小剧场使用。

演员更衣室设置集中,可供上述三处演出使用。

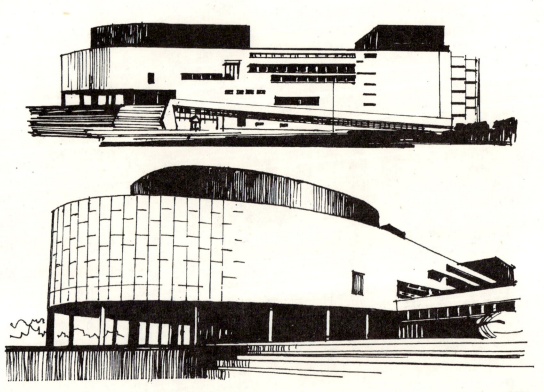

透视

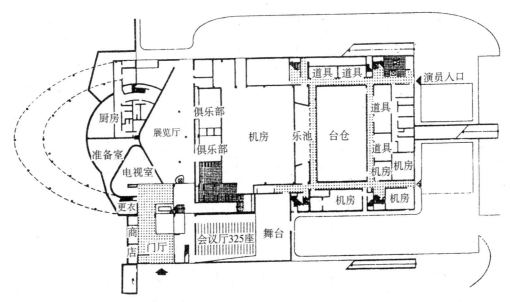

地下层平面

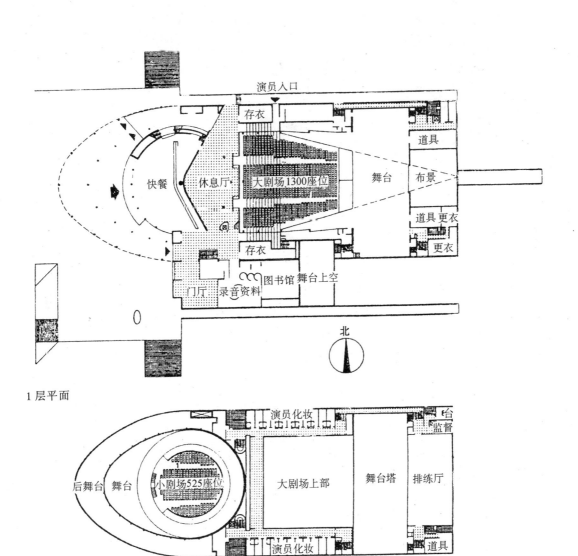

1层平面

2层平面

42.（法国）勒阿佛尔文化宫

（法）勒阿佛尔文化宫

该文化宫位于市中心冈贝达广场，建在战时被毁的旧剧院遗址上。这是一组以文化宫为主体与其他文化设施和商店组成的建筑群。主体建筑由平面皆为圆形的剧院大厅和多功能活动大厅组成，其公共入口设在由挑棚保护的下沉式广场上。下沉式广场低于城市道路约3.7m。经步行道进入小广场，广场四周设有各种小商店和文化服务设施。广场下设有500车位的车库。由广场进入其宽敞的迎宾大厅，可直接进入350座的电影院，并可通过大厅两端的大楼梯进入上部1135座的剧院大厅。经过迎宾厅和展览厅还可进入多功能大厅。多功能大厅内设有300~600座的观众厅、80座的小音乐厅、排练厅、录像厅、音像资料室、录音室、模型室和会议室等。剧院大厅和多功能观众厅的座席和舞台都可借助升降机进行多种排列。

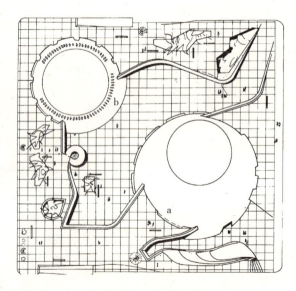

总平面

a. 剧院大厅；
b. 多用途活动大厅

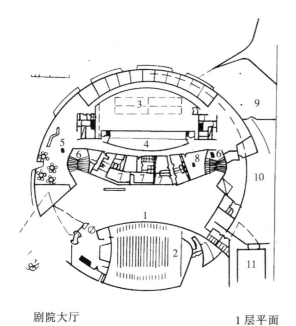

剧院大厅　　　　　1层平面

1—接待、会客及展览厅；
2—300 座位的电影厅或会议厅；
3—舞台升降机的地坑；
4—乐池；
5—演员休息室；
6—大厅的入口；
7—化妆室；
8—乐师(演奏家)休息室；
9—服务庭院；
10—维修车间；
11—机械房

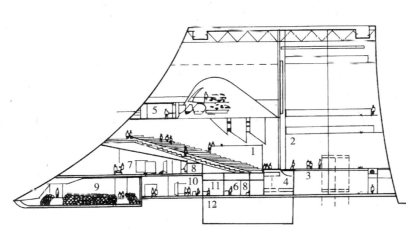

1—大厅；
2—舞台；
3—舞台升降机；
4—乐池；
5—业务管理室；
6—楼板布置；
7—公共休息室及衣帽间；
8—办公室；
9—电影院或会议厅；
10—接待室，展览室；
11—演员化妆室；
12—空气调节中心站

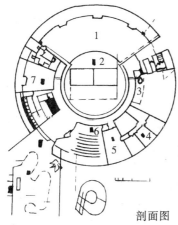

剖面图

1—接待室；
2—300～600 个座位的多用途厅；
3—剧团；
4—视听间；
5—录音厅；
6—80 个座位的音乐厅（会场）；
7—资料室

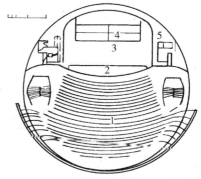

2层平面

1—1135 座位的观众厅；
2—乐池；
3—舞台；
4—舞台升降机；
5—布景入口

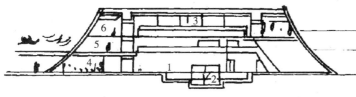

多用途活动大厅

1—多种用途厅；2—楼梯；3—布景格架；
4—音乐厅(会场)；5—会议厅；6—办公室

43. (意大利)阿维热诺文化中心

设计：波尔托盖吉和居里奥蒂事务所
(P. Portohesi + V. Gigliotti)

日月如梭，尽管建筑技术不断革新，人们的生活节奏急剧加快，它从设计到建成却拖拉了十多年。人们可能对此感慨，但设计者对这个作品仍然充满自信：一个有特殊色彩的梦想终于变成了现实。

建筑师自己这样写道："在我的心目中，这个文化中心是一座'现代宗教'的殿堂；一座因地震而坍塌的殿堂；宛如一只绽裂了的成熟的果子。"

从平面构图到体型塑造，这个中心可看作是古罗马"圆形剧场"的残骸的一角，"断垣残壁"，犬牙交错。——圆形剧场的体量已经部分丧失，使内部空间以一种不可争议的状态融入了外部空间。

设计者说："'上帝与(传说中的)巨人之间的争斗'经常发生。对我来说，我的建筑物的内涵是令人啼笑皆非却又使人感到亲切地模仿了古典的世界。为了设计这个废墟似的建筑物，我屈从了两个不同的力量。一个是，对于这种废墟，我怀有强烈的激情，我的家庭在罗马，有几代人与它们打交道。第二是，对一种文化的自觉并萌生了在废墟中重建的迫切愿望。就是说，现代人必须习惯于小溪流水的吟唱，又不应该错过天籁乐音。……我的基本想法是，一个建筑物归根结蒂必须有自己的完美风格，并与环境和日常使用过程相和谐；我有一种颇有说服力的论点：一个曾经以英雄的姿态出现的建筑物，到如今仍然不会过时。"

文化中心的内容包括：设于地下层的图书馆，设于首层的大讲堂和幼儿、儿童及成人的读书、活动室，设于第2层的展览厅等，在房顶上有露天剧场和休息场地(参见彩图149)。

透视

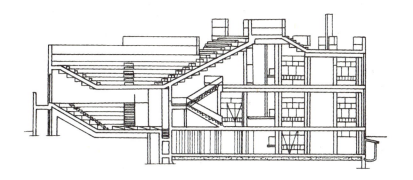

剖面

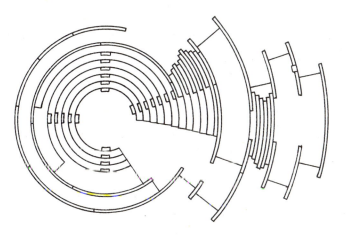

屋顶平面　　　　　　　　　2层平面

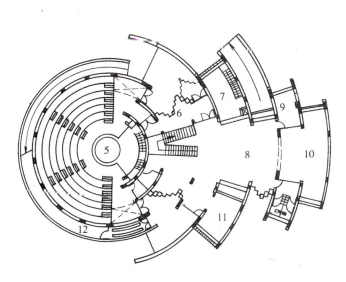

1层平面

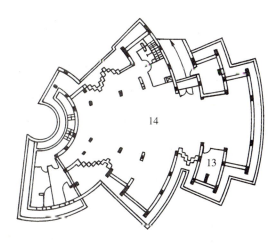

地下层平面

1—社会福利室；2—播音室；3—展览室；4—小课室；5—讲堂；6—休息室；7—技术室；8—市民活动；9—婴儿活动；10—成人活动；11—儿童活动；12—车库；13—管理；14—图书馆

44. (芬兰)考斯丁纳民间艺术活动中心

设计：凯拉　勒代尔马　马拉姆基

新建的民间艺术活动中心位于世界著名风景区奥斯特洛波斯尼亚市的考斯丁纳小村庄。它的挖埋式建筑方式，使这块市政中心的高地建得像希腊卫城一样。考斯丁纳市政中心区建于80年代，至今保持着清晰的规划格局。1996年兴建该艺术活动中心并用于举办民间音乐节日活动。建筑基地是一个小山岗，在其上布置了舞厅与……滑冰运动场，基地中心通过一系列平台和台阶与地面相联系。其主要入口在山岗西侧靠近市镇的地方，经过一个木制拱顶和露天剧场的大台阶才能到达中心建筑主入口。

建筑入口层平面被平面为矩形的建筑两翼所包容。向南的一翼是咖啡厅和商店。向北的一翼是传统艺术画廊，主要陈列各种民间乐器。建筑生硬刻板的几何外形被冷杉木板条变得柔和灵巧，杉木板红润芳香，并散发着树脂和亚麻油的气味。建筑两翼在山坡上成八字排开，像漏斗一样把人们引上通往入口大厅的台阶。坡度较陡的台阶一直伸展到入口大厅顶部的山坡上，使大厅局部成为地下空间。大厅是空间枢纽，发挥着组织上下层空间的作用，2层画廊从大厅上空穿过，把建筑两翼连接起来。正对入口大厅有一条平缓的坡道通向后部观众厅。坡道下方是临时展室。尽管入口大厅局部埋入山体中，但它仍是明亮和悦目的地方，光线可从上方和侧面进入室内，被光滑的灰色混凝土地面和垂直的松木板墙面反射后，使大厅呈现着农家木屋的怀旧气氛。

如果说入口大厅空间是整个建筑中最艺术化的地方，那么后部的观众厅则是最具表现力和神秘感的地方。它是一个人工开挖的矩形洞穴，像芬兰童话中的山大王宫殿伸入山体内部。台阶状的大厅两侧墙面用毛石砌筑。支撑木架遮挡着部分顶盖。杉木墙裙及家具使这冷漠的空间变得温和，也改善了大厅音响质量。把观众厅建在山体内，隐藏了它的庞大形体，使整个建筑在尺度与材料上更能与周围村庄的小木屋保持着文脉上的联系。

真正使这个活动中心独具特色的还在于它的室外步行路线的安排和外部空间的设计。人们走在台阶上，随时可看到控制着整个村庄的教堂。这种行进视线的安排，使人们可以感受到小山岗具有了希腊卫城那样的艺术魅力和戏剧性效果(参见彩图173及彩图174)。

芬兰民间艺术活动中心

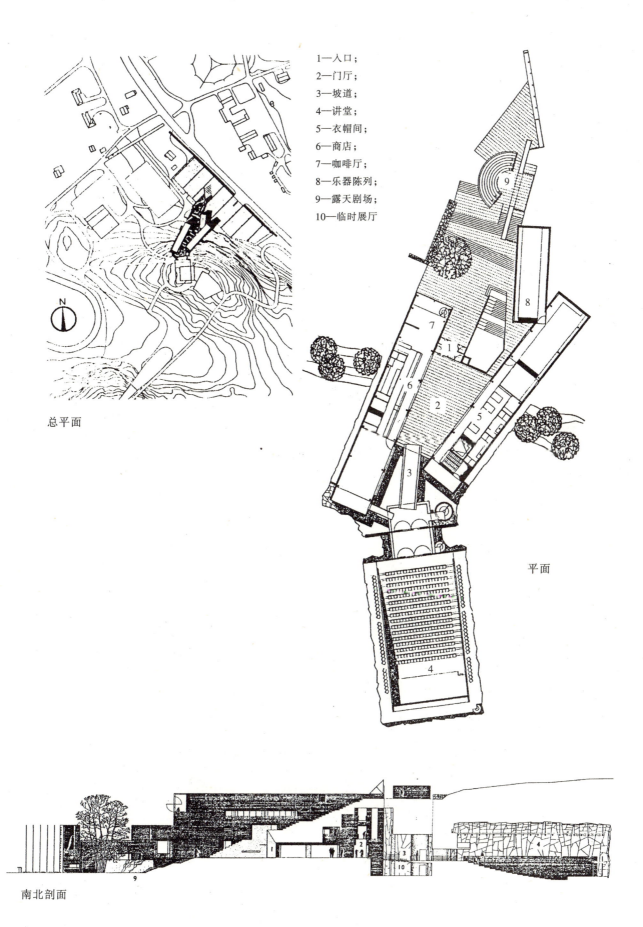

1—入口；
2—门厅；
3—坡道；
4—讲堂；
5—衣帽间；
6—商店；
7—咖啡厅；
8—乐器陈列；
9—露天剧场；
10—临时展厅

总平面

平面

南北剖面

45.（冰岛）哈佛那居杜尔教区活动中心

设计：泰克尼斯多芬·特累德

该教区所在市镇位于首都雷克亚维克以南10km处，当局决定在原教堂旁兴建一座新的教区礼堂和音乐学校，并为此举办了设计竞赛，1998年建成使用。中选实施方案将教区膳宿用房与原有教堂相连接，面向西侧大西洋海湾，与新建音乐学校共同形成一个可鸟瞰海湾的公共活动中心。教区活动中心的立面元素是原教堂南立面的延伸，面向海港形成生动的新旧对话。设计利用冰岛夏季强烈而冬季暗淡的阳光，创造了一系列富于变化的精神和公用空间。

设计以一个玻璃连接体联系着教堂、膳宿中心和圆形教区大厅。音乐学校和圆形大厅之间是宽阔的台阶，提供了从镇中心到海港的步行通道。小桥成为活动中心公共空间的西侧边界和海岸线的起点标志。联系膳宿中心与教堂的2层高全玻璃连接体对冰岛极度严寒和灰暗的冬季是一个非常吸引人的封闭空间，人们可在此喝咖啡、聊天和观看海港和大海的景色。

教区用房的外形像一艘船，它与狭长的连廊垂直相交，船头部分形成一个开放的公共空间，其底层是一间礼仪用小教室，上层是一间小教堂。圆形大厅可以分隔使用，当用作公众集会时，可容纳150人的室内音乐会。音乐学校是两层楼房，练琴室被建成房中房，以避免声音传播。整个建筑与镇内地热系统相连，冬季室内十分温暖，并能保证建筑前的水池在冬季不结冰（参见彩图175～彩图177）。

西侧外景

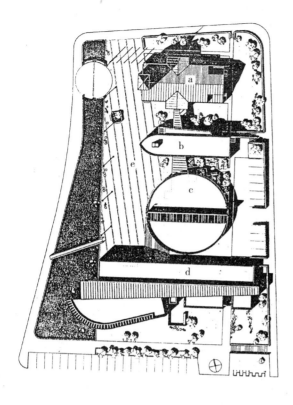

a. 教堂；
b. 小教堂及办公；
c. 大厅；
d. 音乐学校；
e. 公共空间

总平面

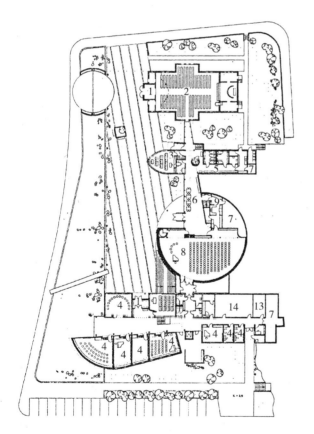

1层平面

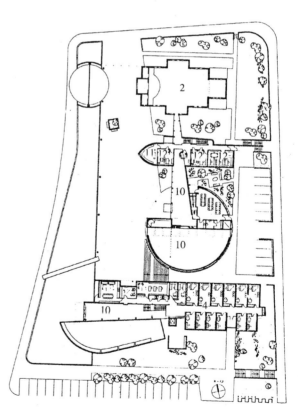

2层平面

1—门厅；2—教堂；3—坚信礼仪室；4—音乐教室；5—衣帽间；6—连廊；7—贮藏；8—大厅；9—厨房；
10—公用空间；11—小教堂；12—办公室；13—职员休息室；14—图书室

46. (澳大利亚)卡塔丘塔文化中心

设计:巴格斯(Gregory Burgess)

该文化中心位于澳大利亚乌洛陆国立公园内,这里曾是在澳大利亚中央沙漠居住过的先民阿那古人的圣地,文化中心的设计便是围绕阿那古展开。建筑以传统的、低技术的方式建造,就地取材,更多关注的是文化的生态内涵,即指传统文化的本质内容如何地道地传承下去。设计方案的产生源于同阿那古人在生活各个层面上面对面的交流,源于在交流过程中对阿那古人文化的深刻理解。建筑形态的生成顾及到环境的、功能的、精神的各个方面。建筑平面布局的可能性是阿那古人用手指在红沙上描绘出来的。该建筑所具有的美和力量是从其所处的场所中生长出来,同时又完完全全融合在它所处的环境中,有着强烈的场所感。卡塔丘塔文化中心以其独具特色的感染力与来访者进行着神秘的对话。在能源利用上,处在气候干燥地带的该建筑也随着季节而变化。酷夏时以深深的出檐、树蔓、遮阳板挡住阳光,冬季则打开天窗和遮阳板让阳光照进室内。文化中心建设的一大目的是向来访者提供正确的知识,因为许多造访者是受到一些对阿那古人带有偏见的情报的蛊惑而来。面对着商业化的冲击,该中心准备坚守其文化的纯洁性。建筑物2层高,建筑面积1500m²(参见彩图150及彩图151)。

(澳)卡塔丘塔文化中心

平面

立面

47.（日本）东京草月会馆

设计： 丹下健三都市建筑设计研究所

草月会是研讨插花艺术的组织。由于插花艺术在日本国内外的发展，20年前建造的旧馆已不敷应用，为此决定拆毁重建。旧草月会馆也是由丹下健三设计的，不少人为其拆除而惋惜。

草月会馆四周有绿树围绕。建筑物的两翼互成直角，但转角处有个很深的凹缝，出现两个45°的尖角，使建筑物显得挺拔简洁，线条分明。

草月会人士崇尚蓝色。旧草月会馆的外墙用蓝色面砖，新馆采用了蓝色的镜面玻璃。丹下健三认为镜面玻璃具有功能上的优点和视觉上的多样性，适于创造新形式，在他近年设计的一些建筑物上，曾广为使用。在草月会馆中，镜面玻璃装在悬挂结构的骨架上，尽量保持墙面平整，能映现出周围景物和自然界四季景色的变化。

开始提出建造新馆时，建议在首层设立一间陈列插花艺术的大厅，也作为草月会和一般市民联系的场所。新馆设计贯彻了这个建议。草月厅布置成台阶的形式，反映出地下层里带层层挑台的会堂天棚的形状。草月厅的内部处理和雕饰，是美术家敕使河原苍风的作品。地面、台阶和花木台，分别用平整的和粗糙的石质材料，同陈列在室内的插花艺术大师们的作品相协调。内部某些墙壁也用镜面玻璃饰面，相互映照，使草月厅内部更显得变幻多彩。

会堂有530个座位，围着一个扇形舞台布置。建筑物的上层有餐厅、陈列室、和室和茶室。标准层大房间12m×19m，内部和外墙都没有柱子。

外景

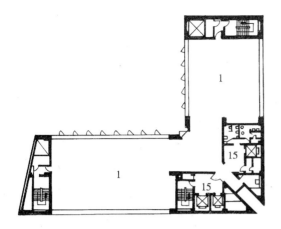

标准层平面

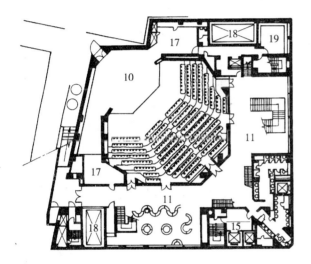

地下1层平面

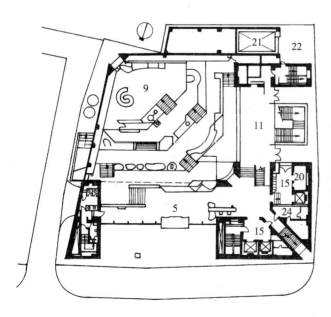

1层平面

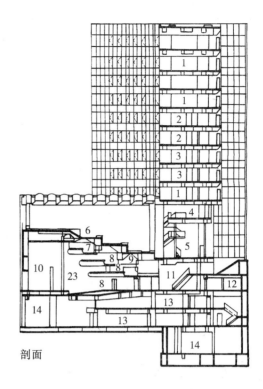

剖面

1—办公；
2—陈列室；
3—教室；
4—夹层；
5—门厅；
6—草月台；
7—天桥；
8—挑台；
9—放映；
10—舞台；
11—休息厅；
12—厕所；
13—停车；
14—机房；
15—电梯厅；
16—储藏；
17—侧台；
18—升降机；
19—化妆；
20—守卫；
21—升降机；
22—汽车入口；
23—观众厅

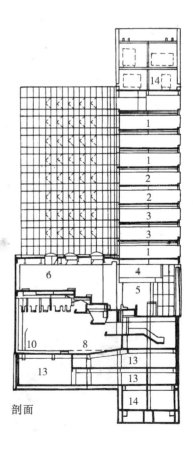

剖面

263

48. (日本)滕泽市湘南台文化中心

设计:长谷川逸子设计事务所

该建筑群的地上部分由一串符号构成:"宇宙球"(剧场)、"地球"(天文馆)、"月球"(大气观察室)、球形穹体(无线电室),四个球体使整个建筑群具有未来主义特征;一系列高低错落的小方屋的屋顶犹如向上盛开的花朵。"地球"正下方有一喷涌水头,汇成小溪,最后注入水塘。广场上布置有穿孔金属板的棚子、有色玻璃覆盖的小亭、时钟"树"、光和风的树。一条曲折于"林间"的小径在小屋间穿行,弯弯曲曲地绕向宇宙球和地球。

该建筑约有总体量70%的房间设在具有现代建筑风格的匣式建筑中,或隐藏于地下。地下部分与地上部分的建筑风格迥然不同,设计成原始型的居室或洞穴状的冥想空间。地下2层构成一个下沉式花园。整个建筑群创造出了一种人与自然和谐的微型宇宙,其地上部分犹如安置在一条货船甲板上的星球系。

建筑形象的创造,从理想化的角度来看,应该是震撼人心的令人过目难忘的、使人留连忘返的,特别是公共建筑。这应该成为建筑师追求的目标。湘南台文化会馆,犹如从天而降的外星建筑,它的新颖令人惊奇,它的动态令人兴奋,而最重要的,它表现了人类有能力创造未来世界的宏大理想。

(日)藤泽市湘南台文化会馆

设计:长谷川逸子

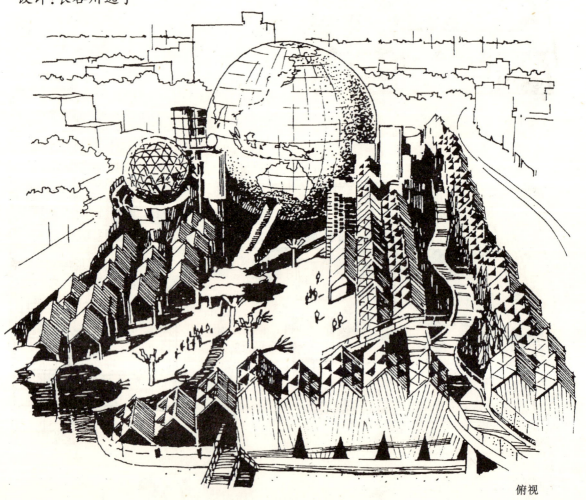

俯视

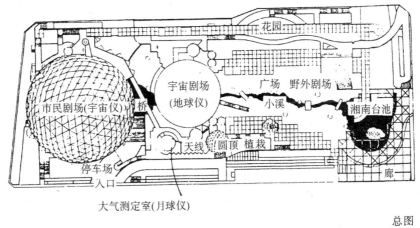

总图

南立面

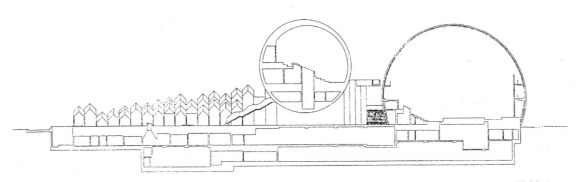

纵剖面

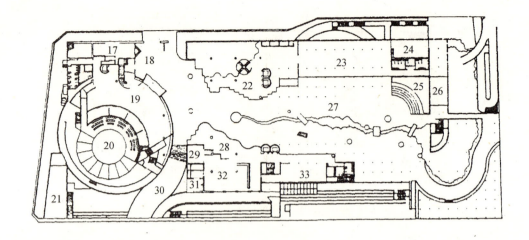

1层平面

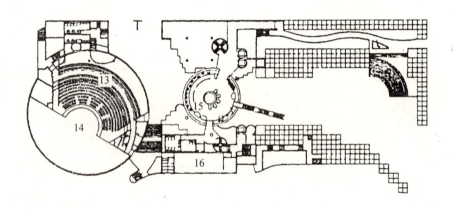

2层平面

1—调正室；2—宇宙剧场；3—放映室；4—展示空间；5—亲子席；6—观众席；7—舞台；8—宇宙剧场；9—门厅；10—放映室；11—大气测定室；12—无线室；13—观众席；14—舞台；15—圆环展览空间；16—文化中心办公室；17—办公室；18—询问台；19—市民剧场前厅；20—舞台；21—展示物入口；22—儿童馆门厅；23—工作室；24—实验室；25—仓库；26—陶艺室；27—广场；28—公民馆前餐；29—会议室；30—车道；31—休憩室；32—办公室；33—展示空间；34—电气室；35—空调机械室；36—工作室；37—乐器室；38—车道；39—书库；40—游戏区；41—展示厅；42—办公室；43—办公室；44—采光井；45—体育室上部；46—文化室；47—仓库；48—办公室；49—儿童室；50—公民馆大厅；51—谈话室；52—谈话室；53—谈话室；54—谈话室；55—和室；56—调理室；57—走廊

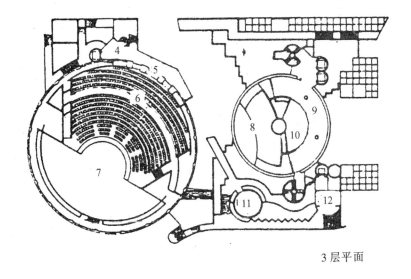

3层平面

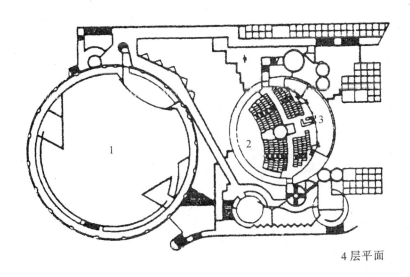

4层平面

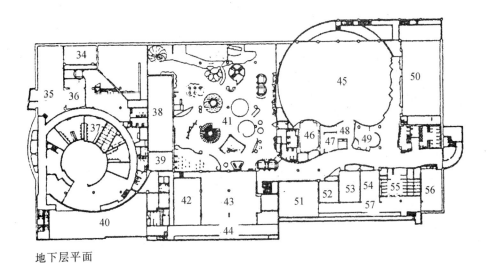

地下层平面

267

49.（日本）富士县乡村俱乐部

设计：矶崎新设计事务所

富士乡村俱乐部的建筑形式为一条流畅地弯曲延伸的半圆拱顶管筒体，管筒体两端的山墙面和入口门廊都以最原始单纯的方圆几何形为构图母题，它被赞为最具有帕拉弟奥别墅风采理性美的建筑。它的平面形状宛如一个疑问号——这是一则象征高尔夫球曲棍形象的幽默隐喻。建筑物底层架空、上层空间流通开敞，与四周宽阔的球场的绿野景观交融渗透，理性的、人工造成的形象与悠逸闲适的自然情趣形成鲜明的对比。（编者）

建筑物的平面形式是一个疑问号——"?"，我是想问：为什么东方的日本人爱好西方的高尔夫曲棍球运动？

——矶崎新《在清华大学的演讲》

外景

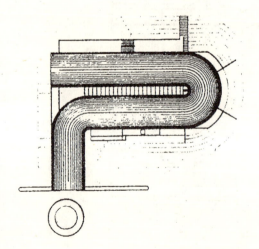

俯视

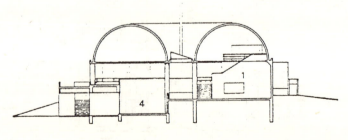

剖面双拱融合的空间

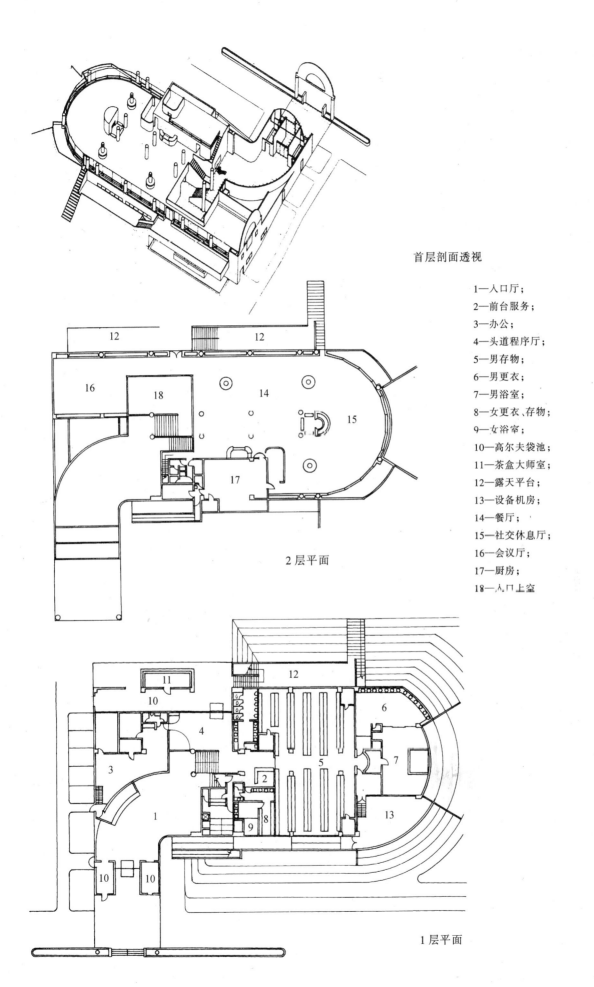

首层剖面透视

1—入口厅；
2—前台服务；
3—办公；
4—头道程序厅；
5—男存物；
6—男更衣；
7—男浴室；
8—女更衣、存物；
9—女浴室；
10—高尔夫袋池；
11—茶盒大师室；
12—露天平台；
13—设备机房；
14—餐厅；
15—社交休息厅；
16—会议厅；
17—厨房；
18—入口上空

2层平面

1层平面

50. (日本)横浜市荣区民文化中心

设计：松本阳一设计事务所

该文化中心建于1997年11月，建筑基地面对本乡台铁路站前广场，利用原消防学校场地，用地面积约2.5hm²，总建筑面积31832m²，总高31m，地下车库泊位90辆，底层设巴士车库10辆。

它是由三个部分组成的综合性设施，包括：神奈川县地球市民金壳广场，地方综合研修中心和横浜市荣区民文化中心。金壳广场主要是展览空间，具有历史博物馆和理工科学馆的作用，用以培养市民的全球意识，丰富人们对国际社会的感性认识；综合研修中心，是地方行政职员进行政策研究、组织行政调查、培养行政管理人才的设施，主要由学习教室、研讨室和报告厅组成；文化中心是供附近市民开展各种文化活动使用的，设有音乐厅、图书馆、音像资料室和餐厅等用房。上述三个组成部分具有相对独立性，各自设有单独出入口，功能流线也相对独立，并以直径为32m的中庭空间相联系。

经由室外大平台可直达第2层主入口，入口大厅与中庭相贯通。中庭北侧为地球市民金壳广场，南侧为荣区民文化中心，东侧为综合研修中心。底层主要为公用服务设施和行政办公用房，3层是金壳广场是展览用房，从广场前的电梯塔架经60m长的空中走廊可直接到达3层展厅参观。建筑整体造型有意表现"地球号"宇宙飞船的外形。共用中庭空间也意在表达同一个地球上多样化的种族和社会以及世界各国在地域上的相互关联性。由广场直达第3层的空中走廊象征为全球建造的"和平之桥"，以祈求永享世界和平。

(日)横浜市荣区民文化中心

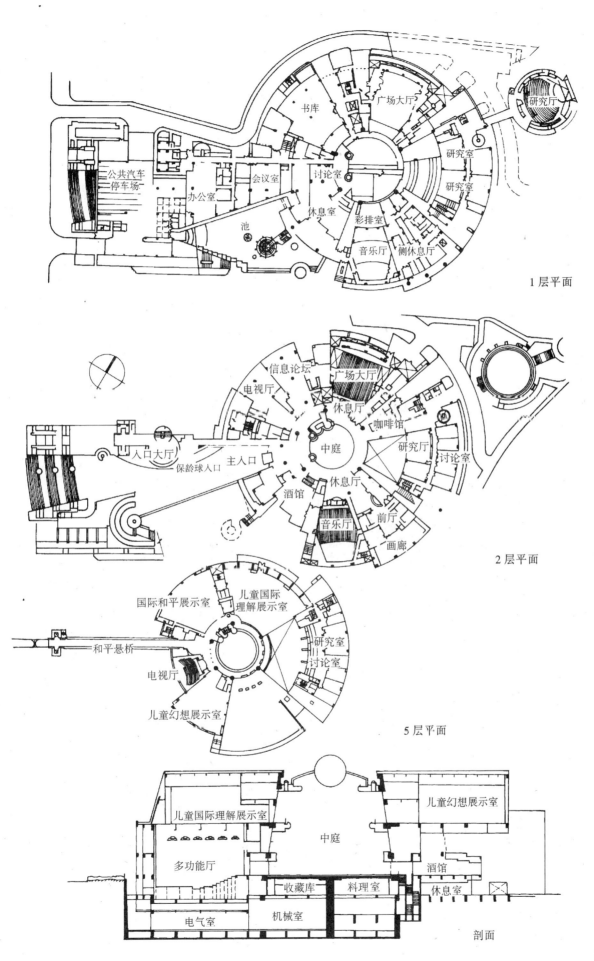

51.（日本）富山县小杉町文化馆

设计：芦原建筑设计研究所

该文化馆建于1993年4月，总用地面积16850m²，总建筑面积3088m²，高4层。建筑正立面中央是一个倾斜30°的大玻璃顶，冬天不会积雪，太阳光可直射中庭空间。建筑中心部分是一个圆筒形的音乐厅，其直径33m。为避免圆形大厅产生声学缺陷和障碍，观众厅池座采用了矩形平面，仅楼座后壁保留圆弧形平面，并在第2层侧墙上采用凹凸不规则的扩散体，第3层侧墙上采用曲折的反射墙，后墙采用强吸音幕。中心圆筒体前方为对称的建筑两翼，西翼为两层研修和办公用房，东翼为多功能厅及辅助用房。中心音乐大厅舞台后部附设相应配套后台用房。

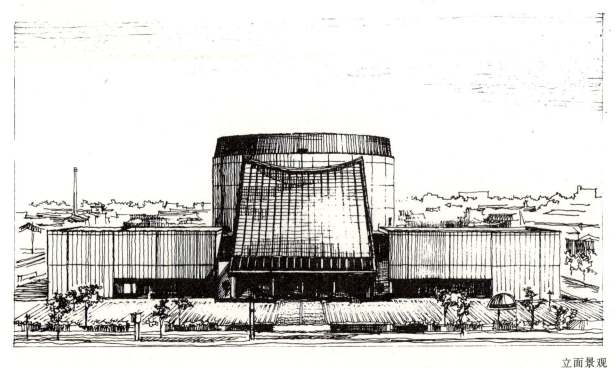

立面景观

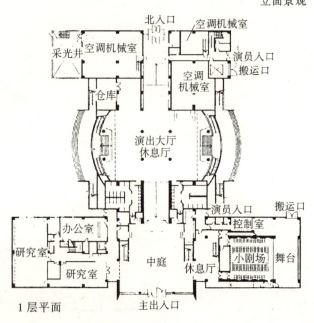

总平面　　1层平面

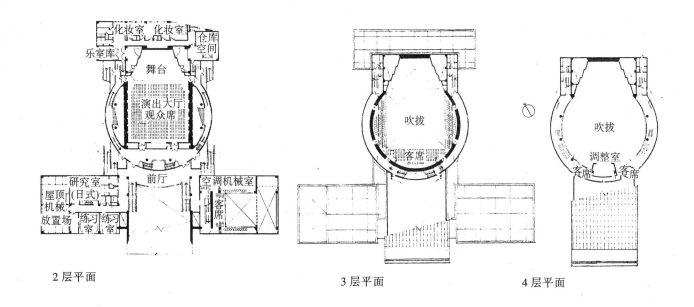

2层平面　　　　　3层平面　　　4层平面

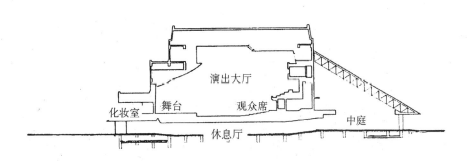

剖面

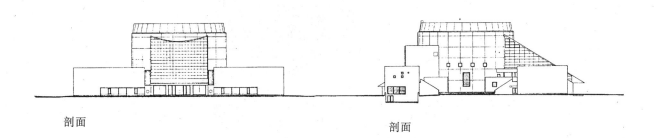

剖面　　　　　　　剖面

52.（日本）岛根县加茂町文化馆

设计：渡边丰和建筑工房

该文化馆建于1994年12月，总用地面积23230m²，总建筑面积约3675m²，地下1层，地上3层。建筑功能组成较为简单，主要由一个带简易舞台的观众厅和高3层的多功能大厅两部分组成。两部分之间以一个狭长的入口大厅相连，人们可从大厅的南北两侧入口进入室内。建筑设计特点主要表现在造型设计上，其造型既表现了东方传统建筑的特征，又表现了现代抽象雕塑艺术变形处理手法的某些特征，其形象颇具神秘和浪漫色彩，耐人寻味。

局部透视

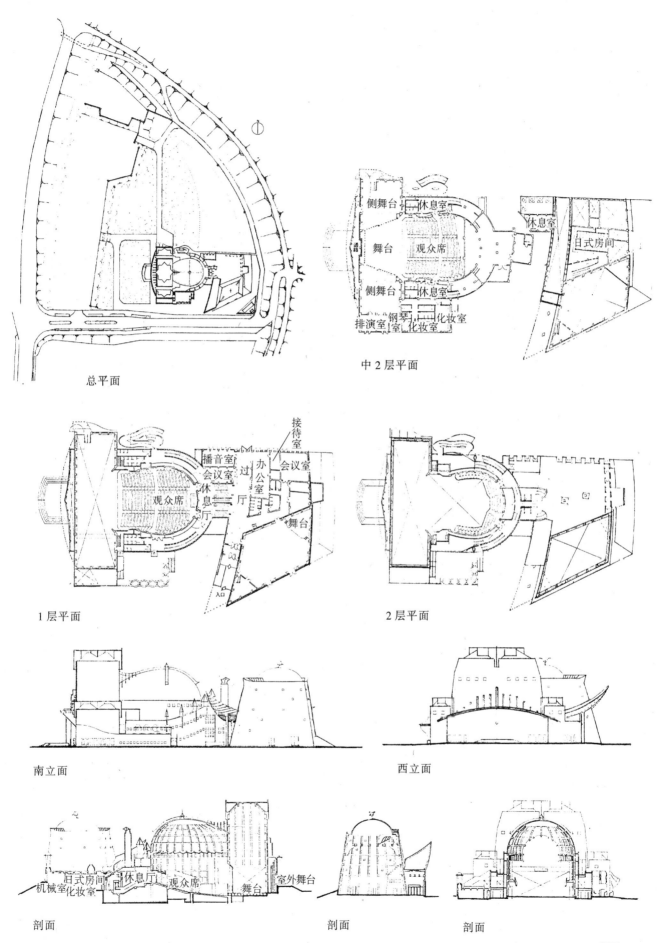

53.（日本）东京多摩市娱乐综合楼

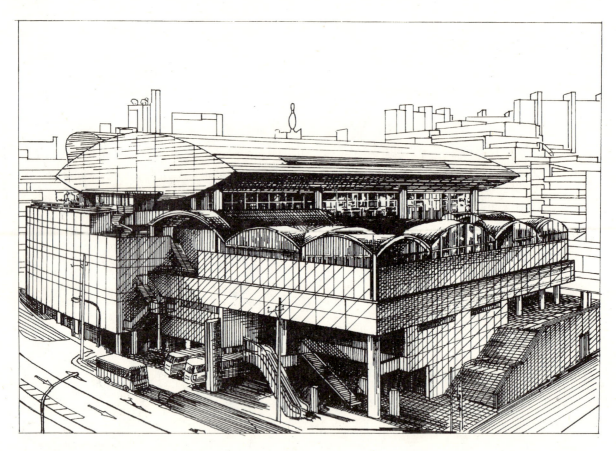

透视

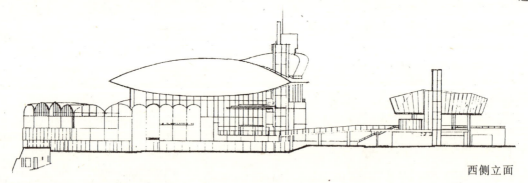

西侧立面

设计：陈丰雄建筑设计事务所

该综合楼建于1992年12月，用地面积6400m²，总建筑面积23830m²，地下2层、地上7层。它是多摩市永山火车站前综合开发项目的一部分，位于站前广场人行平台东侧，与西侧已建的餐馆相呼应，形成可提供休息、娱乐和餐饮等各项城市服务功能的综合体。其顶部第6层保龄球馆的铝合金板材屋面的光滑曲面，像是飘浮在杂乱的城市建筑群上空的一方健康乐园，成为该综合楼的象征性标志。其主入口设在第3层，有桥廊与广场直接相通。第3层的浴室部分是连续的三角形圆拱屋面，也采用铝合金板材制作，成临街立面的醒目标志。综合楼内还设有多功能宴会厅、游艺室和食品商店。底层主要用作停车库，部分辟为游乐场（参见彩图204～彩图206）。

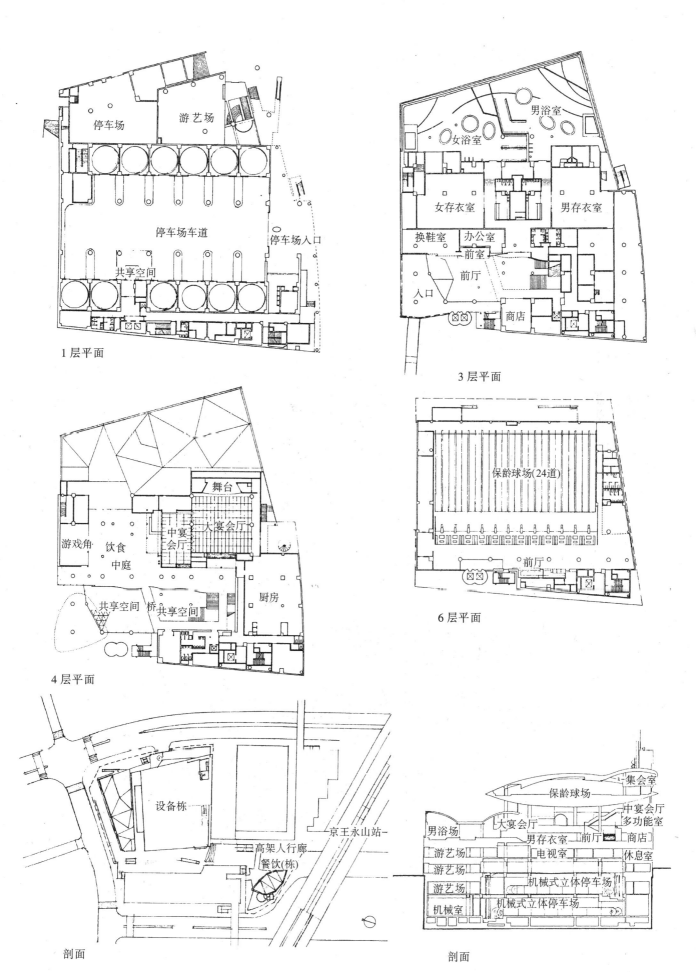

54.（新加坡）埃尔拉加社区活动中心

设计：国家建筑工程局

新加坡的社区中心发展历史，显示了不同功能的建筑逐步实现一体化的过程。世纪之交，按国民协会预定计划，将埃尔拉加社区的原有活动中心进行扩建，使其能包容健康人、残疾人、青年人和老年人的所有社区活动项目，以促进居民间的相互交流和了解。同时，为了满足人们不断变化的各种需求，最好能提供一个具有最大灵活性和最少专用性的空间。扩建工程于1997年完成并投入使用。

扩建工程拆除了部分原社区中心建筑，然后新建了"L"形的新楼。楼内除构成社区俱乐部的会议、交流用房外，还设有日托中心和独立生活中心，为学龄前儿童和老年人提供日间服务，也使其成为社区全体居民的社会凝聚中心。

活动中心入口立面主要由80年代建造的2层羽毛球馆构成，设计保留了适用的部分，新建部分唯一的标志是一个轻巧的拱形入口门廊。从入口通过一个有天窗采光的休息廊，自然地将新旧两部分建筑连成一体。休息廊敞向东侧庭院，庭院展现了各种平面形式空间的大合奏，从这里可以看出想创造遮荫处、掩蔽处、丰富的阴影和建筑轮廓的设计意图。走廊东侧架设了金属网格，用以作为爬藤植物生长的依托，遮挡早晨的强烈阳光。走廊内侧是各种活动室和画廊。网状金属外墙被连接3个亭式楼阁的过桥依次打断，亭阁的几何外形凸现在东侧庭园中，具有景观平台的作用，在此可欣赏园内的各种活动。亭阁下层空间用作鸟舍，底层外侧设以鱼塘。宠物饲养有助于培植新的社会文明，这是社区活动中心的另一个显著特点。

沿休息廊穿过庭园是日托中心，它有一个玻璃内庭式的餐厅，老人和学龄前儿童可在这里进行午餐。曲线形的大厅带有金属制作的栏杆，上下层共享通透的内庭空间和明亮的天窗。从室外透过玻璃或金属网的幕墙，可看清楼层、走廊的位置和室内的活动与垂直升降的电梯、楼梯间及庭园内的亭阁组成了极为生动的社区生活的场景（参见彩图224、彩图225）。

透视

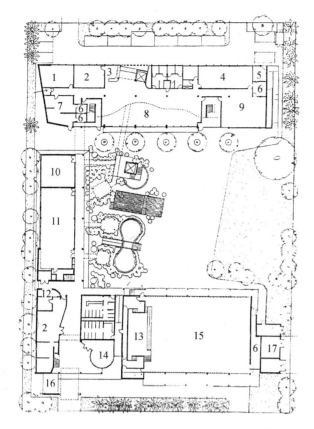

1层平面

1—会议室；2—办公室；3—等候处；4—健身房；5—配电间；6—贮藏室；7—厨房；8—公共餐厅；9—公共休息厅；10—卡拉OK厅；11—餐具间；12—多功能厅；13—舞台；14—委员会休息室；15—现存羽毛球馆；16—喷水池；17—变电所

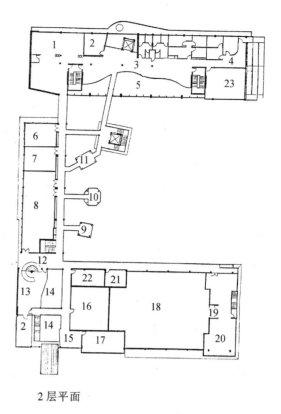

2层平面

1—游艺室；2—办公室；3—门厅；4—独立生活中心；5—公共餐厅上空；6—家庭艺术室1；7—家庭艺术室2；8—工艺室；9—亭阁A；10—亭阁B；11—亭阁C；12—平台；13—儿童游戏处；14—门厅上空；15—委员会休息室；16—阅览室；17—会议室；18—羽毛球馆上空；19—放映室；20—现有多功能室；21—公用设备室；22—音乐室；23—展览和计算机辅助教学室

东立面

279

55.（突尼斯）突尼斯青年之家

设计：北京市建筑设计研究院

突尼斯青年之家由北京建筑研究院设计，建在突尼斯首都芝扎区，是为青年提供学习、体育和文化活动的中心。这组建筑物包括：航海、潜水、摄影、音乐、舞蹈、美术等科技和艺术活动室；500人小剧场；图书阅览室；健身、体操、乒乓、柔道等体育活动室；室内游泳池和室外球场等内容。

设计中力求反映新颖、活泼、明朗、亲切的建筑风格，以便为青年人所喜闻乐见。同时考虑在阿拉伯建筑风格中融合进中国建筑的特色。在平面布置上，除了注意合理的功能分区外，充分利用了阿拉伯民族建筑与中国传统建筑所共有的轴线组织空间法，在锤形用地上，以阿拉伯圆形内庭园为中心，用轴线把室内游泳池、剧场、体育用房三者衔接，产生对仗。半球、圆券、圆形反复出现和不断变化，既使整组建筑和谐统一，又具有地方色彩。白色调主体建筑的主要入口处饰以金黄色琉璃瓦，配以灰红色圆柱，使之更富有中国建筑特色和现代美感，象征着团结和友谊。小剧场内的声学处理，力图别致，用了22个直径1.6m的扩散球，作为吊顶的主要形态构成要素。为适应青年人好动、善于交往的特点，将走廊全部按公共空间考虑，适当加大面积。

立面以浅色为主调，白色半球为主要标志。雕塑感很强的建筑主体与富有东方色彩的大门相反相成，浑然一体。立面造型上还运用了"灰空间"处理手法，使建筑活泼而不失之于琐碎，规整又不失之于单调。

空间组织上，力图从中国书法艺术中寻找、提炼出中国建筑的内在要素。中国书法艺术概括了中国人的审美意识，书法中的"点划各自成形，互相管领"、"气势"、"笔断意联"、"计白当黑"、"飞白"等，本质上讲，都能成为空间构成的原则。在设计中注意了阿拉伯内庭"负体形"的完整，就是"计白当黑"的运用。总体设计中，轴线45°的转换，使各部分"分合适度"，"气势不断"，大有书法中的"笔断意联"之神韵（参见彩图223）。

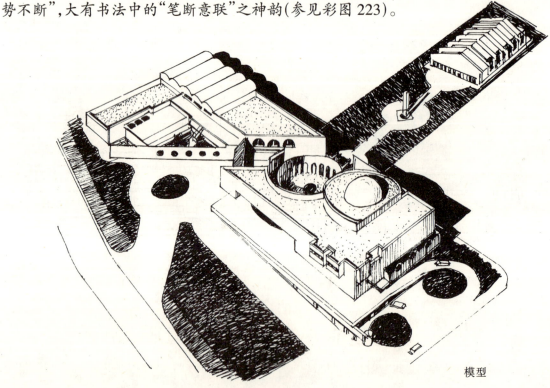

模型

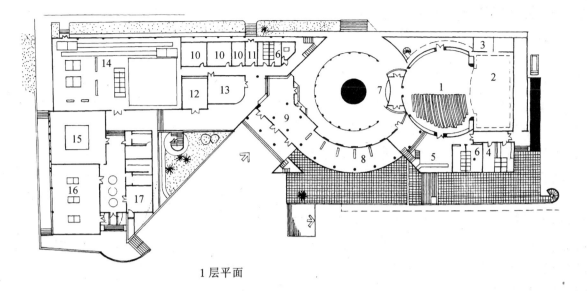

1层平面

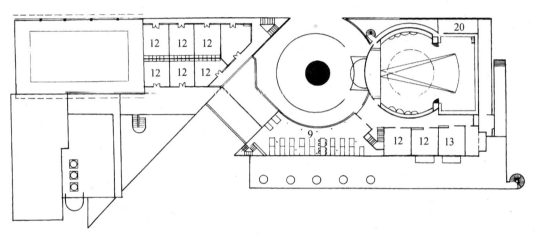

2层平面

1—观众厅；2—舞台；3—明星化妆；4—化妆室；5—休息室；6—卫生间；7—内庭院；8—展览廊；9—门厅；10—办公；11—医务室；12—活动室；13—会议室；14—体操房；15—柔道；16—乒乓、击剑；17—贮存；18—放映；19—阅览室；20—调光室

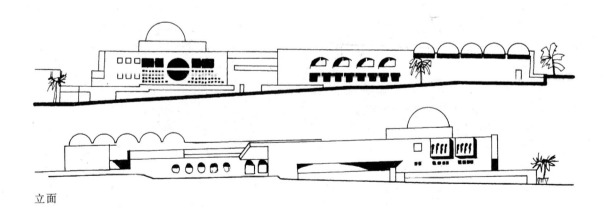

立面

56.（日本）武藏丘陵乡村俱乐部

　　该俱乐部位于琦玉县西部，是为配合一个有 18 穴的高尔夫球场而建的，总建筑面积约 3650m²，钢筋混凝土结构，部分为木结构。它建在山脊上，高尔夫球场的边缘，西南方向有着较开阔的视野。从城市来的球员可在此度过乡野的休闲时间。

　　这座建筑由三个部分组成：一个 20m 高的塔楼，下设门厅；一个由圆柱围合的圆形建筑和一个桁架结构的餐馆。圆形建筑作为一个连接体，将其余两部分连成一体，内设贮存间、浴室、咖啡厅等。为利用倾斜的地形，一些房间做成半地下室。建筑外墙几乎全部覆以绿色片石，这种地方材料的选用，增强了建筑质朴的乡土气息。门厅中央四根 20m 高的圆柱，取材于附近山区的雪松原木，只是剥去了树皮，树干的形象依然保存。门厅四周用透空百叶窗，阳光犹如透过树叶般地射入室内，唤起人们对大森林的记忆。这个由四根圆柱支承的塔楼成了俱乐部的标志。

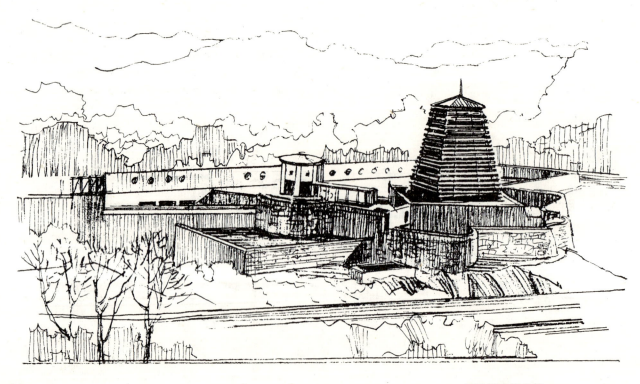

俱乐部俯视全景

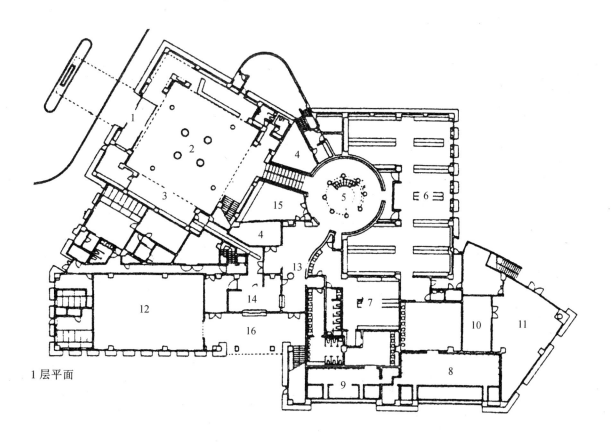

1层平面

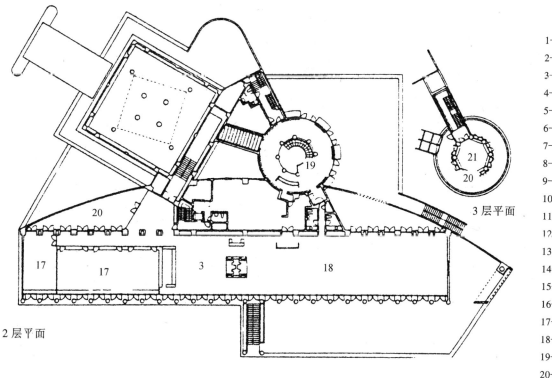

2层平面

3层平面

1—前庭；
2—入口门庭；
3—休息厅；
4—机房；
5—存衣前庭；
6—男更衣；
7—女更衣；
8—男浴；
9—女浴；
10—配电；
11—锅炉；
12—马车库；
13—出发厅；
14—服务；
15—中庭；
16—出发平台；
17—竞赛室；
18—餐食；
19—咖啡厅；
20—露台；
21—特种用房

283

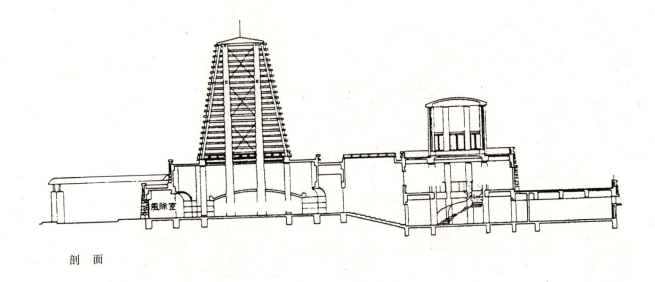

剖 面

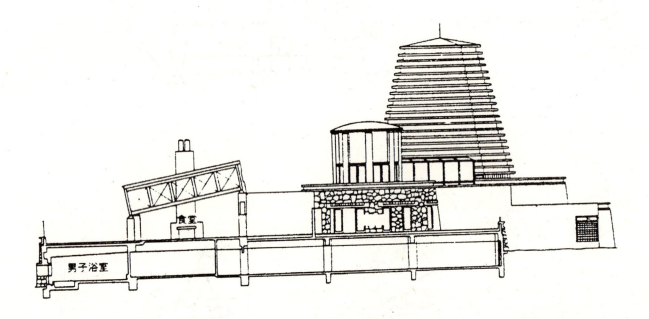

284

主 要 参 考 文 献

1. (美)Josephe Chiara and John Hancock,《Time Sdver Standards For Building Types》.McGraw-Hill Book Company,1984.
2. Geraint John and Helen Heard(英),《Hand book of sports and Recreational Builing Design》Vol. 2, The Architectural Press. London,1981.
3. 日本建筑学会,《建筑设计资料集成》第1、2、4册,台隆书店翻译出版,1980.
4. 编委会,《建筑设计资料集》(第二版)3、4册,中国建筑工业出版社,1994.
5. 李雄飞、巢元凯,《快速建筑设计图集》,中国建筑工业出版社,1992.
6. 李雄飞、巢元凯,《建筑设计信息图集》,天津大学出版社,1995.
7. 王世侠等,《世界建筑与艺术设计精萃》,黑龙江人民出版社,1992.
8. 出版社编,《建筑实录》,中国建筑工业出版社,1991.
9. 编写组,《文化馆建筑设计方案图集》,中国建筑工业出版社,1987.
10. 吉林省建筑设计院,《文化馆建筑设计规范》,中国建筑工业出版社,1988.
11. 编委会,《中小型民用建筑图集》,中国建筑工业出版社,1992.
12. 史春姗、孙清军,《建筑造型与装饰艺术》,辽宁科学技术出版社,1988.
13. 汪正章,《建筑美学》,人民出版社,1991.
14. 邓焱,《建筑艺术论》,安徽教育出版社,1991.
15. 于正伦,《城市环境艺术》,天津科学技术出版社,1990.
16. 张敕,《建筑庭园空间》,天津科学技术出版社,1986.
17. (美)欧·奥特尔曼,《文化与环境》骆林生,王静译,东方出版社,1991.
18. 罗文媛,《建筑的体造型》,建筑学报,1988年12月,-P. 12.
19. 薛恩伦,《现代建筑与抽象艺术》,建筑学报,1992,11,-P. 44.
20. 郑嘉宁,《当代建筑立面形象设计的新手法》,建筑学报,1988. 1. -P. 52.
21. 王绍森,《现代建筑设计中的轴线系统变异》,建筑学报,1994. 8. -P. 40.
22. 胡仁禄,《文化娱乐建筑的转型及规划设计》,新建筑,1995,3. -P. 16.
23. 胡仁禄、胡京,《城市文化娱乐中心的更新设计》,时代建筑,1995. 3. -P. 52.
24. (日)《新建筑》、《建筑文化》
    (美)《建筑实录》、《建筑评论》
    (台湾)《建筑师》……等等。
25. 《建筑师》、《世界建筑》、《新建筑》、《时代建筑》等国内建筑期刊.《建筑技术与设计》、《建筑科学》.